Excel과 함께 하는

통계학의 이해와 응용

한올출판사

머 리 말

현대와 같은 정보화 시대에서 자료를 수집하고 분석하는데 필요로 하는 통계학은 중요성이 인식되어 대학에서나 실무에서 이에 대한 요구가 점증되고 있다. 통계학은 올바른 예측을 위한 유력한 도구이므로 많은 분야에서 이에 대한 지식을 요구하게 된다.

본서는 각 장마다 본문은 최소한의 통계학 개론 수준의 내용을 간결하고 쉽게 표현하려고 노력하였으며 내용의 서술이 끝난 뒤에 적절한 예를 들어 설명을 첨가하여 이해가 쉽도록 구성하였다. 또, 예제의 결과들은 엑셀을 이용하여 다시 결과들을 확인하게 하여 반복 학습이 이루어지도록 하였다.

한편 더 고급 내용을 원하는 경우에는 고급 수리 통계학 및 통계자료분석에 관한 책 등을 참고하기 바란다.

이 책의 내용은 통계학과의 통계학 개론 과목의 강의 노트를 중심으로 작성된 것으로서 가장 기본적인 통계 방법과 그 이론부터 시작함으로써 통계학과와 산업공학과, 경영학과는 물론 자연과학 및 사회과학 계통의 학생, 각종자격시험이나 취직 시험을 대비하는 독자들도 쉽게 접근할 수 있도록 하였다.

이 책은 두 학기 동안 통계학을 강의하는데 2시간 이론 1시간 엑셀 실습으로 필요한 내용으로 집필되었다. 만약 한 학기만 강의해야 되는 경우에는 기술통계 및 확률 기초부분인 2, 3장을 생략하고 1, 4, 5, 6, 7, 8장을 중심으로 강의하고 시간이 허락하면 9, 10장을 요약하여 학습하면 좋을 것으로 사료되고 실습을 하지 않고 이론 강의 3시간만 해야 되는 환경이면 1, 2, 3, 4, 5장을 요약해서 강의하고 추정과 검정부분인 7, 8장을 자세히 다루는 방법도 좋다. 경우에 따라서는 엑셀 부분을 숙제로 돌리고 이론 강의를 한다면 많은 장을 강의 할 수 있을 것으로 사료된다. 두 학기 동안 강의하는 경우에는 1장에서 6장까지 자세히 다룬 후 두 번째 학기에는 통계적 추론 및 검정, 응용 부분인 7장에서 10장까지 강의 하는 것이 최적이 아닐까 생각한다.

통계는 자연현상을 이해하고 연구하기 위해서는 필요 불가결한 도구이자 학문이다. 이 책은 실무에서는 직접 이 책을 갖고서 응용할 수 있고, 또한 학부에서는 교재로 사용할 수 있도록 저자들이 지난 몇 년간 대학에서 통계학 강의 경험을 토대로 대학의 강의 수준에 맞도록 요약 정리하기 위해 최선을 다하였으나 저자들의 경험이 일천한 관계로 여러 가지 보이지 않는 오류가 있을 것으로 사료되나 독자 여러분의 지도 편달을 받아 수정 보완해 나갈 것을 약속하면서 여러분의 많은 지도 편달을 부탁드린다.

특히 이 책이 나오기까지 열과 성을 다하여준 통계자료분석법을 수강한 응용통계학 및 공업 통계를 수강한 산업공학과 학생들에게 감사와 고마움을 전한다. 그리고 출판하는데 애써 주신 한올출판사 여러분께 감사를 표한다.

매주리 연구실에서 저자 씀

C/O/N/T/E/N/T/S

C/O/N/T/E/N/T/S

C/O/N/T/E/N/T/S

1

통계의 시작

제1장에서는 통계란 무엇인가 간단히 살펴본다.

— 통계학이란?

— 통계의 기본용어 및 개념

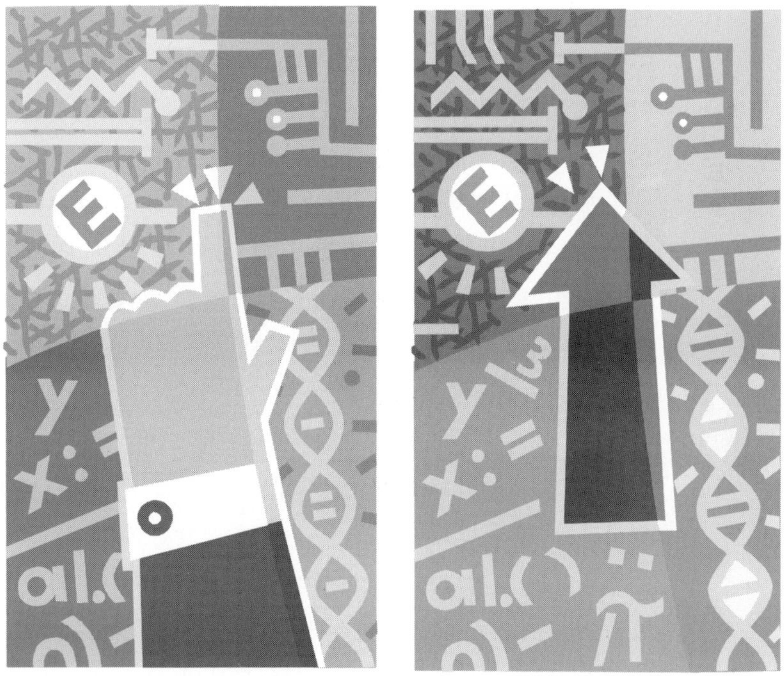

통계학이란?

통계학(statistics)이란 합리적인 의사 결정을 내리기 위해 자료를 수집, 정리 요약하고 분석하는 방법을 연구하는 학문이라 한다. 실험이나 조사를 하고자 할 때 먼저 무엇을 대상으로 하느냐 즉, 관심이 있는 대상을 정할 필요가 있다. 예를 들면 한국인 남성의 신장, 공장에서 생산되는 제품의 수명 등이다. 여기에서 흥미의 대상이 되는 것은 한국남성 전체, 생산품 전체이다. 이렇게 관심 있는 대상의 전체를 모집단(population)이라고 한다. 그런데 이 조사를 위해서는 한국의 남성을 전부 조사하거나, 생산품 전부를 조사해야 한다. 이것은 비용과 시간이 많이 소비되기 때문에 불가능하다. 즉 관심의 대상인 모집단이 무한이라면 현실적으로 실험을 몇 회 하거나 몇 개를 임의로 추출한 다음 이 자료에 의해 모집단을 추론하게 된다. 이를 통계적 추론(statistical inference)이라고 하고 추출된 자료를 표본(sample)이라고 한다. 모집단에서 표본을 취하는 것을 표본추출이라 하고 표본추출은 임의로 추출(random sampling)이 되어야 한다.

통계조사의 목적은 모집단에 대한 정보를 알아내는 일이다. 여기서 모집단에 대한 정보란 일반적으로 모집단의 평균, 분산 같은 모집단의 특성을 말한다. 이러한 모집단의 특성값을 모수(parameter)라고 한다. 모집단의 특성값은 모집단 전체를 조사하여야만 알 수 있다. 그러나 대부분의 연구에서는 모집단 전체를 조사한다는 것은 불가능하므로 일반적으로 모수는 미지의 수가 된다. 이 경우 모집단을 대표할 수 있는 일부를 택하여 표본을 조사하게 되며, 표본으로부터 계산되는 표본의 평균 또는 표본의 분산과 같은 표본의 특성값 즉, 통계량(statistic)을 이용하여 모수를 추정하게 된다.

통계학은 모집단의 어떤 성질에 대하여 측정한 자료를 과학적 방법으로 다루는 학문으로 기술통계학과 추측통계학으로 구분된다. 기술통계학이란 관심을 갖고 있는 집단으로부터 자료를 수집하여 도표나 통계량 등을 통해 자료를 요약하는 통계이며 추측통계학은 관심을 갖고 있는 집단으로부터 자료를 수집하여 여러 가지 특성을 관찰하여 분석한 후 분석된 결과에 대하여 집단의 특성을 파악하여 미래의 현상을 예측하는데 도움을 얻고자 하는 통계이다.

2 기술통계학과 추측통계학

통계적 자료가 모집단 자료이거나 표본자료인 경우에 자료는 단지 숫자의 나열에 불과하므로 자료를 의도와 목적에 적합하게 요약 하거나 정리되면 자료 속에 담겨져 있는 정보를 손쉽게 파악 할 수 있다. 따라서 자료를 요약, 정리하는 기법이 필요하게 된다. 이러한 분야를 통계학에서는 기술통계학(descriptive statistic)이라고 말하고 이 분야에서는 자료의 특징을 몇 개의 숫자로 파악 할 수 있는 정리방법과 그림이나 도표, 그래프를 일반적으로 이용하게 된다.

자료가 모집단의 일부분인 표본자료로부터 자료의 요약과 정리도 필요하지만 우리의 최종적 목적은 표본자료를 통해서 모집단의 특성을 파악하는 일이다. 따라서 모집단으로부터 추출된 표본자료를 사용하여 모집단 전체에 대한 특성을 추측해내고 모집단에 대한 의사결정방법을 연구하는 분야를 추측 통계학(inferential statistic)이라고 말하고 이 분야에서는 표본자료부터 얻어진 정보를 이용하여 모집단의 특성을 추정하는 방법과 모집단에 대한 주장을 검증하는 검정방법이 있고 자료의 특성과 분석기법에 따라 다양한 분야로 세분될 수 있다.

우리가 흔히 알고 있는 통계적 추정과 검정 방법이 이 분야에 속해 있다.

3 질적변수와 양적변수

변수는 숫자로 표현된 사실이나 현상으로 그 값이 경우에 따라 변화되는 것이며 변수는 다시 질적변수와 양적변수로 구분해 볼 수 있는데 질적변수란 측정값이 문자로 표시되어 몇 개의 범주로 나타낼 수 있다. 즉, 질적 정보를 코드(code)화 해서 숫자로 표현한다. 예를 들면 인간의 성(sex)은 질적 특성으로 직접 숫자로 나타낼 수 없지만 남성이면 1로 여성이면 0으로 나타내면 질적변수로 활용 할 수 있는 것이다. 양적변수란 크기, 무게 등과 같은 양을 숫자로 표시하는 변수를 말한다. 양적변수는 다시 이산형 변수와 연속형 변수로 구분한다. 이산형 변수는 셀 수 있는 것으로 예를 들어 불량품의 개수, 오늘 전화가 걸려온 회수, 고객으로부터 크레임 회수 등이고 연속형 변수는 길이, 무게 등 셀 수 없는 변수를 말한다.

4 모수와 통계량

실험이나 조사를 행할 때 우선 무엇을 대상으로 하느냐 즉, 흥미가 있는 대상을 정할 필요가 있다. 예를 들면 한국인 남성의 신장, 공장에서 생산되는 제품의 수명, H 정당의 지지율 등이다. 여기에서 흥미의 대상이 되는 것은 한국남성 전체, 생산품 전체, 유권자 전체이다. 이렇게 흥미 있는 대상의 전체를 모집단(population)이라고 한다. 그런데 이 조사를 위해서는 한국의 남성을 전부 조사하거나 생산품 전부를 조사해야 한다. 이것은 비용과 시간이 많이 소요되기 때문에 불가능하다. 즉 흥미의 대상인 모집단이 무한이라면 현실적으로 실험을 몇 회 행하거나 몇 개를 무작위로 추출한 다음 이 자료에 의해 모집단을 추론하게 된다. 이러한 접근을 통계적 추론(statistical inference)이라고 하고 모여진 자료를 표본(sample)이라고 한다. 모집단에서 표본을 취하는 것을 표본추출이라 하고 표본추출은 무작위 추출(random sampling)이 되어야 한다. 이 무작위 추출은 모집단에 포함되는 모든 원소가 같은 가능성으로 추출되어짐을 의미한다. 물론 표본의 수가 많을수록 얻어지는 결과의 신뢰도는 더 커진다.

통계조사의 목적은 모집단에 대한 정보를 알아내는 일이다. 여기서 모집단에 대한 정보란 일반적으로 모집단의 평균, 분산 같은 모집단의 특성을 말한다. 이러한 모집단의 특성값을 모수(parameter)라고 한다. 모집단의 특성값은 모집단 전체를 조사하여야만 알 수 있다. 그러나 대부분의 연구에서는 모집단 전체를 조사한다는 것은 불가능하므로 일반적으로 모수는 미지의 수가 된다. 이 경우 모집단을 대표할 수 있는 일부를 택하여 조사하게 되며 이를 표본이라고 한다. 모집단으로부터 표본을 뽑고 표본으로부터 계산되는 표본의 평균 또는 표본의 분산과 같은 표본의 특성값을 통계량(statistic)이라하며 이를 이용하여 모수를 추정하게 된다.

모집단의 특성을 수량적으로 표시하는 데에는 기대값(평균), 분산, 표준편차 등이 사용된다. 이들은 모집단에 대한 일정한 상수로서 각각 모평균, 모분산, 모표준편차 등으로 불리며 이들을 총칭하여 모수라고 한다. 이에 따라 모집단으로부터 얻어진 표본에 관한 측정값의 평균, 분산, 표준편차 등은 동일한 모집단으로부터 추출된 표본이라도 표본마다 다른 값을 가질 수 있는 확률변수로서 이들을 총칭하여 통계량이라고 한다. 어떤 모수를 추정하기 위해서 사용된 통계량을 추정량(estimator)이라고 부르고 데이터로부터 얻어지는 추정량의 값을 추정값(estimate)이라고 한다. 어떤 추정량의 기대값과 모수가 같으면 그 추정량을 불편추정량(unbiased estimator)이라고 한다.

일반적으로 모수의 추정에 사용되는 통계량은 어떤 표본이 뽑히느냐에 따라 그 값이 달라지고 그 값에 의해 하나의 분포를 이루게 된다. 이 때 통계량의 분포를 표본분포(sampling distribution)라고 한다.

모집단, 표본, 모수 및 통계량의 관계는 다음 그림과 같이 나타낼 수 있다.

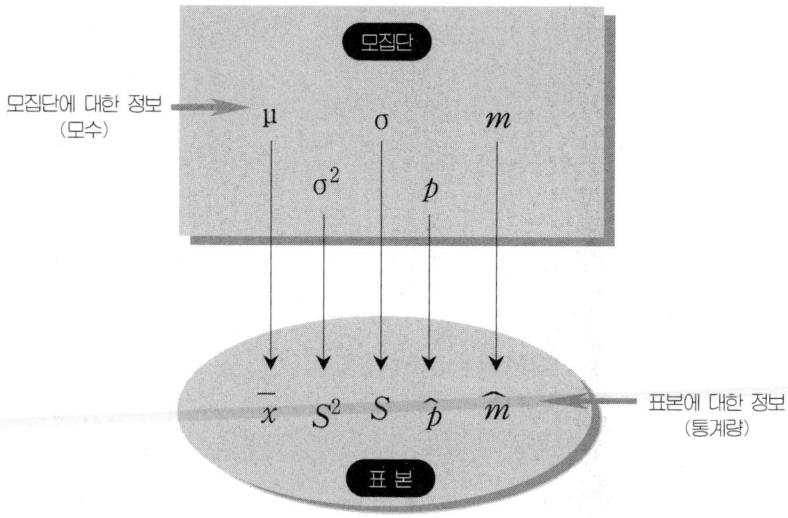

〈그림 1.1〉 모집단과 표본, 모수와 통계량의 관계

5 통계학에서 사용되는 기본 용어

통계학에서 사용되는 기본 용어를 정리하면 다음과 같다.

용 어	의 미
모집단(population)	관심을 갖고 있는 집단을 구성하는 모든 개체로 이루어진 집단
유한모집단	모집단을 구성하는 개체의 수가 유한
무한모집단	모집단을 구성하는 개체의 수가 무한
표본(sample)	모집단으로부터 임의로 추출된 부분 집단
모수(parameter)	모집단의 특성을 나타내는 양적인 측도 모평균 μ, 모분산 σ^2, 모표준편차 σ, 모비율 p, 모결점수 m 등
통계량(statistic)	모수에 대응되는 표본의 특성을 나타내는 양적인 측도 표본평균 $\overline{x}$, 표본분산 S^2, 표본표준편차 $S=\sqrt{S^2}$, 표본비율 $\hat{p}$, 표본결점수 $\widehat{m}$ 등

6 사례를 통한 모집단과 표본, 모수와 통계량 등에 대한 개념

다음은 실제 사례를 중심으로 모집단과 표본, 모수와 통계량 등에 대한 개념을 설명한 것이다.

사례 1: 유한 모집단

- 다음은 A 고등학교 문과반 30명의 수학능력 시험 성적 자료가 있다.

343	340	334	342	345	346	334	344	340	338
340	341	340	336	343	344	350	344	344	339
341	339	352	337	332	343	342	342	338	343

여기서 문과반 30명의 수학능력 시험이 어느 정도인지 알고자 5명의 성적을 임의로 표본 추출하여 다음의 자료를 얻었다.

336 343 344 350 340

1. 모집단 : A 고등학교 문과반 30명의 수학능력 시험 성적 자료의 모임
2. 모평균 :

$$\mu = \frac{1}{N}(x_1 + x_2 + \cdot\cdot\cdot + x_N)$$

$$= \frac{1}{30}(343 + 340 + 334 + \cdot\cdot\cdot + 343)$$

$$= 341.19$$

3. 모분산 :

$$\sigma^2 = \frac{1}{N}\Sigma_{i=1}^{N}(x_i - \mu)^2$$

$$= \frac{1}{30}[(343-341.19)^2+(340-341.19)^2+\ldots+(343-341.19)^2]$$

$$= 18.749$$

4. 모표준편차 : $\sigma = \sqrt{\sigma^2} = \sqrt{18.749} = 4.33$

표본 : 5명의 성적을 표본 추출(336 343 344 350 340)

5. 표본평균 : $\bar{x} = \frac{1}{n}(x_1 + x_2 + \cdot\cdot\cdot + x_n)$

$$= \frac{1}{5}(336+343+344+350+340)$$

$$= 342.65$$

6. 표본분산 :

$$S^2 = \frac{1}{n-1}\Sigma_{i=1}^{n}(x_i - \bar{x})^2$$

$$= \frac{1}{5-1}[(336-342.65)^2+(343-342.65)^2+\ldots+(340-342.65)^2]$$

$$= 25.20$$

7. 표본표준편차 : $S = \sqrt{S^2} = \sqrt{25.20} = 5.02$

사례2: 유한 모집단

- 2003년 500개 기업으로부터 임의로 선정한 30개의 기업에 대한 주당 순이익 자료의 평균은 4.08이고, 표준편차는 2.1이다.

1. 모집단 : 500개 기업의 주당 순이익자료의 모임

2. 모평균 : 500개 기업의 주당 순이익자료들의 평균
3. 모표준편차 : 500개 기업의 주당 순이익자료들의 표준편차
4. 표본 : 30개 기업의 주당 순이익자료의 모임
5. 표본평균 : 30개 기업의 주당 순이익자료들의 평균
6. 표본표준편차 : 30개 기업의 주당 순이익자료들의 표준편차

사례3: 유한 모집단

- 대통령 후보자 A, B, C 에 대하여 전체 유권자들의 지지 성향을 알아보기 위하여 유권자 3,000명을 임의로 뽑아서 조사를 실시하였다.

1. 모집단 : 전체 유권자들의 자신이 지지하는 후보자의 관측값들의 모임
2. 모비율 p : 예를 들어 모집단에서 A후보를 지지하는 유권자가 100,000명이라 한다면, A후보를 지지하는 지지율 $p = \frac{100,000}{\text{전체유권자수}}$ 이다.
3. 표본 : 뽑힌 3,000명에 대하여 실제로 관측된 관측값들의 모임
4. 표본비율 $\hat{p}$: 예를 들어 표본에서 A후보를 지지하는 유권자가 2,000명이라 하면 $\hat{p} = \frac{2,000}{3,000}$ 이다.

사례4: 무한 모집단

- 어떤 기계공장에서 프레스된 부품을 제조한다. 제조공정의 일부를 변경하고 10개의 표본을 추출하여 프레스된 부품의 지름을 측정하였다.

1. 모집단 : 프레스된 부품을 일정한 환경에서 무한 생산한다고 할 때 부품의 지름을 측정한 측정치들의 모임
2. 모평균 : 모집단(제조공정)에서 무한 생산한 부품의 지름을 측정한 측정치들의 평균
3. 표본 : 10개의 표본을 추출하여 프레스된 부품의 지름을 측정한 측정치들의 모임
4. 표본평균 : 10개의 프레스된 부품의 지름을 측정한 측정치들의 평균

사례5: 무한 모집단

- 어떤 식물이 꽃을 피우는데 걸리는 기간을 알아보기 위해 20그루의 식물을 선택하여 조사하여 본 결과 평균이 38일이고 표준편차는 4.3일 이었다.

1. 모집단 : 무수히 많은 어떤 식물의 꽃을 피우는 데 걸리는 기간을 측정한 측정치들의 모임
2. 모평균: 모집단의 측정치들의 평균
3. 모분산 : 모집단의 측정치들의 분산
4. 표본 : 선택된 20그루의 꽃을 피우는 데 걸리는 기간들을 측정한 측정치들의 모임
5. 표본평균 : 선택된 20그루의 측정치들의 평균
6. 표본분산 : 선택된 20그루의 측정치들의 분산

7 통계자료와 컴퓨터

통계학은 자료를 수집·정리하고 관측된 자료로부터 유용한 정보를 도출하는 통계분석과정이 요구된다. 이 과정에서 분석자는 방대한 자료를 다루며 복잡한 수식을 계산해야만 한다. 이러한 관측값들로 구성된 자료를 이용하여 통계분석을 하여야 한다. 따라서 통계분석을 용이하게 수행하기 위해서 컴퓨터의 사용이 필요하며 오늘날 다양한 정보의 요구는 이런 필요성을 더욱 증진시키고 있다. 따라서 개인컴퓨터로도 일반통계와 관련된 방대한 자료를 이용하여 통계분석이 가능하며 컴퓨터를 이용한 통계분석기법도 다양하게 발전하고 있다.

컴퓨터로 통계분석이 가능하도록 계산과정을 정리해 놓은 프로그램을 통계 패키지(statistical package)라고 하는데 일반적으로 통계 분석을 위한 대표적인 통계 패키지로는 SPSS, SAS, S+, 미니텝 등이 있다. 컴퓨터 언어로는 C언어. 비주얼베이직, JAVA 등도 가능하다. 그러나 기본적인 자료 처리를 위해 Microsoft Excel 소프트웨어를 이용해도 필요한 자료 분석이 가능하도록 기본적인 통계분석도구를 제공하고 있다.

엑셀분석도구기초

통계적 분석방법을 사용하기 위하여 모든 사람들이 통계학의 이론적인 과정을 이해하고 분석방법을 사용하는 것은 불가능하고 또 불필요한 일이므로 통계 전문가들이 통계에 관한 문제들을 전형적으로 해결하기 위해 프로그램이나 관련 서브루틴을 작성하여 모아두었는데 이를 통계 패키지라고 부른다. 엑셀은 전문 통계 패키지는 아니지만 쉽게 이용할 수 있는 스프레트시트이며 동시에 통계 패키지의 성격도 가지고 있다.

1. 통계자료 분석 프로그램의 설치 및 사용 예

엑셀은 통계자료 분석을 주목적으로 설계된 프로그램이 아니므로 엑셀을 이용하여 통계자료 분석을 하려면 자료분석 프로그램을 추가로 설치하여야 한다.
설치하는 방법은 다음과 같다.

1. [도구] → [추가기능]을 선택한다.
2. 분석을 위해서는 [분석도구]와 [분석도구-VBA]가 필요하므로, 이 두 메뉴를 선택하고 [확인]을 누른다.

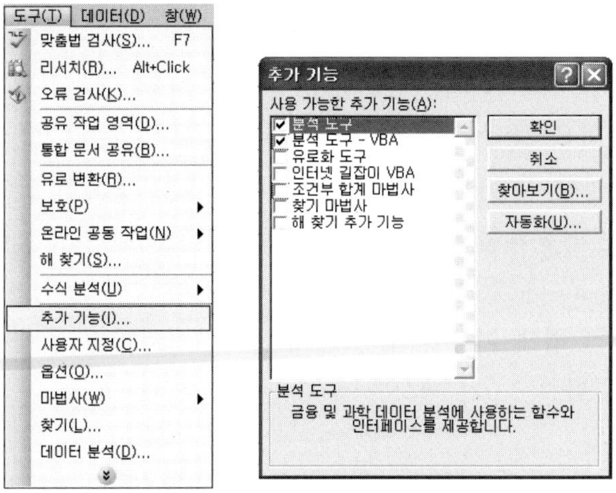

3. [도구] → [데이터 분석(D)]을 선택하면 [통계 데이터 분석] 대화상자가 나타난다.

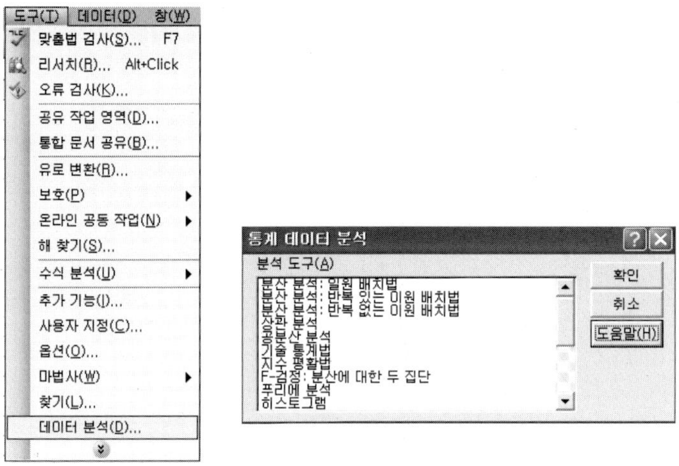

예 1

• 1, 2, 2, 3, 3, 3, 4, 4, 4, 4 의 데이터 기술 통계 정보를 알아보자.

1. A 열에 데이터를 입력한다.
2. [도구] → [데이터 분석(D)]을 선택하고 나타난 [통계 데이터 분석] 대화상자에서 [기술통계법]을 선택하고 [확인] 버튼을 클릭한다.

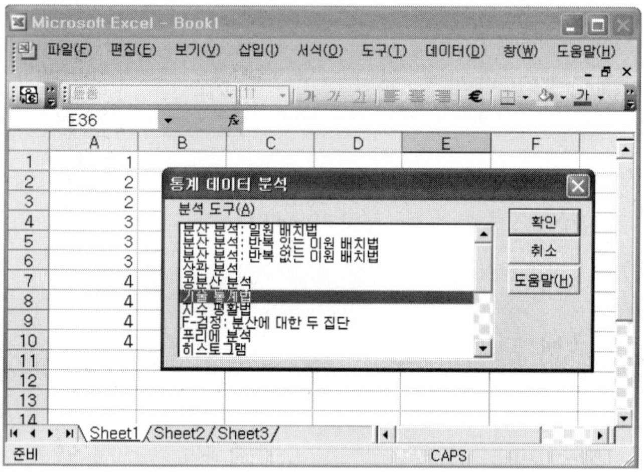

3. [기술 통계법] 대화상자가 나타나면 입력범위를 체크하거나 입력하고 또, 출력옵션에서 [요약통계량]을 체크하고 [확인] 버튼을 클릭한다.

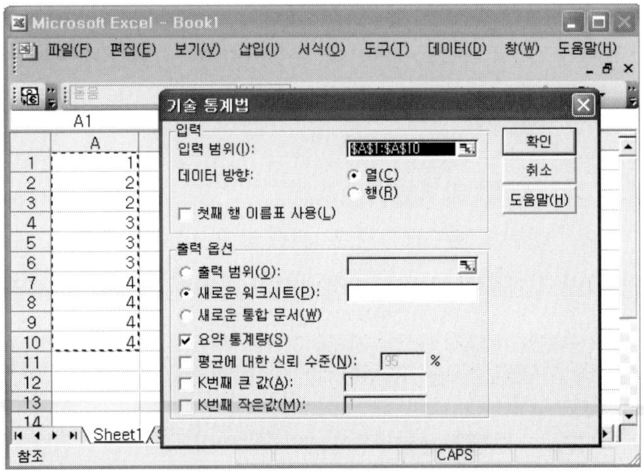

4. 다음과 같은 기술통계량 정보가 나타난다.

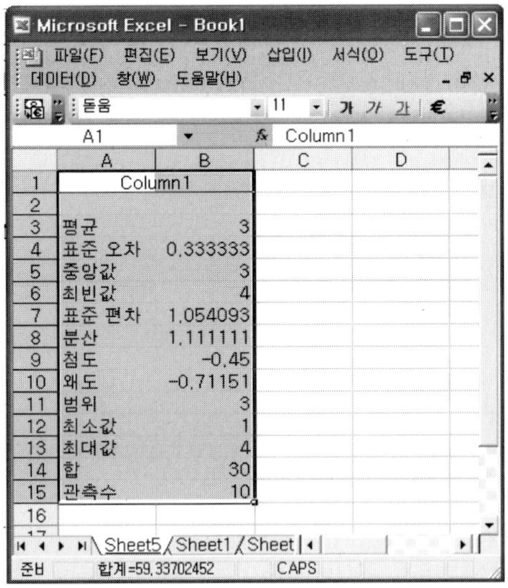

2. 엑셀 함수의 사용 예

함수는 엑셀에서 사용자가 편리하게 작업을 할 수 있도록 설계되었다. 엑셀에서 제공하는 함수로는 통계함수, 수학함수, 논리함수, 정보함수, 문자함수, 재무함수, 날짜함수, 시간함수 등 다양하다.

2.1 함수 사용법

함수 사용방법으로 두 가지가 있다.

(1) 함수마법사 사용

① 도구모음에서 함수를 선택하고 [통계] 범주상자에서 [AVERAGE]를 선택하고 [확인]을 클릭한다 .

② 마우스를 이용하여 인수(값)을 입력하고 [확인]을 클릭한다.

(2) 키보드 사용

① 원하는 셀에 포인터를 위치시키고 "= AVERAGE(20,30,40)"을 기입한다. (모든 함수는「=」로 시작된다).

② Enter↵ 키를 클릭하면 평균이 계산된다.

예 2

- 20, 30, 40의 평균 구하는 방법을 설명하라.

1. 함수마법사 이용

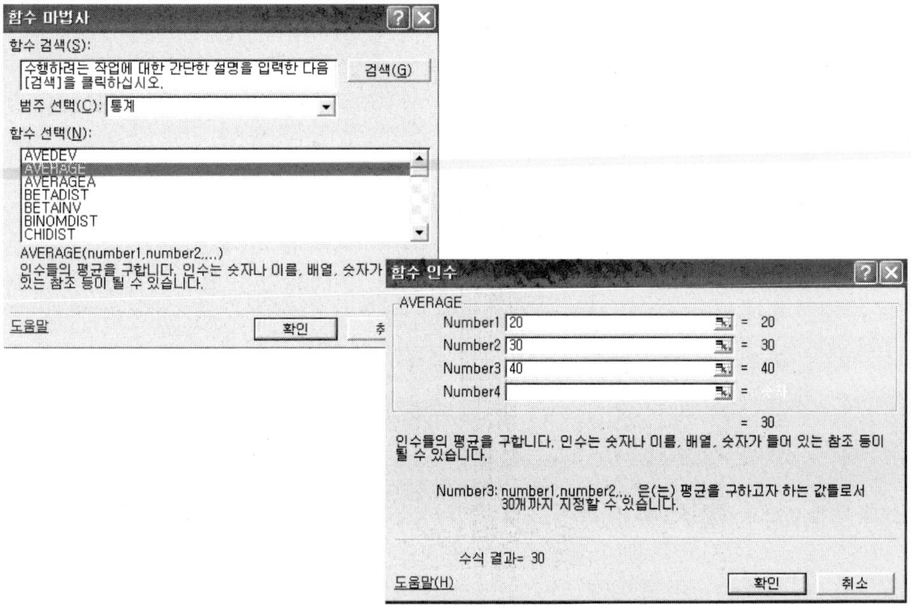

2. 키보드 사용

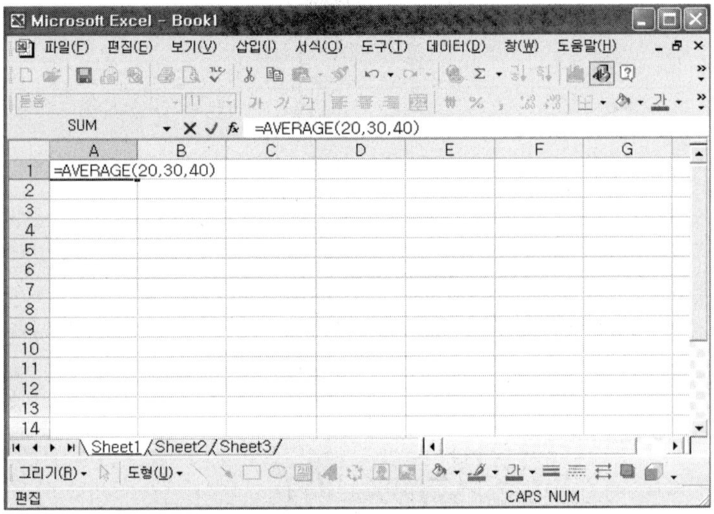

2.2 함수의 형식

함수를 키보드로 입력할 때는 일정한 형식이 요구된다. 함수의 기본 형식은 다음과 같다. 인수는 최대 30개까지 사용할 수 있다.

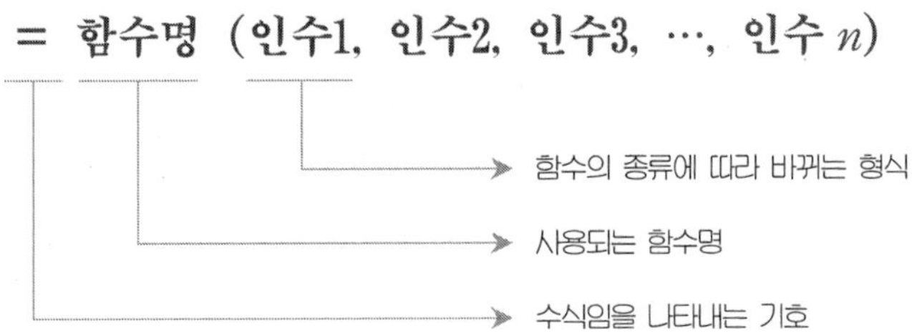

1. 모든 함수는 「=」로 시작된다. 즉, 「=」로 입력을 시작하면 엑셀은 이를 내장함수로 인식하는 것이다. 하나의 식에 함수가 두 개 이상 있을 경우 두 번째부터는 「=」 기호를 붙이지 않아도 된다.

```
= IF(K2>=200,AVERAGE(A3:A6), SUM(A3:A6))
```

2. 함수명의 영문자는 대문자, 소문자를 구분하지 않고 동일하게 처리된다. 그러나 입력을 종료한 후 함수의 형식에 오류가 없다면 입력된 문자는 모두 대문자로 자동 변환되어 형식이 정확한지 확인이 가능하다.

```
= sum(k1:k10) ⇔ = SUM(K1:K10)
```

3. 함수명 다음에 오는 인수는 ( )괄호로 묶어 함수명에 바로 붙여 기입한다. 인수가 필요 없는 함수라도 괄호는 반드시 사용해야 한다.

```
= TRUE()    또는    = FALSE()
```

4. 인수가 여러 개일 경우에는 콤마로 구분하며 그 순서와 형태는 지켜져야 한다.
5. 셀 범위에 이름을 지정하면 그 이름으로 셀 범위를 대신할 수 있다.
6. 엑셀의 내용이 현재 작업 화면에 있는 것이 아니고 파일에 저장되어 있더라도 불러들여 함수를 사용할 수 있다.

= SUM ('C:\EXCEL\EX.XLS' ! $A$10:$A$20)

여기서 C:\EXCEL에 있는 EX.XLS 파일명 중 A10에서 A20 사이에 있는 내용의 합계를 구하라는 뜻이다. 그리고 경로명과 파일명을 홑따옴표 ' ' 안에 기입하고 파일명 마침 기호 「!」를 붙여야 한다.

7. 이미 하나의 파일이 오픈되어 있다면 다음과 같이 한다.

= SUM(EX.XLS ! A10:A20)

- EX.XLS → 파일명
- ! → 파일명 마침 기호

8. 만약 파일에 워크 북 탭이 지정되어 있는 경우는 다음과 같다.

= SUM([EX.XLS] 서류02 ! $A$10:$A$20)

- [EX.XLS] → 파일명
- 서류02 → 워크북탭명
- ! → 파일 마침 기호

※ 주의 : 파일명과 마침 기호 등에 여백(띄우기)이 있어서는 안된다.

2.3 엑셀제공 통계 함수

〔통계함수 I〕

함 수	구 문	의 미
COUNT	COUNT(value1, value2,…)	숫자를 포함한 셀과 숫자의 개수
AVERAGE	AVERAGE(number1, number2,…)	평균
VAR	VAR(number1, number2,…)	분산
STDEV	STDEV(number1, number2,…)	표준편차
MIN	MIN(number1, number2,…)	최소값
MAX	MAX(number1, number2,…)	최대값
RANK	RANK(number1, number2,…)	지정한 셀의 데이터가 차지하는 순위
MODE	MODE(number1, number2,…)	최빈값

〔통계함수 II〕

함 수	형 식
CONFIDENCE(신뢰구간)	CONFIDENCE(alpha,standard_dev,size)
DEVSQ(편차의 제곱합)	DEVSQ(number1,number2,...)
FORECAST(선형 추세 예측)	FORECAST(x,known_y's,known_x's)
FREQUENCY(돗수분포표)	FREQUENCY(data_array,bins_array)
GROWTH(지정값의 지수 추세)	GROWTH(known_y's,known_x's,new_x's,const)
INTERCEPT(선형회귀의 Y의 절편)	INTERCEPT(known_y's,known_x's)
KURT(데이터의 첨도)	KURT(number1,number2, ...)
PERMUT(순열수 계산)	PERMUT(number,number_chosen)
TREND(선형 추세의 값 구하기)	TREND(known_y's,known_x's,new_x's,const)

연습문제

다음의 사례에서 모집단, 표본과 모수와 통계량 등에 대해 설명하시오.

1. H회사 승용차 판매원은 새로 시판되는 승용차의 1리터당 주행거리를 알아보기 위해 실험을 실시하였다. 주행거리는 다음과 같다.(단위:km)

23	18	22	19	19	22	18	18	24	24

2. IMF 직전 정부기관의 조사에 의하면 전국의 실업률이 7.4%라 한다. 한 도시의 사회조사 단체에서 취업적령인 사람들 중 임의로 1500명을 임의로 추출하여 조사하였다. 이중 실업자는 105명 이었다.

3. 2개 회사의 제품을 임의로 뽑아 인장강도를 측정하였다. 데이터는 다음과 같다.

A 회사	:	38	45	43	44	38	47
B 회사	:	33	40	39	40	44	30

4. 어떤 유리 공장에서 생산라인이 A, B 2개가 있다. A공정에서는 $10m^2$당 기포의 수가 43개 이었고 B공정에서는 $10m^2$당 기포의 수가 55개 이었다.

5. 통계컨설팅 회사의 GB 교육과정의 수강생 중에서 10명을 임의로 뽑아 똑같은 업무를 각자에게 부여한 결과 업무를 완전히 끝내는데 소요되는 시간(단위:분)은 다음과 같았다.

15	10	12	8	11	10	10	13	12	9

2

통계의 정리 및 요약

제2장에서는 자료를 정리 요약하는 기법들을 소개한다.

— 통계량에 의한 정리

— 자료의 중심 집중화 경향을 나타내는 대표치

— 대표치를 중심으로 자료의 흩어진 정도를 나타내는 산포도

— 도표 그래프에 의한 정리

자료의 정리방법에는 관측값으로부터 통계량을 구하여 자료의 특성을 파악하는 통계적인 자료 정리 방법과 도표나 그래프에 의한 자료의 정리가 있다. 본 장에서는 통계량에 의한 자료의 정리와 도표와 그래프에 의한 자료의 정리 및 요약으로 나누어 설명한다.

통계량에 의한 자료의 정리

통계량에 의한 자료의 정리는 중심위치를 나타내는 평균, 중위수, 최빈수 등이 있고 관측값의 흩어진 정도를 측정하는 분산, 표준편차, 범위 등이 있다.

1.1 자료의 중심 위치를 측정하는 축도

자료의 중심위치 측정이란 자료를 대표할 수 있는 대표값을 측정하는 것을 말한다. 대표값은 평균과 같은 계산적 대표값과 중위수, 취빈수 등과 같은 위치에 의해 판단되는 위치적 대표값으로 나뉜다. 계산적 대표값은 극단값에 영향을 받지만 위치적 대표값은 극단값에 영향을 받지 않는다.

(1) 평균(mean)

중심위치의 측도로서 가장 많이 사용되고 있으며 모든 데이터 값의 합을 데이터의 개수로 나누어 구한다. 즉, 데이터 $x_1, x_2, \cdot\cdot\cdot, x_n$에서 평균값은 다음과 같다.

$$\bar{x} = \frac{1}{n}(x_1 + x_2 + \cdot\cdot\cdot + x_n) = \frac{1}{n}\Sigma x_i$$

예제 2.1

● 다음 자료의 평균값을 구하시오.

3 5 7 9 14

$\bar{x} = \frac{1}{5}(3+5+7+9+14) = 7.6.$

(2) 중위수(median)

전체 데이터를 크기 순서로 배열했을 때 중앙에 위치하는 값이다. 데이터의 수가 홀수이면 중앙에 위치하는 데이터이고 짝수이면 중앙에 위치하는 두 개의 데이터의 평균값이 된다. 아주 큰 데이터나 아주 작은 데이터 즉, 극단적인 값에 비교적 영향을 받지 않는다.

예제 2.2

● 다음 자료의 중위수를 구하시오.

(1) 3 5 7 9 14
(2) 3 5 7 9 14 15
(3) 3 5 7 9 14 85

(1) 데이터의 개수가 홀수로 중위수는 7.

(2) 데이터의 개수가 짝수로 중위수는 $\frac{(7+9)}{2} = 8.$

(3) 중위수 $\frac{(7+9)}{2} = 8$로 극단적인 값인 85에 영향을 받지 않음을 알 수 있다.

(3) 최빈수(mode)

전체 데이터에서 가장 자주 나오는 값을 말한다. 위치적 대표값으로서 양적자료, 질적자료에 두루 쓰인다. 예를 들면 기성복을 생산하는 공장에서는 많은 고객들이 원하는 의복 즉, 최빈수에 해당되는 의복을 많이 생산해야 될 것이며 안방에 놓을 가구를 만들 때도 최빈수에 해당하는 가구를 생산해야 될 것이다. 그 외에 최빈수가 적용되는 예는 구두, 책상 등이 있다.

예제 2.3

• 다음 자료의 최빈수를 구하시오.

3 5 5 5 7 9 9 14

▶ 위 데이터는 5가 3개로 최빈수는 5

1.2 자료의 흩어진 정도를 측정하는 측도

대표적인 평균값만 가지고는 자료의 전체적인 분포 상황을 알 수 없다. 예를 들어 자료 48, 50, 52와 자료 2, 50, 98의 평균은 각각 50이다. 그러나 자료의 흩어진 정도는 전혀 다르다. 여기서 자료의 중심위치인 평균값만으로는 자료에 대한 충분한 정보가 되지 못함을 알 수 있다. 따라서 자료가 평균값 주변에 어떻게 퍼져 있는지를 알려주는 지표 즉, 산포도가 필요하다. 이러한 자료의 흩어진 정도를 나타내는 측도는 분산, 표준편차, 범위 등이 있다.

(1) 분산과 표준편차(variance, standard deviation)

각 자료의 값에서 평균을 빼고 제곱시킨 합을 제곱합(sum of square)

$$SS = \Sigma_{i=1}^{n}(x_i - \bar{x})^2$$

이라 하며 제곱합을 자료의 총합으로 나누어 계산된 통계량을 분산이라 한다. 분산은 다음과 같이 정의된다.

$$S^2 = \frac{1}{n-1}\Sigma_{i=1}^{n}(x_i - \bar{x})^2$$

표준편차는 분산의 제곱근으로

$$S = \sqrt{S^2} = \sqrt{\frac{1}{n-1}\Sigma_{i=1}^{n}(x_i - \bar{x})^2}$$

된다.

분산의 간편한 계산식은 다음과 같이 유도 할 수 있다.

$$\begin{aligned} S^2 &= \frac{1}{n-1}\Sigma_{i=1}^{n}(x_i - \bar{x})^2 \\ &= \frac{1}{n-1}\left\{\Sigma_{i=1}^{n}x_i^2 - \frac{(\Sigma_{i=1}^{n}x_i)^2}{n}\right\} \end{aligned}$$

참고하세요!

평균이 μ이고 분산 σ^2은 임의의 모집단으로부터 크기가 n인 확률분포 $X_1, X_2, \cdots, X_n$에 의해서 정의되는 표본평균 $\overline{X}$와 표본분산 S^2은 각각 모평균 μ와 모분산 σ^2의 불편 추정량이 됨이 알려져 있다.

$$E(\overline{X}) = \mu, \quad E(S^2) = \sigma^2$$

그러나 통계량

$$T = \frac{\Sigma_{i=1}^{n}(X_i - \overline{X})^2}{n}$$

은 모분산 σ^2의 불편추정량이 되지 않는다. 즉, $E(T) = \frac{n-1}{n}\sigma^2 \neq \sigma^2$ 이므로 편의추정량(unbiased estimator)되고

$$S^2 = \frac{\Sigma_{i=1}^{n}(X_i - \overline{X})^2}{n-1}$$

은 σ^2의 불편추정량이 됨이 알려져 있다.

따라서 표본분산을 정의할 때 $\Sigma_{i=1}^{n}(X_i - \overline{X})^2$을 표본크기 n으로 나누지 않고 $n-1$로 나누는 이유가 되는 것이다.

예제 2.4

- 다음 자료의 점그래프를 그리고 분산, 표준편차를 계산하여 비교하라.

자료 1 :	20.1	20.1	20.0	20.0	20.1	20.0	20.0	20.1	19.9	20.2
자료 2 :	18.4	18.4	18.9	20.8	19.5	18.2	22.1	23.3	19.2	22.5
자료 3 :	24.0	26.9	22.9	15.4	17.3	23.0	25.6	20.1	20.4	15.7

위 자료에 대해 점그래프를 그리면 다음과 같다.

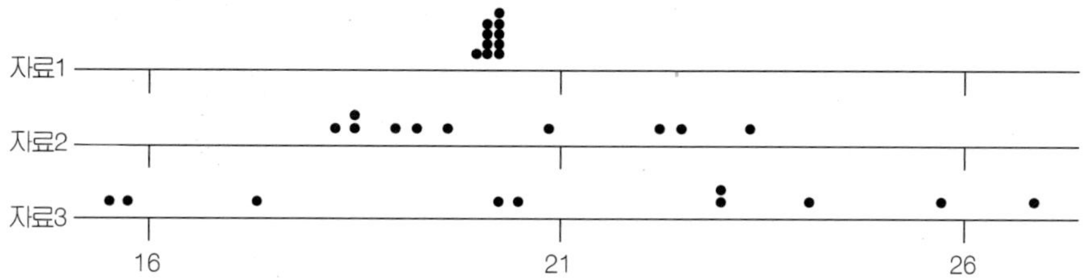

자료1의 분산과 표준편차의 계산은

$$S_1^2 = \frac{1}{n-1}\left\{\Sigma_{i=1}^{n} x_i^2 - \frac{(\Sigma_{i=1}^{n} x_i)^2}{n}\right\}$$
$$= \frac{1}{9}\left\{(20.1^2 + 20.1^2 + \ldots + 20.2^2) - \frac{(20.1 + 20.1 + \ldots + 20.2)^2}{10}\right\}$$
$$= 0.0072$$

$$S_1 = \sqrt{S_1^2} = 0.085$$

같은 방법으로 자료2와 자료3의 분산과 표준편차를 각각 계산하면

$$S_2^2 = 3.61,\ \ S_2 = \sqrt{S_2^2} = 1.90$$

$$S_3^2 = 16.32,\ \ S_3 = \sqrt{S_3^2} = 4.04$$

[해석] 데이터의 흩어짐이 크면 산포의 측도인 분산이나 표준편차는 값이 크고 데이터의 흩어짐이 작으면 분산이나 표준편차는 값이 작아짐을 알 수 있다(수식의 계산 값이나 점그래프를 통해서).

(2) 범위(range)

데이터에서 최대값(x_{max})과 최소값(x_{min})의 차를 범위라고 한다. 범위는 계산하기는 간편하여 현장에서 많이 사용하나 극단적인 값이 존재할 때는 올바른 산포의 측도가 못되는 단점이 있다.

$$R = x_{max} - x_{min}$$

예제 2.5

● 다음 자료의 범위를 구하시오.

3 5 7 9 14

위 데이터의 범위는 $R = x_{max} - x_{min} = 14 - 3 = 11$

(3) 사분위수와 사분위 범위(quartile range)

사분위수는 데이터를 크기 순서에 따라 늘어놓은 데이터에 대해 4등분한 값을 말하며 그 중 첫째를 제1사분위수이고 셋째를 제3사분위수라 한다. 여기서 제2사분위수는 중위수에 해당된다. 제1사분위수를 Q_1 제3사분위수를 Q_3로 표기할 때 사분위 범위는

$$QR = Q_3 - Q_1$$

으로 정의되며 사분위 범위는 극단적인 값에 영향을 덜 받는다.

예제 2.6

- 다음 자료의 사분위수와 사분위 범위를 구하고 설명하시오.

3 5 7 9 14 15 17 19

먼저 크기 순으로 나열하고, 자료를 반으로 나누면 다음과 같이 된다.

1군 : 3 5 7 9
2군 : 14 15 17 19

여기서 1군에서의 중위수 Q_1은 $\frac{1}{2}(5+7)=6$이며 2군에서의 중위수 Q_3은 $\frac{1}{2}(15+17)=16$이 된다. 따라서 사분위 범위 $QR=Q_3-Q_1=16-6=10$

(4) 변동계수(coefficient of variation)

변동계수는 평균에 대한 상대적인 퍼짐의 정도를 백분율로 나타낸다. 측정 단위가 다르거나 중심위치가 아주 다른 두 종류의 데이터를 비교하고자 할 때 사용한다.

$$CV=\frac{s}{x}\times 100$$

예제 2.7

- 두 개의 자료군에서 자료 1은 단위가 mm이다. 또 자료 2는 이를 cm로 바꾼 자료이다. 자료 1군과 자료 2군에 대해 각각의 변동계수를 구하고 의미를 설명하라.

자료1(mm단위)	:	98	99	79	99	95	102	83	93	78	101
자료2(cm단위)	:	9.8	9.9	7.9	9.9	9.5	10.2	8.3	9.3	7.8	10.1

위 자료군에 대한 점그래프를 그리면 다음과 같다.

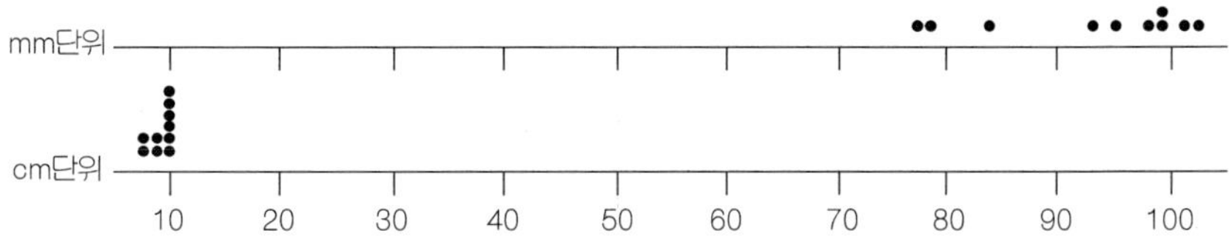

자료1에서는 표준편차 $s=9.33$, 평균 $\bar{x}=92.79$로, 변동계수는 $\frac{s}{\bar{x}}=\frac{9.33}{92.79}=0.101$이며 자료2에서는 표준편차 $s=0.933$, 평균 $\bar{x}=9.279$로 변동계수는 $\frac{s}{\bar{x}}=\frac{0.933}{9.279}=0.101$이다.

[해석] 위 점그래프에서는 자료1이 자료2에 비해 산포도가 훨씬 크나 변동계수는 같았다. 따라서 단위가 다른 데이터의 산포를 비교하는 데에는 변동계수가 적당함을 알 수 있다. 또 변동계수는 단위에 무관함을 알 수 있다.

(5) 표준오차(standard error)

표준오차는 일반적으로 추정량의 표준편차를 의미한다. 따라서 표준오차는 취급하는 문제에 따라 추정량이 변경되면 표준편차도 달라지게 된다. 기술 통계량을 취급할 때에는 표준오차는 표본평균의 표준편차인 $SE(\bar{x}) = \frac{\sigma}{\sqrt{n}}$ 의 추정값인 $\widehat{SE(\bar{x})} = \frac{s}{\sqrt{n}}$ 의 값을 의미한다.

1.3 정규모집단의 가정의 검토

일반적으로 다루는 통계적인 문제는 정규분포를 따른다는 가정을 하게 된다. 따라서 분석하려고 하는 자료가 정규분포를 따르는지를 판단하는 통계적 방법이 필요하다. 이러한 통계적 방법은 많이 있으나 여기에서는 분포의 치우친 정도를 나타내는 왜도(skewness)와 첨도(kurtosis)에 대하여 알아보도록 하자.

변수 X의 평균 $\bar{x}$ 와 표준편차 s 의 값만으로는 X의 분포상태를 완전하게 파악 못할 경우도 있다. 이 경우 대칭이나 첨예의 정도를 고려하게 되는데 이 경우 사용되는 도구로는 왜도(skewness)와 첨도(kurtosis)가 있다.

(1) 왜도

왜도는 분포의 치우친 정도를 나타내는 측도로서 확률변수 X에 대하여 다음과 같이 정의된다.

$$\alpha_3 = \frac{E[(X-\mu)^3]}{\sigma^3}$$

$\alpha_3 = 0$이면 대칭이고 왼쪽으로 기울어질 때(오른쪽 꼬리형 : left skewed) 비대칭분포에서는 평균 μ 보다 큰 값이 나타날 수 있으므로 $\alpha_3 > 0$ 을 만족하고 오른

쪽으로 기울어질 때(왼쪽 꼬리형 : right skewed) 비대칭분포에서는 $\alpha_3 < 0$ 이 된다. 만일 $|\alpha_3|$의 값이 크면 비대칭도는 커져서 분포의 모양이 좌측 혹은 우측으로 더 기울어진다. 엑셀에서는 표본으로부터 계산되는 왜도의 추정량은 다음과 같이 됨이 알려져 있다.

$$\widehat{r_3} = \frac{n}{(n-1)\,(n-2)} \sum_{i=1}^{n} \{(x_i - \overline{x})\,/s\}^3$$

(2) 첨도

첨도는 대칭인 분포에서 꼬리가 두터운 정도(분포의 봉우리가 얼마나 뾰쪽한가)를 나타내는 측도로서 일반적으로 확률변수 X에 대하여 다음과 같이 정의된다.

$$\alpha_4 = \frac{E\,[\,(X-\mu)^4]}{\sigma^4} - 3$$

두터운 꼬리를 가진 분포는 평균 μ 보다 큰 값이 나타날 경우가 많으므로 α_4의 값이 크게 나타난다. 엑셀에서는 표본으로부터 계산되는 첨도의 추정량은 다음과 같다.

$$\widehat{r_4} = \frac{n(n+1)}{(n-1)(n-2)(n-3)} \sum_{i=1}^{n} \{(x_i - \overline{x})\,/s\}^4 - \frac{3(n-1)^2}{(n-2)(n-3)}$$

정규분포의 경우에는 $\alpha_3 = 0$, $\alpha_4 = 0$이다. 즉, 왜도와 첨도의 값이 모두 0 이라 하여 모두가 정규분포를 따른다고 할 수는 없지만 이러한 특성을 이용하여 정규모집단의 검토에 활용할 수 있다. 따라서 $\widehat{r_3}$와 $\widehat{r_4}$의 값이 0과 충분히 다르면 모집단이 정규모집단을 따르지 아니함을 의미한다.

(3) Pearson의 비대칭계수

자료의 분포가 대칭에서 얼마나 벗어나는가를 측정하는 Pearson의 비대칭계수 PS는 다음과 같이 정의한다.

$$PS = \frac{3(\bar{x} - M_e)}{s}$$

여기서 $\bar{x}$는 평균, M_e는 중앙값, M_o는 최빈값, s는 표준편차이다. 분포가 대칭일 때는 PS가 영이 될 것이며, 왼쪽으로 치우친 분포에서는 PS가 음의 값을 가지며 반대로 오른쪽으로 치우친 분포에서는 양의 값을 갖게 된다.

중앙값과 최빈값에 관한 Pearson의 실험 공식은 다음과 같다.

$$3(\bar{x} - M_e) = \bar{x} - M_o$$

2 도표와 그래프에 의한 자료의 정리

자료를 분석할 때에 수치적인 방법 즉, 통계량에 의한 방법과 도표나 그래프에 의한 방법이 상호보완적으로 사용된다. 자료를 분석할 때 도표나 그래프에 의한 자료의 정리가 많이 활용되고 있는데 이는 도표가 주는 시각적인 효과에 의해 자료의 성격을 쉽게 파악할 수 있기 때문이다.

2.1 도수분포표

● 통계학 점수 자료

89	71	65	93	77	81	96	76	90	73
59	73	64	92	76	84	80	80	63	75
90	85	77	99	60	65	83	79	74	60
80	87	72	82	76	79	97	90	75	85

통계학 점수 자료가 있다고 하면, 이 양적자료의 도수분포표를 작성하기 위해서는 먼저 서로 인접한 자료들을 계급(class)화하여 전체자료의 집합을 몇 개의 계급으로 나눈다.

먼저 계급 간격을 정한다. 만약 계급의 수를 6으로 하고 싶으면 계급간격은

(가장 큰 자료값-가장 작은 자료값)/계급의 수=(99-59)/6=6.6≒7

이 된다. 여기서 반올림하는 이유는 양쪽 극단값 즉, 가장 작은값과 가장 큰 값을 도수분포에 포함시키기 위해서이다. 다음으로 첫 번째 계급의 하측 경계값을 정해야 하는데 어떤 자료값도 경계값에 속하지 않게 하기 위해서 일반적으로 최소단위 1의 반을 최소값으로부터 뺀값을 많이 사용한다. 따라서

(첫번째 계급의 하측 경계값)=59-1/2×1=58.50

과 같이 구한다. 계급간격이 7이므로 첫 번째 계급은 58.50~65.50이 될 것이고, 두 번째 계급은 65.50~72.50이 된다. 같은 방법으로 구한다. 각 계급도수를 전체자료의 수로 나누어 상대도수를 계산하고 계급값은 중위수(midpoint)를 사용하여 즉,

(58.50+65.50)/2=62, (65.50+72.50)/2=69

등과 같은 방법으로 구한다.

도수분포표의 작성결과는 다음과 같다.

계급번호 i	계급구간	계급값 x_i	도수 f_i	상대도수
1	58.50～65.50	62	7	0.18
2	65.50～72.50	69	2	0.05
3	72.50～79.50	76	12	0.30
4	79.50～86.50	83	9	0.22
5	86.50～93.50	90	7	0.18
6	93.50～100.50	97	3	0.07
총 계			40(n)	1

이상의 도수분포표 작성 절차를 요약하면 다음과 같다.

(1) 자료의 최대값과 최소값을 찾아 범위(최대값-최소값)를 구한다.

(2) 자료의 크기에 따라 5개 내지 20개 정도의 계급의 수를 정하거나 H.A. Sturges 공식을 이용해서 결정한다.

즉, 계급수$= 1+\dfrac{\log n}{\log 2}=1+3.32\log n$

(3) 위에서 정한 계급의 수만큼 동일한 간격의 계급구간을 정한다. 이 때 각 계급구간은 서로 중복되는 구간이 없어야 하며 어떠한 자료값도 계급간의 경계점에 놓이지 않게 한다.

(4) 각 계급에 속하는 자료값의 개수를 세어 계급의 도수를 구한다.

(5) 각 계급의 도수를 전체자료의 수로 나누어서 상대도수를 구한다.

한편 자료가 계급값으로 분류된 도수분포로 되어 있을 때 평균, 분산을 구하는 방법을 알아보자. 이와 같은 경우 대표값은 계급의 중앙값을 사용하는 것이 일반적이다. 이 경우 평균을 구하기 위해서는 가중평균값을 이용해야 되는데 가중평균값의 식은 아래와 같다.(단, 계급의 수는 g개)

$$\bar{x} = \frac{1}{n}(x_1 f_1 + x_2 f_2 + \cdots\cdots + x_g f_g) = \frac{1}{n}\Sigma_{i=1}^{g} x_i f_i$$

이 되고 분산을 구하는 식은 다음과 같다.

$$s^2 = \frac{1}{n-1}\Sigma_{i=1}^{g} f_i (x_i - \bar{x})^2$$

예제 2.8

- 위의 통계학 점수 자료에서 평균과 분산을 구하시오.

$$\bar{x} = \frac{1}{n}(62 \times 7 + 69 \times 2 + \cdots\cdots + 97 \times 3) = 78.8$$

$$s^2 = \frac{1}{40-1}[7(62-78.70)^2 + 2(69-78.70)^2 + \cdots + 3(97-78.70)^2]$$
$$= 110.37$$

2.2 히스토그램

히스토그램이란 길이, 무게, 강도 등과 같은 계량치의 데이터가 어떤 분포를 하고 있는지 알아보기 위하여 작성하는 그림으로서 도수분포표를 작성한 이후 기둥(확률) 그림의 형태로 그린 것이다. 예를 들어 생산현장의 공정에서 발생되는 데이터에서는 히스토그램을 작성하면 대체적인 평균이나 산포의 크기를 알 수 있으며 이로부터 공정의 안정도를 판별할 수 있다. 안정공정은 좌우대칭인 정규분포의 모습으로 나타나곤 한다.

다음 그림은 앞의 통계학 점수 데이터로부터 작성된 도수분포표에 대해, 계급의 수를 6개로 막대그래프를 그린 것이다. 이 그림에서 막대의 간격 너비를 "0"으로 하여 다시 그리면 히스토그램이 된다.

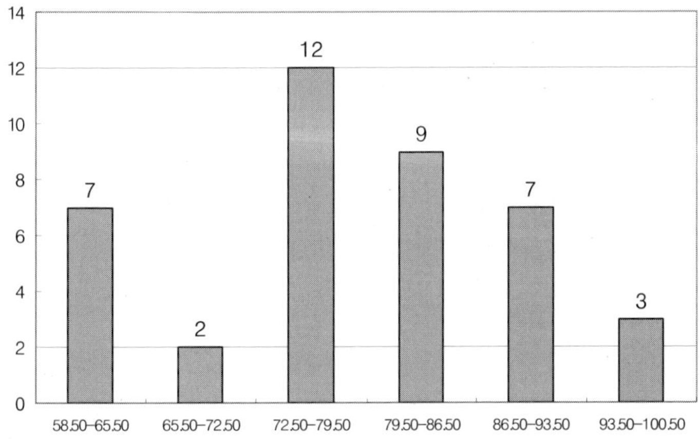

예제 2.9

- 앞의 통계학 자료에 대하여 점그래프를 그리시오.

[해석]

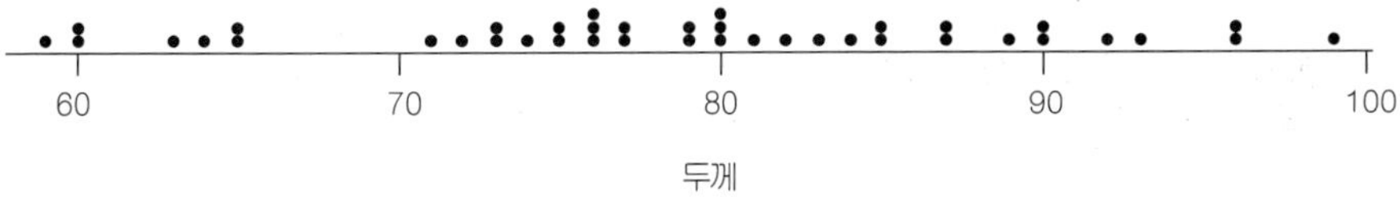

예제 2.10

● 다음은 앞의 통계학 자료에 대해 계급의 수를 5개, 7개, 9개, 11개로 히스토그램을 각각 그린 그림이다. 그 의미를 설명하라.

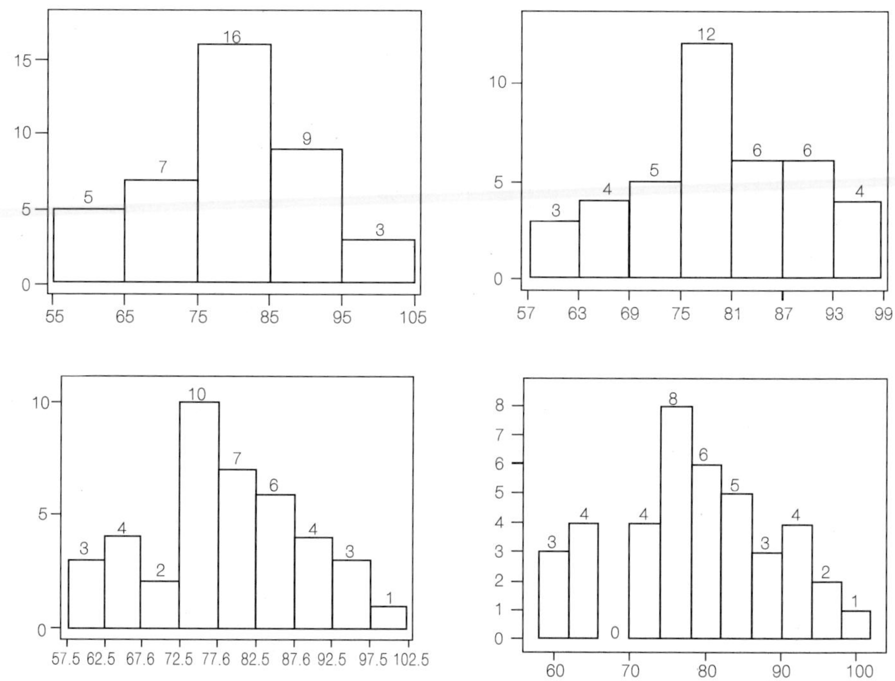

[해석] 위 히스토그램은 계급의 수를 5개, 7개, 9개, 11개로 하면서 그린 그림이다. 여기서 계급의 수에 따라 그래프의 모양이 크게 바뀜을 알 수 있다. 계급의 수를 크게 하면 전반적인 자료의 형태를 파악하기 어렵고 작게 하면 모호해 짐을 알 수 있다. 히스토그램에서는 계급의 수의 결정이 중요함을 알 수 있다. 위의 그림에서 숫자는 계급 내의 도수를 나타낸 것이다.

2.3 줄기 잎 그림

줄기-잎 그림(stem-leaf)을 그리기 위해서는 먼저 자료의 줄기부분을 선택하고, 잎이라 부르는 줄기부분을 제외한 나머지 부분을 선택한다. 다음 그림〈2.1〉의 예와 같이 먼저 줄기값을 크기순으로 세로로 나열한 다음 각 줄기에 해당하는 각 자료의 잎의 값을 오른쪽에 가로로 나열한다. 각 줄기에 해당되는 잎의 값을 순서대로 다시 배열한다. 이 그림은 자료를 크기순으로 용이하게 구별해주는 장점이 있는 반면에 자료집합의 크기가 크게 되면 제한된 공간에 많은 자료들을 다 적는 것은 불편하다는 단점을 가지고 있다. 이 경우는 히스토그램을 그리면 더 효과적이다.

예제 2.11

- 통계학 점수 자료에서 줄기-잎 그림을 그리시오.

Stem-and-Leaf Display: 점수

```
 Stem-and-leaf of 점수      N  = 40
Leaf Unit = 1.0
     1       5 9
     5       6 0034
     7       6 55
    12       7 12334
   (9)       7 556667799
    19       8 0001234
    12       8 5579
     7       9 00023
     3       9 679
```

〈그림 2.1〉 줄기-잎 그림의 예

[해석] 대체적으로 75~85 점대에 관측값이 몰려있고 줄기-잎 그림에서 보여 주듯이 중위수는 (9) 줄기에 중위수가 존재하고 극단값은 존재하지 않는다.

2.4 박스 플롯

박스 플롯(box plot)은 5가지 순서통계량(최소값, 제1사분위수, 중위수, 제3사분위수, 최대값)을 이용하여 자료를 요약 정리하는 그래프적 표현방법으로 줄기-잎 그림이나 히스토그림은 자료가 모여 있는 위치나 자료의 범위 등에 관한 대략적인 내용을 한 눈에 볼 수 있는 장점이 있으나 중위수, 사분위수 등의 수치를 쉽게 알아 볼 수 없다는 단점이 있다. 이에 대해 박스플롯은 5가지 순서통계량을 가지고 그린 그림으로 히스토그램에서 찾을 수 없는 수치적 정보를 제공해준다. 박스플롯을 그리는 절차는 다음과 같다. 먼저, 제1사분위수 Q_1과 제3사분위수 Q_3 사이를 중앙부분이라 생각하여 상자형태로 나타내고 중위수 위치에 선을 그려 넣는다. 그리고 Q_1보다 작거나 Q_3보다 큰 수는 손-발 부분으로 생각하여 Q_1, Q_3를 나타내는 선에서 $1.5(Q_3-Q_1)$을 넘지 않는 최대값과 최소값까지 실선으로 연결한다. 이보다 큰 수는 중심으로부터 멀리 떨어진 점, 즉 이상점 혹은 극단값으로 간주하여 * 표로서 표시되고, 그 사이를 점선으로 연결한다. 이렇게 만들어진 그림을 박스 플롯, 혹은 상자그림이라고 한다.

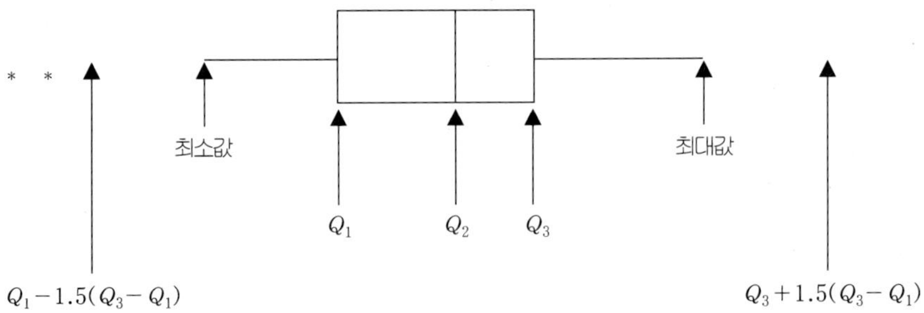

여기서 Q_1 : 제1사분위수(데이터를 순서대로 나열했을 때 1/4에 위치하는 값)
Q_2 : 중위수(데이터를 순서대로 나열했을 때 가운데에 위치하는 값)
Q_3 : 제3사분위수(데이터를 순서대로 나열했을 때 3/4에 위치하는 값)
$Q_3 - Q_1$: 사분위 범위
* : 이상치

〈그림 2.2〉 상자그림 작성의 예

예제 2.12

- 자동차 부품의 치수가 열처리의 전후에 변화가 있는 것 같아서 10개의 표본(시료)을 뽑아서 열처리 전에 한 번 측정하고 같은 시료에 대하여 열처리 후에 짝을 지어 측정한 결과 다음과 같은 데이터를 얻었다. 박스플롯으로 열처리 전후의 평균치의 차가 있는가를 비교하라.

열 처리 전 x_i	열 처리 후 y_i	차 $d_i = x_i - y_i$
1.94	2.00	-0.06
1.99	1.99	0.00
1.98	1.95	0.03
2.03	2.07	-0.04
2.03	2.03	0.00
1.96	1.98	-0.02
1.95	2.03	-0.08
1.96	2.02	-0.06
1.92	2.01	-0.09
2.00	1.99	0.01
		$\overline{d}$ = -0.031

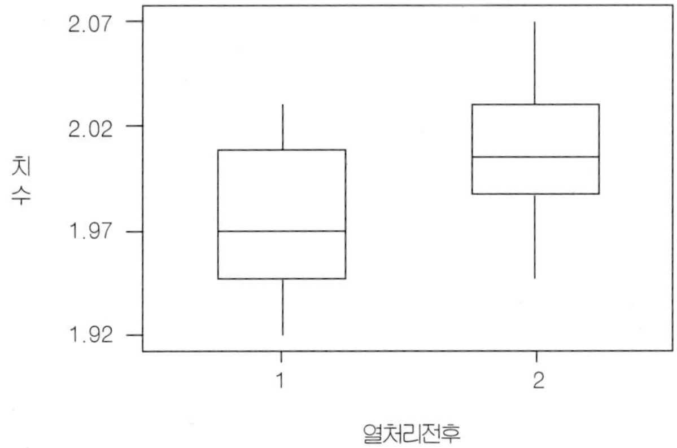

[해석] 열처리 전보다 후에 치수가 커졌고 산포는 약간 작아졌다는 것을 알 수 있다.

2.5 Plot (산점도)

산점도(scatter diagram)는 서로 대응되는 두 변수간의 관계를 파악하고자 하는 경우에 흔히 사용된다.

예제 2.13

- 다음 자료는 원료의 특성(x)과 이 원료를 써서 만든 제품의 특성(y)에 관한 조사 결과 자료가 다음과 같다. 산점도를 그려라.

원료의 특성(x) :

36 40 34 44 33 36 40 33 26 36 31 44 41 29 42 35 45 31 32 38

제품의 특성(y) :

29 32 29 40 31 29 34 30 25 31 28 34 34 27 33 33 34 27 30 33

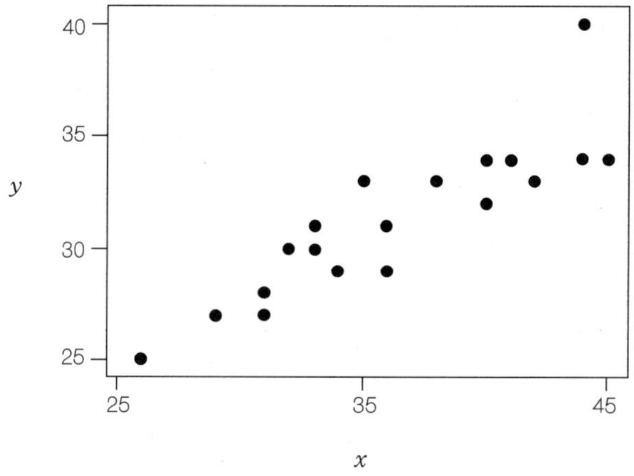

[해석] 원료의 특성(x)와 제품의 특성(y)에는 대체적으로 양의 상관관계가 존재함을 보여주고 있다.

엑셀활용

평균, 분산, 중위수 등 기초 통계량은 엑셀 함수 혹은 엑셀의 분석도구의 [기술통계법]을 이용하면 간단하게 계산할 수 있다.

실습: 기술통계량 계산(예제 2.1, 예제 2.2, 예제 2.5) 함수이용

1. 데이터를 A열에 입력하고(A4:A8), 셀 C5에 "평균"이라고 입력하고 셀 포인터를 E5에 위치시킨다. 도구모음에서 함수마법사 즉, 삽입(I) → fx 함수(F)... 를 선택한다. [함수마법사] 대화상자에서 통계함수인 [AVERAGE]를 선택하고 [확인]버튼을 클릭한다.

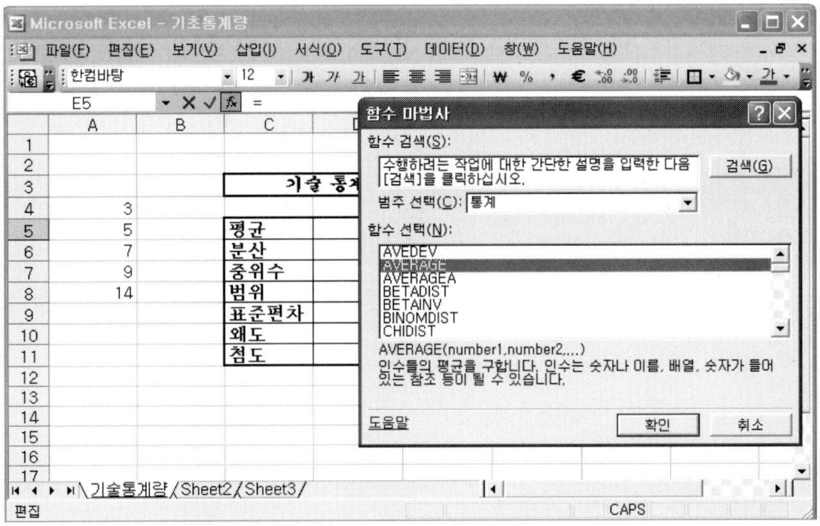

2. [AVERAGE] 대화 상자에서 평균값을 계산 할 범위를 설정하고 [확인] 버튼을 클릭한다.

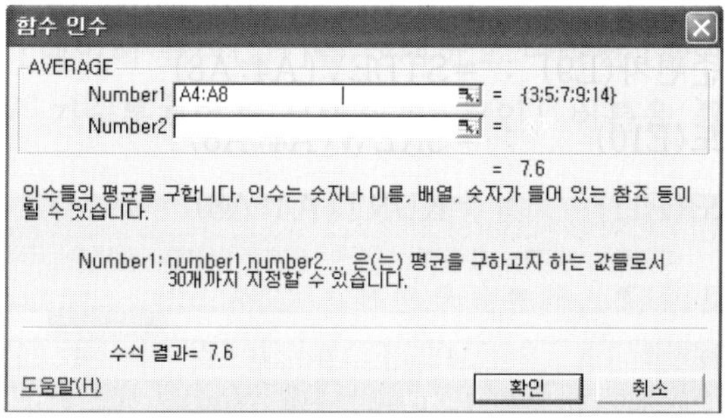

3. 다음과 같이 평균을 계산한 결과가 나타난다.
즉, "=AVERAGE(A4:A8)"에 의해 계산되었음을 확인할 수 있다.

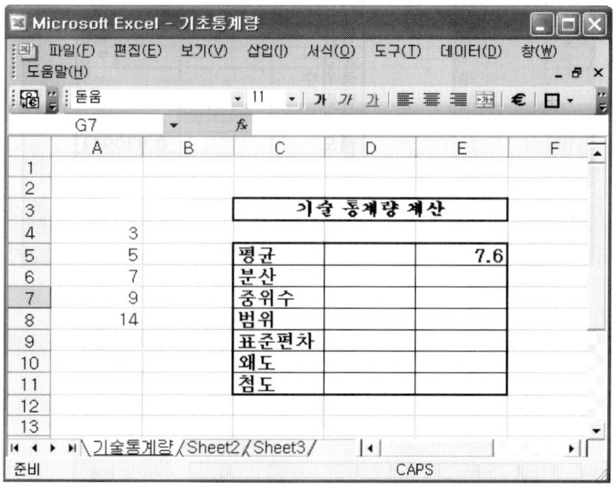

4. 유사한 방법으로 나머지 통계량도 통계함수를 이용하여 계산할 수 있다. 각 통계함수는 다음과 같다.

평균(E5) : =AVERAGE(A4:A8)

[결과]

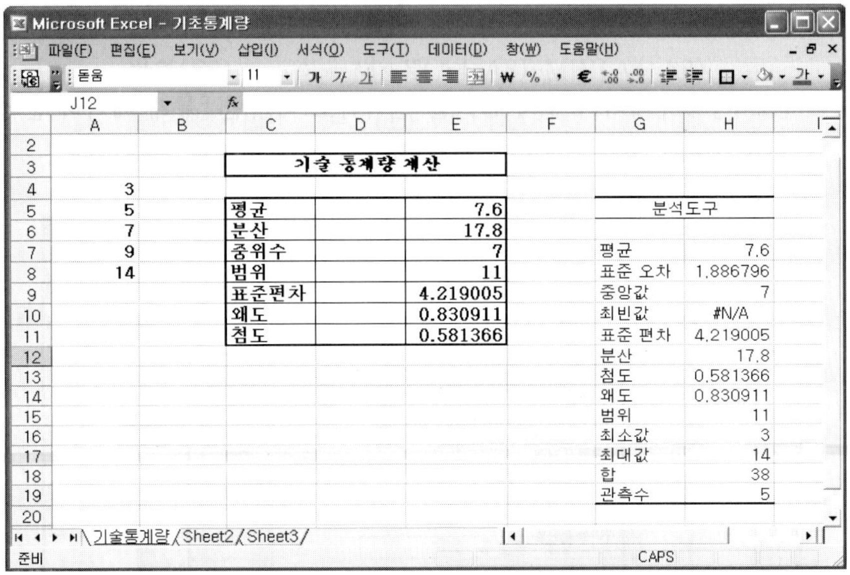

기술 통계량 계산

A		기술 통계량 계산	
3			
5		평균	7.6
7		분산	17.8
9		중위수	7
14		범위	11
		표준편차	4.219005
		왜도	0.830911
		첨도	0.581366

분석도구	
평균	7.6
표준 오차	1.886796
중앙값	7
최빈값	#N/A
표준 편차	4.219005
분산	17.8
첨도	0.581366
왜도	0.830911
범위	11
최소값	3
최대값	14
합	38
관측수	5

실습: 히스토그램(분석도구이용)

1. 자료를 입력하고 계급구간과 계급의 상한값을 다음과 같이 입력한다.

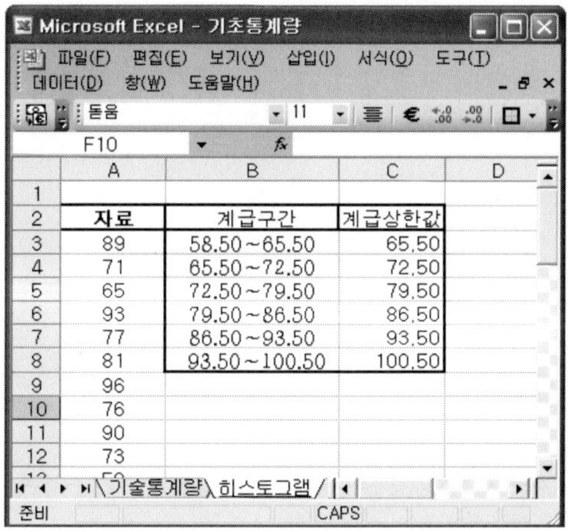

2. [도구] → [데이터 분석(D)]을 선택하고 나타난 [통계 데이터 분석] 대화상자에서 히스토그램을 선택하고 [확인] 버튼을 클릭한다.

3. [히스토그램] 대화상자가 나타나면 입력범위에는 자료들의 범위를 지정하고 계급구간에는 계급 상한값의 범위를 지정하고 출력범위는 셀 B10을 입력한 다음 누적 백분율과 차트출력을 체크하고 [확인] 버튼을 클릭한다.

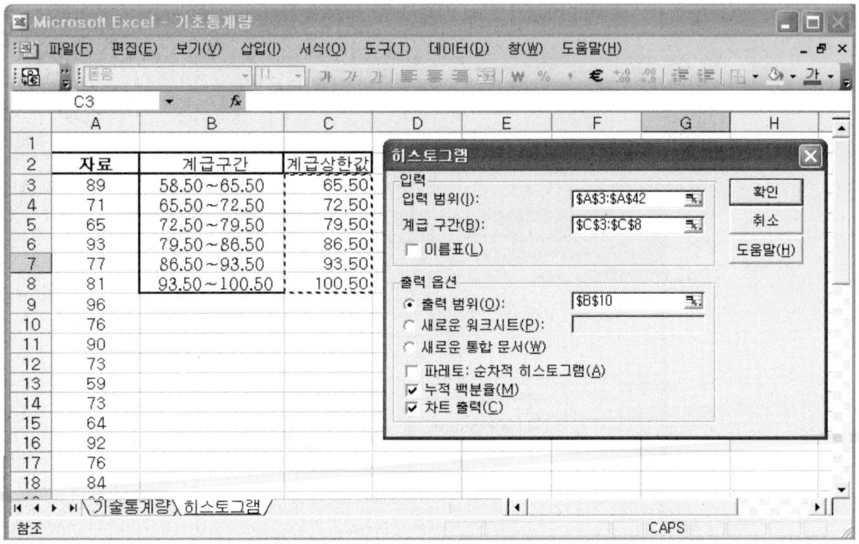

4. 다음과 같은 도수분포표와 히스토그램이 그려진다.

5. 히스토그램의 모습을 더 자세히 나타나게 하기 위하여 히스토그램 그림을 클릭하여 편집 상태를 만들어 그림을 크게 하고 난 다음 임의의 막대그래프를 클릭하고 나타난 점을 클릭한다. 나타난 메뉴 중에서 [데이터 계열 서식]을 선택한다.

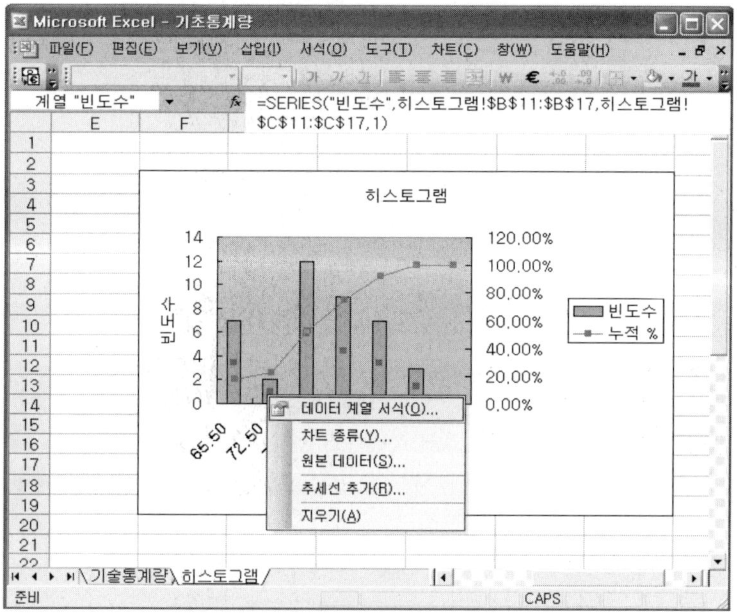

6. 데이터 계열 서식 대화 상자에서 [옵션] 메뉴를 선택한다. 간격너비를 "0"으로 수정하고 [확인]버튼을 클릭한다.

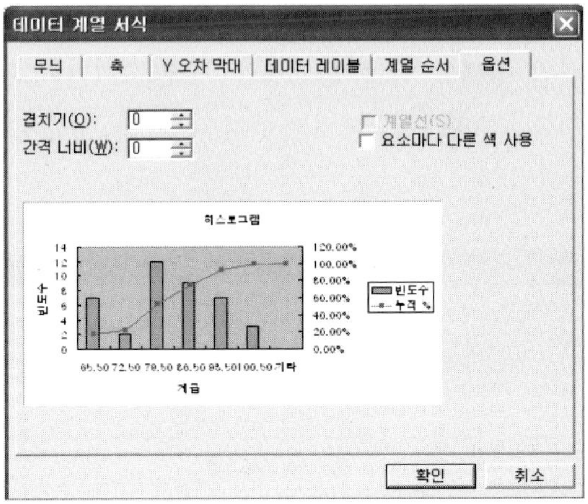

7. 다음과 같은 간격너비가 "0"인 히스토그램이 그려진다.

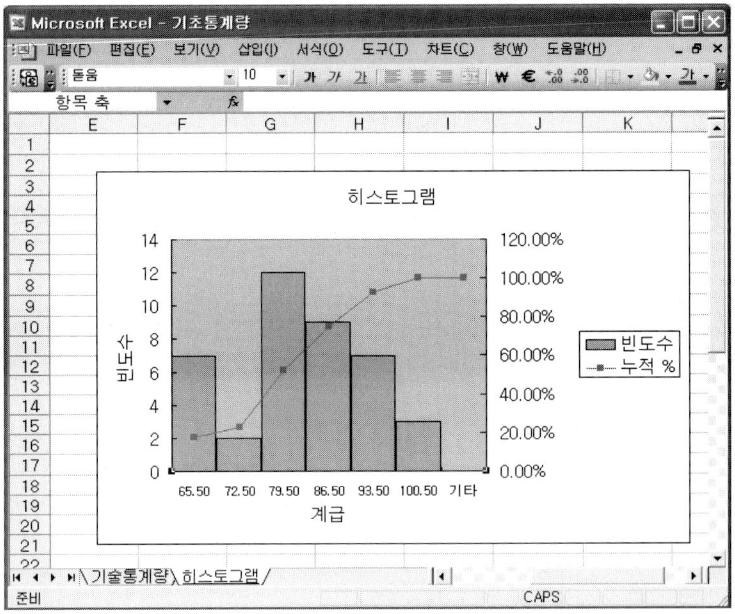

[결과]

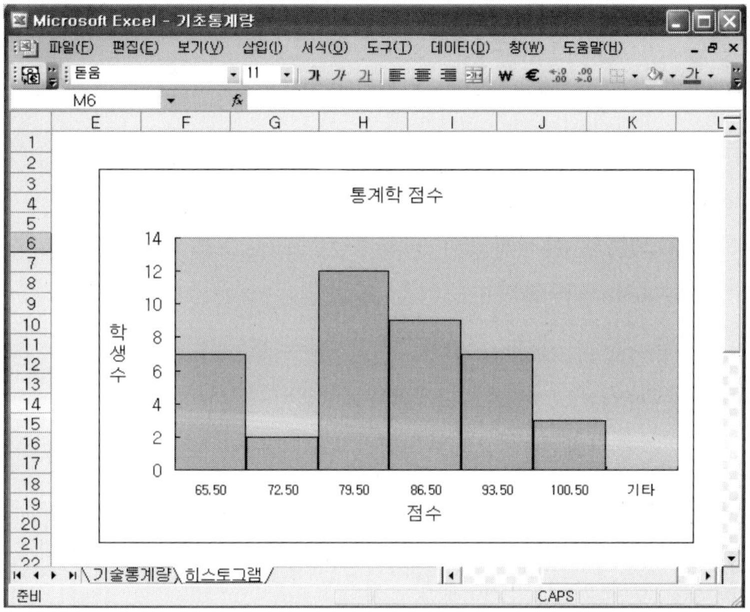
Microsoft Excel - 기초통계량
통계학 점수
학생수
점수
65.50
72.50
79.50
86.50
93.50
100.50
기타
기술통계량
히스토그램
준비
CAPS

연습문제

1. 다음 자료들의 질적자료와 양적자료를 판단하라. 양적자료인 경우는 이산형변수인지 연속형변수인지를 말하라.

(1) 축구선구의 백넘버
(2) 출근시간
(3) 하루 결근자수
(4) 남자는 1, 여자는 2로 표시
(5) 최종학력 고졸, 대졸, 대학원졸
(6) (주)한올의 상반기 매출실적
(7) 공정에서 불량품 수

2. 한 음식점에서 짜장면을 주문하여 집에 배달되는데 시간을 조사하였다. 다음 물음에 답하라. (단위:분)

10	17	20	33	15	22	19

(1) 평균 (2) 중위수 (3) 제곱합 (4) 분산
(5) 표준편차 (6) 범위 (7) 사분위범위 (8) 변이계수

3. 다음 자료1과 극단적인 값이 포함된 자료2 데이터를 이용하여 그린 점그래프의 정보를 이용하여 물음에 답하라.

8	8	9	10	11	11	12
8	8	9	10	11	11	24

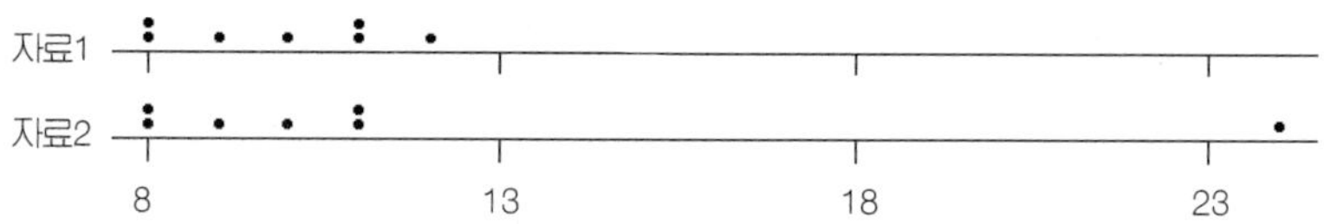

(1) 자료1과 자료2 데이터 각각에 평균을 구하라.

(2) 자료1과 자료2 데이터 각각에 중위수를 구하라.

(3) 자료1과 자료2에 있어서 대표치로 적당한 통계량을 제시하고 의미를 설명하라.

4. 다음 자료1과 자료2 데이터에 대해 점그래프를 보면서 물음에 답하라. 여기서 자료2 데이터는 자료1 데이터에 각각 3씩을 더했다.

자료1 :	8	9	9	10	10	10	11	11	11	12
자료2 :	11	12	12	13	13	13	14	14	14	15

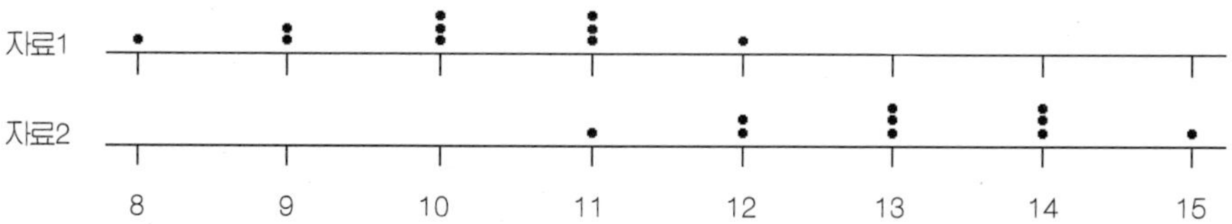

(1) 자료1의 평균과 분산을 구하라.

(2) 자료2의 평균과 분산을 구하라.

(3) 자료1과 자료2의 평균과 분산을 비교하고 의미를 점그래프를 통해 설명하라.

5. 다음은 어느 부품의 길이와 무게를 측정한 데이터이며, 이에 대한 점그래프이다.

자료1(부품의 길이:cm)	:	3.6	3.4	3.5	4.0	3.0
자료2(부품의 무게:g)	:	66	59	67	64	71

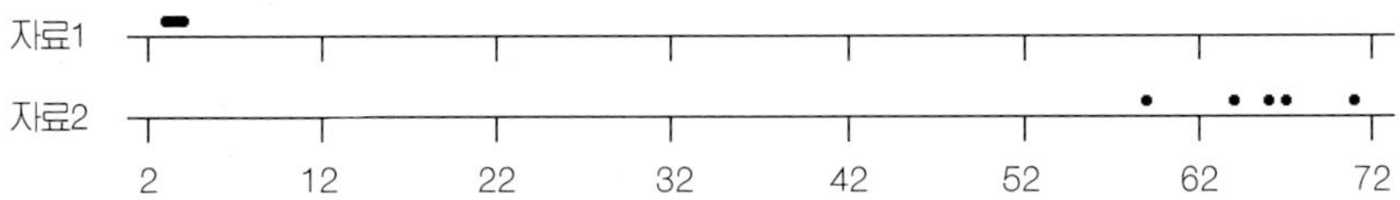

(1) 부품의 길이와 부품의 무게 각각의 평균과 표준편차를 구하라.
(2) 부품의 길이와 부품의 무게 각각의 변동계수를 구하라.
(3) 부품의 길이와 부품의 무게의 점그래프와 변동계수를 비교하고 의미를 설명하라.

6. 연구개발부서는 길이가 200mm인 부품을 개발했다 한다. 양산 전 시제품에 대하여 임의로 부품 100개를 추출하여 길이를 측정했다 한다. 4가지 case에 대해 대표치와 산포관리를 어떻게 해야 할 것인지, 또 각 case에 대해 의미를 설명하라.

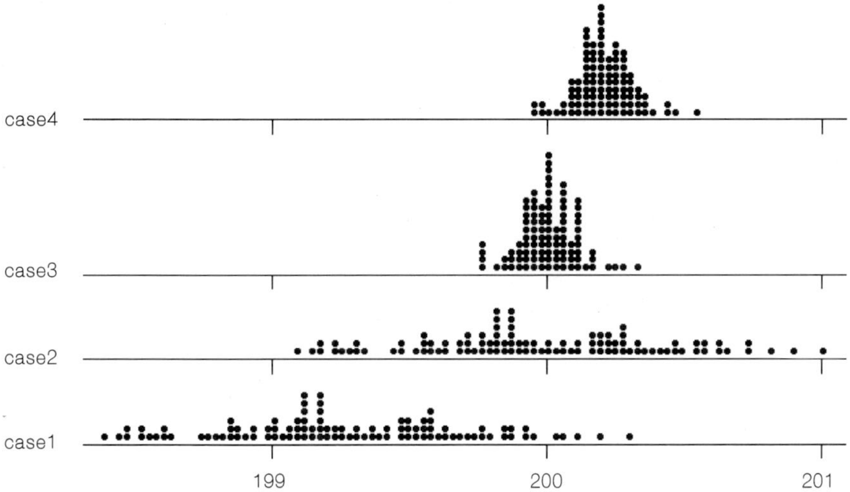

7. 다음 자료는 (주)한올의 입사 시험에 응시한 30명의 적성검사 결과를 나타내고 있다.

50	56	88	78	78	94	66	96	78	56
78	88	99	56	65	78	67	78	88	90
88	67	56	98	56	78	88	78	77	69

(1) 도수분포표를 작성하고, 이로부터 평균과 분산을 구하라.

(2) 도수분포표로부터 히스토그램을 그려라.

(3) 줄기-잎 그림을 그리고 히스토그램과 비교하라.

(4) 박스플롯을 그려라.

8. 추운 겨울에 운동부족으로 체중이 증가할 것이라는 예상을 하고 이 예상을 확인하기 위해 8명을 임의로 선정하여 여름과 겨울에 체중을 측정한 결과 다음과 같다. 산점도를 그리고 그 의미를 설명하라.

여 름 :	52	60	63	43	46	56	62	50
겨 울 :	58	62	62	48	50	55	68	57

9. 다음 그림은 어느 부품 공장에서 100개의 부품의 길이를 측정하여 그린 히스토그램이다. 그림에서 계급 내의 숫자는 해당되는 계급에서의 부품의 개수이다. (단위는 mm)

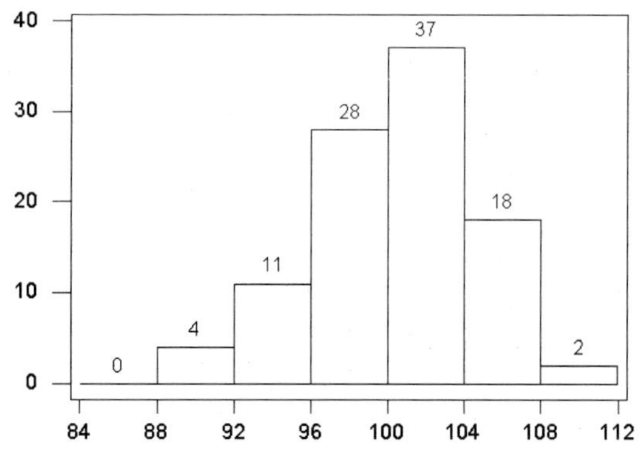

(1) 부품의 길이가 108mm이상은 몇 %인가?
(2) 부품의 길이가 92mm이하는 몇 %인가?
(3) 부품의 길이가 88mm이하 108mm이상은 불량품이라 한다면 불량률은?

3

확률의 기초

제3장에서는 확률의 기본 개념에 대하여 간단히 살펴본다.

— 표본 공간

— 확률의 기본 개념

(3) $E_1, E_2, \cdots$이 서로 배반일 때 (즉, $E_n \cap E_m = \phi$) 다음이 성립한다.
(단, $n \neq m; \quad n, m = 1, 2, \cdots$)

$$P\left(\bigcup_{n=1}^{\infty} E_n\right) = \sum_{n=1}^{\infty} P(E_n)$$

예제 3.2

- 주머니 속에 3개의 흰 공과 2개의 붉은 공이 들어 있다. 지금 주머니 속에 공을 잘 섞은 다음 임의로 공 2개를 추출할 때 다음 확률을 구하여라.

  (1) 2개가 모두 흰 공일 확률 P_W

  (2) 1개가 흰 공, 다른 한 개가 붉은 공일 확률 P_{WR}

5개의 공에서 2개의 공을 추출하는 시행에서 일어날 수 있는 모든 가능한 경우의 수는 N은 $\binom{5}{2}$이므로

(1) 3개의 흰 공으로부터 2개를 추출하는 방법의 수는 $\binom{3}{2}$가지가 되고 Laplace의 확률의 정의를 이용하여

$$P_W = \frac{n}{N} = \frac{\binom{3}{2}}{\binom{5}{2}} = \frac{3}{10}$$

(2) 3개의 흰 공에서 1개를 추출하고, 2개의 붉은 공에서 1개를 추출하는 방법의 수는 $\binom{3}{1}\binom{2}{1}$가지가 되므로

$$P_{WR} = \frac{n}{N} = \frac{\binom{3}{1}\binom{2}{1}}{\binom{5}{2}} = \frac{3}{5}$$

2.3 확률의 성질

어떤 사상의 확률을 구할 때는 서로 배반의 사상들로 나누어 가법성에 의하여 확률을 계산한다. 예를 들어 두 사상의 합사상 $A \cup B$, A, B의 확률들은 다음과 같이 배반의 사상들로 표현된다.

$$P(A \cup B) = P(A-B) + P(B-A) + P(A \cap B)$$
$$P(A) = P(A-B) + P(A \cap B)$$
$$P(B) = P(B-A) + P(A \cap B)$$

따라서 $P(A \cup B) = P(A) + P(B) - P(A \cap B)$이 된다.

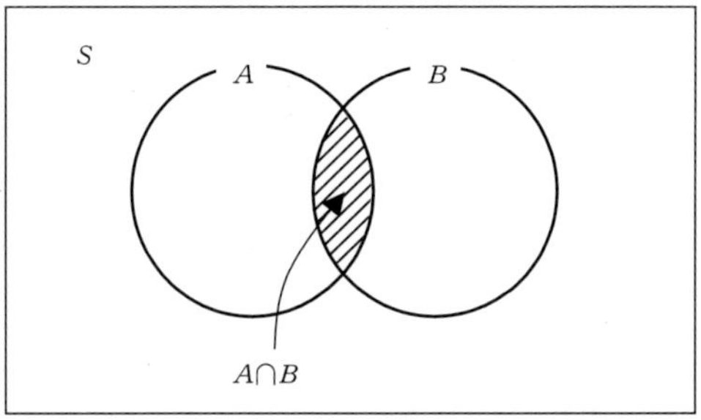

〈그림 2.2〉 두 사상의 합

같은 방법으로 세 사상 A, B, C의 합사상 $A \cup B \cup C$도 배반사상을 이용하여 다음과 같이 표현된다.

$$P(A \cup B \cup C) = P(A) + P(B) + P(C) - P(A \cap B) - P(B \cap C) - P(C \cap A) + P(A \cap B \cap C)$$

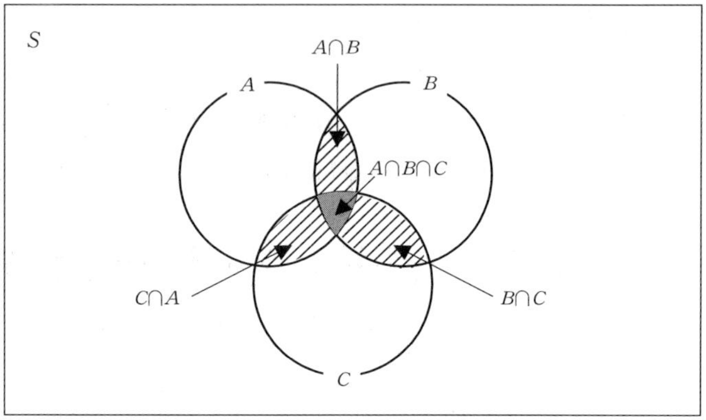

〈그림 2.3〉 세 사상의 합

한 사상 A와 A^c는 서로 배반이고 그 합사상은 표본공간이므로 Kolmogorov의 공리적 확률에 의해 다음과 같은 관계가 있다.

$$P(A \cup A^c) = P(S) = 1$$
$$P(A \cup A^c) = P(A) + P(A^c)$$

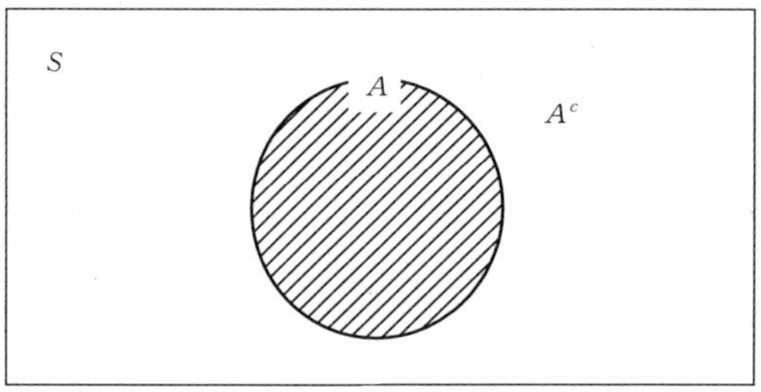

〈그림 2.4〉 여사상

즉 여사상의 확률은 $P(A^c) = 1 - P(A)$이 된다. 그리고 표본공간 S와 공사상 ϕ는 서로 배반이고 그 합사상은 표본공간 그 자체가 된다. 따라서 다음과 같은 관계가 성립한다.

$$P(S) = P(S \cup \phi) = P(S) + P(\phi) = 1 + P(\phi) = 1$$

즉, 일어나지 않는 공사상 ϕ의 확률은 다음과 같다.

$$P(\phi) = 0$$

3 조건부 확률과 독립사상

주사위 두 개를 던질 때 가능한 모든 36개의 결과는 각각 발생 가능성이 동일하므로 확률은 1/36이 된다. 이 때 첫 번째 주사위의 눈이 4임이 관찰되었다고 하자. 이러한 정보가 주어졌을 때에 두 주사위의 눈의 합은 얼마인가? 이를 해결하기 위하여 다음과 같이 생각하여 본다. 첫 번째 주사위의 눈이 4라면 가능한 모든 결과는 (4,1), (4,2), (4,3), (4,4), (4,5), (4,6)의 6가지가 된다. 이 6가지의 결과들은 발생 확률이 동일하므로 각 확률은 1/6이다. 사상 E를 두 주사위의 눈의 합이 6인 사상, F를 첫 번째 주사위의 눈이 4인 사상이라고 하면 사상 F가 주어졌을 때 사상 E가 발생할 조건부 확률은 $P(E|F)$라고 정의하며 다음과 같은 관계식이 된다.

$$P(E|F) = \frac{P(E \cap F)}{P(F)} \quad (\text{단, } P(F) > 0)$$

결국 위 예에서는 $P(E|F) = \dfrac{\frac{1}{36}}{\frac{6}{36}} = \dfrac{1}{6}$ 이다.

예제 3.3

- 어느 통계학 강좌 수강생 중에서 20%가 A학점을 받았으며 1학년 중에서 A학점을 받은 학생은 전체 수강학생의 15%라고 한다. 이제 랜덤하게 뽑힌 한 학생이 A학점을 받았을 때 그 학생이 1학년일 확률을 구하라.

뽑힌 학생이 A학점을 받은 학생일 사상을 F, 1학년 학생일 사상을 E라고 하면 조건부 확률의 계산은 다음과 같다.

$$P(E|F) = \frac{P(E \cap F)}{P(F)} = \frac{0.15}{0.2} = \frac{3}{4}$$

예제 3.4

- 바구니에 검은 공은 7개, 흰 공은 5개가 있다. 중복 없이 바구니에서 2개의 공을 동시에 꺼낼 때 바구니 안에 있는 모든 공들은 뽑힐 가능성이 동일하다고 한다면 뽑힌 두 개의 공이 모두 검은 공일 확률은?

첫 번째 뽑힌 공이 검은 공일 사상을 F, 두 번째 뽑힌 공이 검은 공일 사상을 E라고 하자. 만약 첫 번째에 검은 공이 뽑히면 바구니에는 검은 공 6개와 흰 공 5개가 있으므로 $P(E|F) = \frac{6}{11}$이 된다. 따라서

$$P(E \cap F) = P(F)P(E|F) = \frac{7}{12} \cdot \frac{6}{11} = \frac{7}{22}$$

두 사상 E, F가

$$P(E \cap F) = P(E)P(F)$$

가 성립할 때 사상 E와 F는 서로 독립이라고 하고, 이 때 다음 식이 성립한다.

$$P(E|F) = \frac{P(E \cap F)}{P(F)} = \frac{P(E)P(F)}{P(F)} = P(E)$$

$$P(F|E) = \frac{P(E \cap F)}{P(E)} = \frac{P(E)P(F)}{P(E)} = P(F)$$

이는 F의 발생 여부가 E의 확률에 아무런 영향을 주지 않음을 의미한다. 독립이 아닐 경우를 사상 E와 F를 서로 종속이라고 한다.

예제 3.5

- 주사위를 2개 던질 때, 2의 눈과 5의 눈이 나타날 확률은?

주사위를 한 번 던져서 2의 눈이 나올 확률은 1/6, 주사위를 다시 한 번 던져서 5의 눈이 나올 확률은 1/6, 하나 주사위에서 2의 눈과 다른 하나의 주사위에서 5의 눈이 동시에 나올 확률은 $1/6 \times 1/6 = 1/36$이 된다. 그런데 두 주사위는 구별이 없으므로 2의 눈과 5의 눈이 동시에 나올 확률은 2/36이다.

4 베이즈의 정리

집합 $A_1, A_2, \cdots, A_n$을 표본공간 S의 분할(partion)이고 모든 i에 대하여 $P(A_i)>0$이면 임의의 사상 B에 대하여 다음이 성립한다.

$$\begin{aligned} P(B) &= P(S \cap B) \\ &= P[(\bigcup_{i=1}^{n} A_i) \cap B] \\ &= P[\bigcup_{i=1}^{n} (A_i \cap B)] \\ &= \sum_{i=1}^{n} P(A_i \cap B) \\ &= \sum_{i=1}^{n} P(A_i)\,P(B|A_i) \end{aligned} \tag{2.1}$$

여기서 분할이란 $A_1, A_2, \cdots, A_n$가 상호배반이며 $\bigcup_{i=1}^{n} A_i = S$임을 의미한다. $A_1, A_2, \cdots, A_n$와 B를 밴다어그램으로 표현하면 다음 그림과 같다.

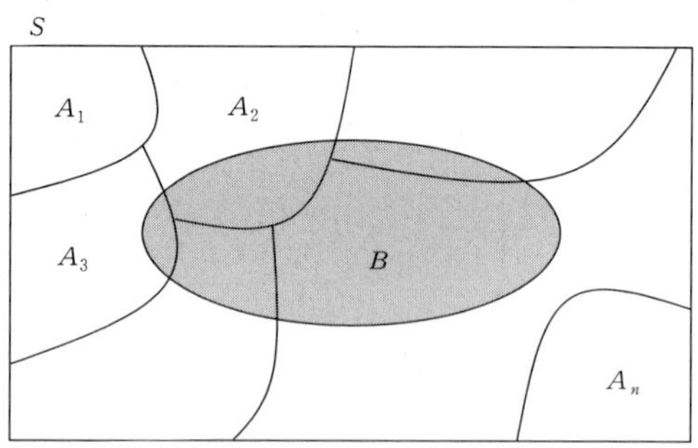

〈그림 2.5〉 베이즈의 정리

참고하세요!

- 베이즈의 정리

표본공간 S가 n개의 사상 $A_1, A_2, \cdots, A_n$에 의하여 분할된다고 한다. 다른 사상 B가 일어났을 때 임의의 사상 A_k에 대한 조건부 확률은 조건부 확률과 식(2.1)을 이용하여 다음이 성립한다.

$$P(A_k|B) = \frac{P(A_k \cap B)}{P(B)} = \frac{P(A_k)P(B|A_k)}{\sum_{i=1}^{n} P(A_i)P(B|A_i)} \tag{2.2}$$

식(2.2)를 베이즈 정리(Bayes theorem)라고 한다.

위의 베이즈 정리에서 $P(A_k)$을 사상 A_k의 사전확률(prior probability)이라 하고, $P(A_k|B)$는 사상 B가 관측된 이후의 A_k의 가능성으로서의 사후확률(posterior probability)이라 할 수 있다. 베이즈 정리는 관측 전의 요인에 대한 가능성과 관측 후의 요인에 대한 가능성 사이의 관계를 나타내고 있다.

예제 3.6

- 자동차 시장에서는 미국산 자동차가 50%를 점유하고 이 중 15%는 소형차이며, 유럽산 자동차는 전체 시장의 30%를 점유하며, 이 중 40%는 소형차이다. 또 일본산 자동차는 전체 시장의 20%를 점유하며 이 중 60%는 소형차라 한다. 전체 시장에서 임의로 자동차 한 대를 선택했을 때 소형차일 확률을 구하라. 또 임의로 선택한 자동차가 소형차라는 조건하에서 그 차가 미국산, 유럽산, 일본산일 확률은 얼마인가.

선택된 자동차가 미국산일 사상을 A_1, 유럽산일 사상을 A_2, 일본산일 사상을 A_3라 하고 선택된 자동차가 소형일 사상을 B라 하자. 사상 A_1, A_2, A_3는 서로 배반사상으로 구하고자 하는 확률은

$$\begin{aligned} P(B) &= P(A_1)P(B|A_1)+P(A_2)P(B|A_2)+P(A_3)P(B|A_3) \\ &= 0.50 \cdot 0.15 + 0.30 \cdot 0.40 + 0.20 \cdot 0.60 \\ &= 0.315 \end{aligned}$$

미국산일 확률은

$$\begin{aligned} P(A_1|B) &= \frac{P(A_1)P(B|A_1)}{P(B)} \\ &= \frac{0.50 \cdot 0.15}{0.315} \\ &= 0.238 \end{aligned}$$

같은 방법으로 $P(A_2|B) = 0.381$, $P(A_3|B) = 0.381$

예제 3.7

- 두 개의 바구니가 있다. 첫 번째 바구니에는 흰 공 2개와 검은 공은 7개가, 두 번째 바구니에는 흰 공은 5개와 검은 공 6개가 들어 있다. 동전을 한 번 던져서 앞면이 나오면 첫 번째 뒷면이 나오면 두 번째 바구니를 택한다고 하자. 그런 다음 공을 한 개 꺼낼 때 흰 공이 뽑혔을 경우에 동전이 앞면이 나올 조건부 확률을 구하라.

흰 공이 뽑힐 사상을 W, 동전이 앞면이 나올 사상을 H라고 하면 다음과 같은 표현이 가능하다.

$$\begin{aligned} P(H|W) &= \frac{P(H \cap W)}{P(W)} \\ &= \frac{P(W|H)P(H)}{P(W)} \\ &= \frac{P(W|H)P(H)}{P(W|H)P(H) + P(W|H^C)P(H^C)} \\ &= \frac{\frac{2}{9} \cdot \frac{1}{2}}{\frac{2}{9} \cdot \frac{1}{2} + \frac{5}{11} \cdot \frac{1}{2}} \\ &= \frac{22}{67} \end{aligned}$$

예제 3.8

- 임의로 선택된 사람이 암에 걸려 있을 확률은 0.02이라고 알려져 있다.어떤 사람이 암에 걸려 있는데, 진단 결과 암으로 진단이 내릴 확률은 0.8이며 반대로 암에 걸려 있지 않은 사람이 진단 결과 암으로 진단이 내릴 확률은 0.05이다.

(1) 임의로 뽑힌 한 사람이 암이라는 진단이 내릴 수 있는 확률은?

(2) 암으로 진단이 내려진 어떤 사람에 대해 그 사람이 실제로 암에 걸려 있지 않을 확률은 얼마인가?

어떤 사람이 암으로 진단이 내린다는 사상을 W라고 하자. 이 사람이 암에 걸려 있는데, 암으로 진단을 내릴 수도 있고, 반대로 암에 걸려 있지 않는데도 불구하고 암으로 진단이 내려질 수도 있다. 따라서

(1) $$\begin{aligned} P(W) &= P(W|H)P(H) + P(W|H^C)P(H^C) \\ &= 0.8 \times 0.02 + 0.05 \times 0.98 = 0.065 \end{aligned}$$

(2)

$$P(H|W) = \frac{P(H \cap W)}{P(W)}$$

$$= \frac{P(W|H)P(H)}{P(W)}$$

$$= \frac{P(W|H)P(H)}{P(W|H)P(H) + P(W|H^C)P(H^C)}$$

$$= \frac{0.05 \times 0.98}{0.065} = 0.754$$

연습문제

1. 두 사상 A와 B에 대하여 다음이 성립함을 유도하라.

$$A - B = A - (A \cap B)$$

2. 어떤 공장에서 총생산량의 60%, 30%, 10%를 각각 A, B, C의 세 기계가 담당한다. 이 세 기계에서 나오는 생산품 중 불량품이 있는 것은 각각 5%, 4%, 3%로 알려졌다. 어떤 상품 하나를 선택했을 때 불량품이었다. 이 불량품이 A기계에서 생산되었을 확률을 구하라.

3. 어떤 공장에서 만든 생산품의 5%가 불량품이라고 알려져 있다. 100개의 생산품을 임의로 선택했을 때, 3개가 불량품이 있을 확률을 구하라.

4. $P(A)=1/6$, $P(B^C)=1/3$, $P(A/B)=1/5$일 때, $P(A \cap B)$, $P(A \cup B)$, $P((A \cap B)^C)$을 구하라.

5. $P(A \cup B \cup C) = P(A) + P(B) + P(C) - P(A \cap B) - P(B \cap C)$

$- P(C \cap A) + P(A \cap B \cap C)$을 보여라.

확률분포

1.1 확률변수

주사위를 던질 때 나타나는 눈의 수에 대한 확률 실험을 살펴보자. 이 때 예상되는 모든 결과를 나타내는 표본공간은 다음과 같다.

$$S = \{1,\ 2,\ 3,\ 4,\ 5,\ 6\}$$

주사위의 눈의 수를 X라는 변수로 표시하면 X는 1, 2, 3, 4, 5, 6 중 어느 하나의 값을 가질 수 있으며, 각 값에는 확률이 부여된다. 여기서 확률이 부여되는 X를 확률변수(random variable)라고 한다. 즉, 표본공간 S에서 정의된 실수치 함수를 확률변수라고 정의할 수 있다. 확률변수는 일반적으로 대문자로 표시하고 소문자는 구체적인 측정값을 의미한다. 확률변수에는 이산확률변수와 연속확률변수가 있다. 이산확률변수는 확률변수가 취할 수 있는 실수값으로 셀 수 있는 변수가 된다. 이에 대한 예는 다음과 같다.

(1) 동전을 3번 던질 때 앞면이 나오는 횟수
(2) 여름철 주말 경부고속도로에서 발생한 교통사고 건수
(3) 하루 동안 H 은행을 방문한 고객의 수
(4) 공장에서 생산한 100개의 완성품 중 불량품의 개수

한편 연속확률변수는 확률변수가 취할 수 있는 실수값으로 어느 특정구간의 전체에 해당되며 그 수는 셀 수 없는 변수가 된다. 이에 대한 예는 다음과 같다.

(1) 주유소에서 한 달 동안 판매한 휘발유의 양
(2) 근로자가 직장에 도착하는 시간
(3) H 공장에서 생산되는 전구의 수명
(4) 생산되는 벽돌 한 개의 무게

1.2 확률분포, 기대값 및 분산

(1) 이산확률분포

이산확률변수의 확률분포를 이산확률분포라 한다. 확률변수 X가 취할 수 있는 값을 x_1, $x_2, \cdots$, x_n이라 할 때, 이 때 X가 x_i를 취할 확률은

$$P(X=x_i)=p(x) \qquad (i=1,\ 2,\ \cdots,\ n)$$

와 같이 정의하면 확률변수 X의 확률구조를 나타내는 함수 $p(x)$를 확률밀도함수(probability density function)라 하며 이러한 확률밀도함수는 다음 조건을 만족한다.

(1) 모든 x값에 대해 $p(x) \geq 0$
(2) $\Sigma_{\text{모든 } x}\, p(x)=1$

예제 4.1

• 1개의 동전을 3번 던지는 확률실험에서 앞면이 나오는 횟수를 확률변수 X라 하자. 이 때 확률분포를 구하고 확률분포함수임을 확인하라.

확률변수 X를 앞면이 나오는 횟수라 하고 앞면은 H 뒷면은 T라고 할 때 표본공간은 다음과 같다.

표본공간	TTT	TTH THT HTT	HHT HTH THH	HHH
$X=x$	0	1	2	3

따라서 확률분포는

$$P(X=0) = \frac{\text{앞면이 한번도 나오지 않는 사건의 원소 갯수}}{\text{표본공간의 원소 갯수}} = \frac{1}{8}$$

같은 방법으로

$$P(X=1)=\frac{3}{8},\quad P(X=2)=\frac{3}{8},\quad P(X=3)=\frac{1}{8}$$

이며 이에 대한 확률분포표는 다음과 같다.

x	0	1	2	3	합
$p(x)$	$\frac{1}{8}$	$\frac{3}{8}$	$\frac{3}{8}$	$\frac{1}{8}$	1

위의 확률분포표를 그래프로 표현하면 다음과 같다.

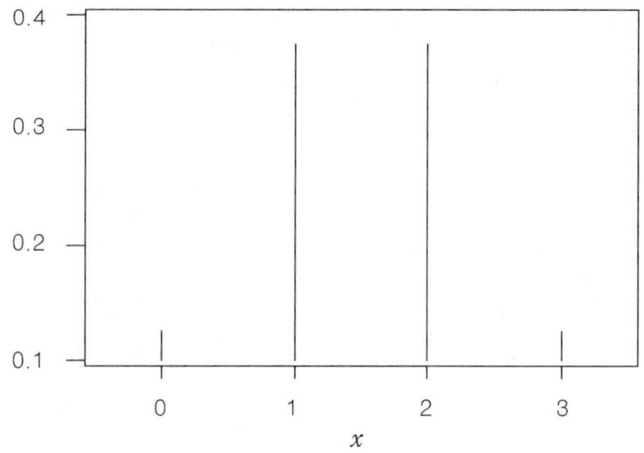

[해석] 『예제4.1』의 확률실험은 임의의 x에서 확률값이 $p(x) \geq 0$ 이며 $x=0.1.2.3$ 에서 각각의 확률값을 합하면 1로 확률분포함수 임을 알 수 있다.

예제 4.2

- 8명의 스터디 그룹이 있다. 여기에서 5명인 감기환자가 포함되어 있다. 3명을 선택할 때 감기환자의 수를 확률변수 X라 할 경우의 확률분포표를 작성하라.

〔확률분포표〕

x	0	1	2	3
$p(x)$	$\dfrac{\binom{5}{0}\binom{3}{3}}{\binom{8}{3}}$	$\dfrac{\binom{5}{1}\binom{3}{2}}{\binom{8}{3}}$	$\dfrac{\binom{5}{2}\binom{3}{1}}{\binom{8}{3}}$	$\dfrac{\binom{5}{3}\binom{3}{0}}{\binom{8}{3}}$

(2) 연속확률분포

연속확률변수의 확률분포를 연속확률분포라 한다.
연속확률변수 X의 사건 $\{a \le X \le b\}$의 확률이 $\int_a^b f(x)\,dx$ 으로 표시되며, 이때 연속함수 $f(x)$를 X의 확률밀도함수라고 한다. 확률밀도함수 $f(x)$는 다음 조건을 만족한다.

(1) 임의의 x에 대해 $f(x) \ge 0$

(2) $\int_{-\infty}^{\infty} f(x)\,dx = 1$

예제 4.3

● 확률변수 X가 0 과 1 사이에서 다음과 같은 확률밀도함수를 갖는다. 확률밀도함수의 조건을 만족하는가 확인하고 X가 0.2 에서 0.4 사이의 값을 가질 확률을 구하라.

$$f(x) = \begin{cases} 1 & 0 \le x \le 1 \\ 0 & \text{그외} \end{cases}$$

모든 실수값 X에 대하여 $f(x) \ge 0$의 조건을 만족하며

$$\int_{-\infty}^{\infty} f(x)dx = \int_0^1 1dx = 1$$

이므로 $f(x)$는 확률밀도함수이다.

$$P(0.2 \le X \le 0.4) = \int_{0.2}^{0.4} 1dx = 0.2$$

예제 4.4

- X는 연속확률변수로서 구간 [0, 2] 에서 다음의 확률밀도함수를 가진다. 다음의 확률을 구하라.

$$f(x) = \begin{cases} \frac{1}{2}x & 0 \le x \le 2 \\ 0 & \text{그외} \end{cases}$$

(1) $P(1 \le X \le 1.5)$

(2) $P(X \le 1)$

(1) $P(1 \le X \le 1.5) = \int_1^{1.5} \frac{1}{2} x dx = \left[\frac{x^2}{4} \right]_1^{1.5} = \frac{(1.5)^2}{4} - \frac{1}{4} = 0.3125$

(2) $P(X \le 1) = \int_0^1 \frac{1}{2} x dx = \left[\frac{x^2}{4} \right]_0^1 = \frac{1}{4}$

(3) 기대값과 분산

확률변수의 성질을 나타내는 대표적인 것으로 확률변수의 기대값(expectation)을 생각 할 수 있다. 확률변수의 기대값은 $E(X)$라고 쓰며 이산형과 연속형에 따라서 다음과 같이 각각 정의된다.

$$E(X) = \begin{cases} \Sigma_{i=1}^{n} x_i p(x_i) & (\text{이산}) \\ \int_{-\infty}^{\infty} x f(x)\, dx & (\text{연속}) \end{cases}$$

확률변수의 기대값을 $E(X) = \mu$라고 할 때 X의 분산은 $\sigma^2(X) = E(X-\mu)^2$이 되며 다음과 같이 표현된다.

$$\sigma^2(x) = \begin{cases} \Sigma_{i=1}^{n}(x_i-\mu)^2 p(x_i) & (\text{이산}) \\ \int_{-\infty}^{\infty}(x-\mu)^2 f(x)\,dx & (\text{연속}) \end{cases}$$

참고하세요!

확률분포에서 X와 $E(X)$의 차 $d=X-E(X)$를 편차라고 정의되는데, 이 때 d의 기대값은 항상 $E(d)=0$이다.

따라서 d의 기대값을 확률분포의 흩어진 정도를 나타내는 산포의 측도를 나타낼 수 없기 때문에 $E(X-\mu)^2$을 사용하게 되는데 이 산포의 측도를 X의 분산이라고 한다.

한편 분산은 기대값의 성질을 이용하여 다음과 같이 쓸 수 있다.

$$\begin{aligned} \sigma^2(X) = Var(X) &= E(X-\mu)^2 \\ &= E(X^2-2\mu X+\mu^2) \\ &= E(X^2)-2\mu E(X)+\mu^2 \\ &= E(X^2)-\mu^2 \end{aligned}$$

a, b가 상수일 때, 확률변수 X, Y의 기대값과 분산의 성질은 다음과 같다.

기 대 값	분 산
① $E(a)=a$ ② $E(aX)=aE(X)$ ③ $E(aX+b)=aE(X)+b$ ④ $E(X+Y)=E(X)+E(Y)$	① $Var(a)=0$ ② $Var(X)\geq 0$ ③ $Var(X+b)=Var(X)$ ④ $Var(aX+b)=a^2Var(X)$

예제 4.5

- 다음의 기대값과 분산의 성질을 증명하시오. (a, b는 상수)

$$E(aX+b)=aE(X)+b, \qquad Var(aX+b)=a^2Var(X)$$

기대값의 특성들은 기대값의 정의에 의하여 증명할 수 있다.

$$\begin{aligned} E(aX+b) &= \Sigma(ax_i+b)\,p(x_i) \\ &= a\Sigma\, x_i p(x_i) + b\Sigma\, p(x_i) \\ &= aE(X)+b \end{aligned}$$

$Y=aX+b$라고 하면

$$\begin{aligned} Var(Y) &= E[(Y-E(Y)]^2) \\ &= E[(aX+b-E(aX+b)]^2 \\ &= E[(aX-aE(X)]^2 \\ &= a^2[E(X-E(X)]^2 \\ &= a^2[(E(X-\mu)]^2 \\ &= a^2Var(X) \end{aligned}$$

예제 4.6

- 다음과 같은 상금이 걸려 있는 복권이 있다. 모두 2,000매가 발행되었을 때 복권의 기대값을 계산하라.

구 분	매 수	상 금
1등	1	100,000원
2등	5	20,000원
3등	10	5,000원
4등	20	500원
5등	1,964	100원

복권상금의 확률분포는

x	100,000	20,000	5,000	500	100	합
$P(X=x)$	$\frac{1}{2,000}$	$\frac{5}{2,000}$	$\frac{10}{2,000}$	$\frac{20}{2,000}$	$\frac{1,964}{2,000}$	1

복권상금액을 X라 하면 기대값의 정의에 의해

$$\begin{aligned} E(X) &= \Sigma\, x p(x) \\ &= 100,000 \frac{1}{2,000} + 20,000 \frac{5}{2,000} + 5,000 \frac{10}{2,000} + 500 \frac{20}{2,000} + 100 \frac{1,964}{2,000} \\ &= 228\text{원} \end{aligned}$$

[해석] 『예제4.6 』의 기대값 228원은 전체 상금액수를 전체 매수로 나눈 값이 된다.

즉, 기대값= $\frac{100,000\times1+20,000\times5+5,000\times10+500\times20+100\times1,964}{2,000}=228$원

이는 복권을 한 장 구입할 때 기대할 수 있는 금액으로 수없이 많은 복권을 구입하는 경우 평균적으로 기대할 수 있는 금액이 된다는 뜻이다. 위의 예제에서 복권 1장의 기대가치는 228원으로 만약 이 복권을 500원에 판매한다면 복권 발매자는 복권 1장당 272원의 이익을 얻는 셈이다.

예제 4.7

- 1개의 동전을 3번 던지는 실험에서 앞면이 나오는 횟수를 확률변수 X 라고 했을 때의 기대값과 분산을 구하라.

확률변수 X를 앞면이 나오는 횟수라 하면

X	0	1	2	3	합
$p(x)$	$\frac{1}{8}$	$\frac{3}{8}$	$\frac{3}{8}$	$\frac{1}{8}$	1

$$E(X) = \Sigma\, x p(x)$$

$$= 0\frac{1}{8} + 1\frac{3}{8} + 2\frac{3}{8} + 3\frac{1}{8} = 1.5$$

$$V(X) = E(X-\mu)^2 = E(X^2) - \mu^2 = \Sigma\, x^2 p(x) - \mu^2$$

$$= 0^2\frac{1}{8} + 1^2\frac{3}{8} + 2^2\frac{3}{8} + 3^2\frac{1}{8} - (1.5)^2 = 0.75$$

예제 4.8

- 연속확률변수 X의 확률밀도함수가 다음과 같을 때 기대값과 분산을 구하라.

$$f(x) = \begin{cases} \frac{2}{5}(1-x^2) & -1 \le x \le 1 \\ 0 & \text{그 외} \end{cases}$$

$$E(X) = \int_{-\infty}^{\infty} xf(x)\, dx$$
$$= \int_{-1}^{1} x\, \frac{2}{5}\,(1-x^2)\, dx$$
$$= 2\times\frac{2}{5}\int_{0}^{1}(-x^3+x)dx$$
$$= \frac{1}{5}$$

$$V(X) = \int_{-\infty}^{\infty} x^2 f(x)\, dx - (E(X))^2$$
$$= \int_{-1}^{1} x^2\, \frac{2}{5}\,(1-x^2)\, dx - \left(\frac{1}{5}\right)^2$$
$$= \frac{1}{15}$$

예제 4.9

● 통계 실무자 연수과정에서 실시한 성적의 평균은 $E(X)=4$, 분산은 $V(X)=1$이라 한다. 점수를 다음과 같이 조정하기로 하였다. 여기서 확률변수 X는 성적이며 10점 만점 시험이다. 주어진 실제 자료(원 데이터 X)와 점수 조정을 실시한 자료에 대하여 점그래프를 그렸다. 의미를 비교하여 설명하시오.

점 수 조 정
기본점수 2점씩 추가
10점 만점을 100점 만점으로
100점 만점 성적에 기본 점수를 20점씩 추가

(1)	원 데이터 X	:	4	3	5	4	3	4	3	4	4	4
(2)	$X+2$	:	6	5	7	6	5	6	5	6	6	6
(3)	$10X$	:	40	30	50	40	30	40	30	40	40	40
(4)	$10X+20$	:	60	50	70	60	50	60	50	60	60	60

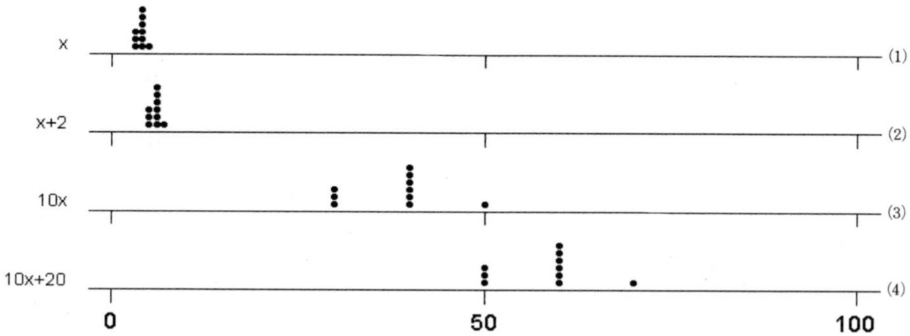

[해석] (1)과 (2)는 평균이 2만큼 평행이동 했을 뿐 분산은 변하지 않았다.

즉, E(X+2)=E(x)+2=6, V(X+2)=V(X)=1

(3)과 (4)도 평균이 20만큼 평행 이동했을 뿐 분산은 변하지 않았다.

즉, E(10X+20)=10E(X)+20=10×40+20=60,

V(10X+20)=V(10X)=100×1=100

(1)과 (3)은 원 데이터에 10배를 했을 때 평균은 10배로 커지며, 분산은 100배로 커졌다.

즉, E(10X)=10E(X)=10×4=40,

V(10X)=10^2 V(X)=100×1=100

(4) 분포함수

임의의 실수 x에 대하여 확률변수 X가 x보다 작거나 같은 값을 취할 누적 확률은

$$F(x) = P(X \leq x)$$

이 되며, 이와 같은 함수를 X의 분포함수(distribution function)라고 정의한다. X가 확률분포함수 $p(x_i)$를 갖는 이산확률변수이면 $F(x)$는

$$F(x) = \sum_{x_i \leq x} p(x_i)$$

와 같으며, 이 때 $F(x)$는 계단함수(step function)가 된다. 한편 X가 확률밀도함수 $f(x)$를 갖는 연속확률변수이면 $F(x)$는 다음과 같다.

$$F(x) = \int_{-\infty}^{x} f(t)\,dt$$

분포함수는 다음과 같은 성질이 있다.

(1) $F(-\infty)=0,\ F(+\infty)=1$ 즉, 최대값은 1이고 최소값은 0이다.
(2) $F(X)$는 비감수 함수(nondecreasing function)
(3) $F(X)$는 X에서 오른쪽으로 연속
(4) $P(a \le X \le b) = F(b) - F(a)$
(5) 연속형 확률변수에서는 $\dfrac{dF(x)}{dx} = F'(X) = f(x)$

예제 4.10

- 3개의 동전을 던지는 확률실험에서 앞면이 나오는 횟수를 확률변수 X라고 할 때 확률밀도함수와 분포함수를 구하고 그래프를 그려라.

X	0	1	2	3	합 계
$p(x)$	1/8	3/8	3/8	1/8	1
$F(x) = p(X \le x)$	1/8	4/8	7/8	1	

$$F(x) = \begin{cases} 0 & -\infty \le x < 0 \\ 1/8 & 0 \le x < 1 \\ 1/8+3/8=4/8 & 1 \le x < 2 \\ 1/8+3/8+3/8=7/8 & 2 \le x < 3 \\ 1/8+3/8+3/8+1/8=1 & 3 \le x < \infty \end{cases}$$

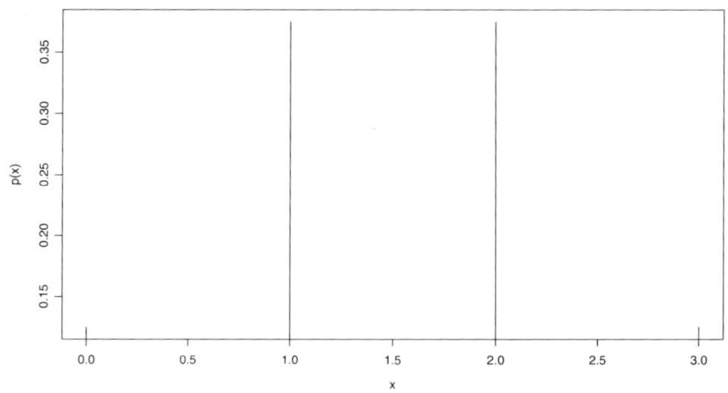

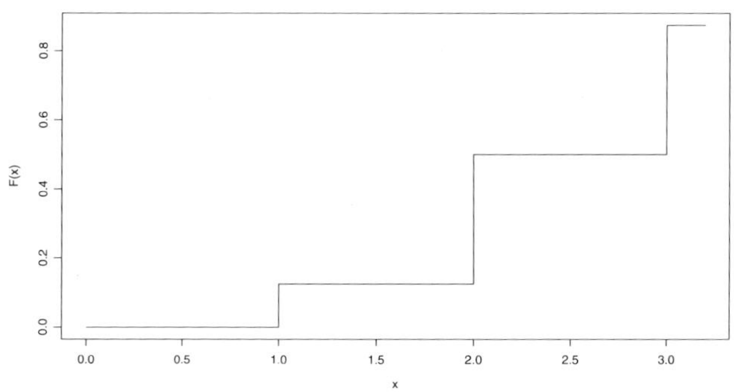

〈그림 4.1〉 확률밀도함수와 누적분포함수그래프

일반적으로 n개의 제품 중에서 불량률을 p라 할 때, 불량품의 개수가 $X=x$ 일 확률은 다음과 같다.

$$P(X=x)=\binom{n}{x}p^x(1-p)^{n-x} \quad (x=0,\ 1,\ \cdots,\ n) \qquad (*)$$

위의 예제에서 각 제품에서 양품, 불량품을 선택하는 일은 베르누이 시행의 한 예이다. 위의 예제의 시행은 서로 독립적으로 시행된다. 이와 같이 동일한 성공의 확률을 가진 베르누이 시행을 독립적으로 반복하여 시행할 때, 성공의 횟수 X를 이항확률변수(binomial random variable)라 하고 위의 식($*$)를 이항분포(binomial distribution)라고 한다. 일반적으로 시행횟수가 n이고 성공률이 p이며 성공횟수가 X인 이항분포의 표현은 $X\sim B(n, p)$로 나타낸다. 다음은 이항확률변수를 따르는 대표적인 예들이다.

시 행	성 공	실 패	성공률 p	시행횟수 n	성공횟수 X
동전 던지기	앞면	뒷면	1/2	동전을 던진 횟수	앞면의 수
한 가정에서 아이의 출생	아들	딸	1/2	아이의 수	아들의 수
4지선다형	정답	틀린 답	1/4	문제의 수	정답 수
공정	불량품	양품	공정의 불량률 p	표본의 크기	불량품 개수

이항확률변수에 관한 여러 가지 확률을 계산할 때 누적확률분포표를 사용하면 편리하다. 누적확률이란 어떤 한 점까지의 확률을 모두 더한 것을 말한다. 예를 들면

$$\begin{aligned}P(2\le X\le 6)&=P(X=2)+P(X=3)+P(X=4)+P(X=5)+P(X=6)\\&=\{P(X=0)+P(X=1)+\cdots+P(X=6)\}-\{P(X=0)+P(X=1)\}\\&=P(X\le 6)-P(X\le 1)\end{aligned}$$

과 같다. 일반적으로는

$$P(a \le X \le b) = P(X \le b) - P(X \le a-1)$$

$$P(X=c) = P(X \le c) - P(X \le c-1)$$

$$P(X \ge c) = 1 - P(X \le c-1)$$

과 같은 등식이 성립하므로 부록의 누적확률분포표를 이용하여 여러 가지 확률들을 계산할 수 있다.

예제 4.14

● 생산 공정에서 특정한 제품의 불량률은 0.3이라 한다. 이 생산 공정에서 제품 10개를 임의로 표본 추출하였다. 다음 물음에 답하라.

(1) 불량품의 개수가 3개일 확률

(2) 불량품의 개수가 4개 이하일 확률(누적확률분포표를 이용)

(3) 확률분포표와 그래프를 그리고 확률분포함수임을 확인하라.

불량품의 개수를 X라 하면 $X \sim B(10, 0.3)$를 따른다. 따라서

(1) $P(X=3) = \binom{10}{3} 0.3^3 (1-0.3)^{10-3} = 0.267$

(2) $P(X \le 4) = \sum_{0 \le x \le 4} \binom{10}{x} 0.3^x (1-0.3)^{10-x} = 0.85$

(3) 확률분포표와 그래프를 그리기 위하여 다음과 같이 확률값을 계산한다.

불량품의 개수 X가 0개 일 때

$$P(X=0) = \binom{10}{0} 0.3^0 (1-0.3)^{10-0} = 0.028$$

불량품의 개수 X가 1개 일 때

$$P(X=1)=\binom{10}{1}0.3^1(1-0.3)^{10-1}=0.121$$

같은 방법으로 계산하여 얻은 확률값은 다음 표와 같다.

x	0	1	2	3	4	5	6	7	8	9	10	합
$P(X=x)$	0.028	0.121	0.233	0.267	0.200	0.103	0.037	0.009	0.001	0.000	0.000	1

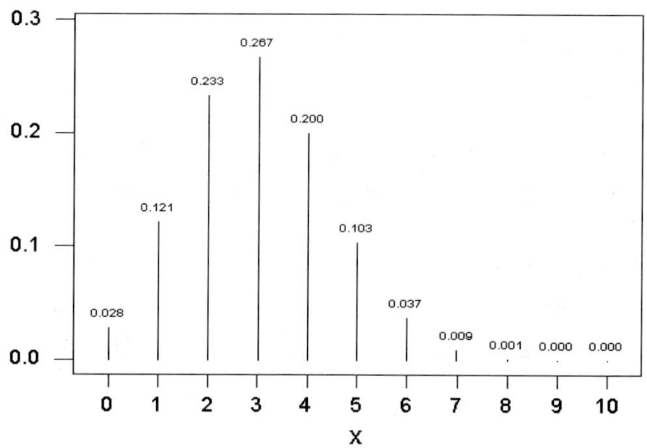

[해석] 위의 확률분포표에서는 임의의 x에서의 확률값은 $p(x) \geq 0$이며, $x=0.1.2.$ …10에서 각각의 확률값을 합하면 1로 확률분포함수임을 알 수 있다. 이런 분포함수를 이항분포함수라 한다.

X가 이항분포를 따를 때 다음과 같은 특징을 가진다.

(1) $E(X)=np$, $V(X)=np(1-p)$
(2) $p=0.5$일 때는 기대값 $E(X)=np$에 대하여 대칭이 된다.
(3) $np\geq 5$이고, $n(1-p)\geq 5$ 혹은 $np\geq 5$이고, $p\leq 0.1$일 때 정규분포에 근사된다.
(4) $p\leq 0.1$이고, $n\geq 50$일 때는 포아송분포에 근사된다.

예제 4.15

- 어느 보험회사의 영업사원이 한 고객을 만나 그 사람을 보험에 가입하게 할 확률은 과거의 경험으로 보아 20%라 한다. 오늘 영업사원이 10명의 고객을 만날 예정이라 한다. 다음 물음에 답하라.

(1) 세 사람이 보험에 가입할 확률
(2) 두 사람 이상이 보험에 가입할 확률
(3) 평균적으로 몇 사람이 가입하리라 생각되는가? 분산은?

X를 10명의 고객 중 보험에 가입할 사람 수라 하면 $X\sim B(10, 0.2)$를 따른다.

(1) 세 사람이 가입할 확률은

$$P(X=3)=\binom{10}{3}0.2^3(1-0.2)^{10-3}=0.2013$$

(2) $P(X\geq 2)=1-P(X\leq 1)=1-\sum_{0\leq x\leq 1}\binom{10}{x}0.2^x(1-0.2)^{10-x}=0.6242$

(3) $E(X)=np=10\times 0.2=2$

$V(X)=np(1-p)=10\times 0.2\times 0.8=1.6$

예제 4.16

● 이항분포의 $n=20$에서 $p=0.2$, $p=0.5$, $p=0.7$, $p=0.9$에 대해 각각의 그래프를 그리면 다음과 같다. 이항분포의 특징을 설명하라.

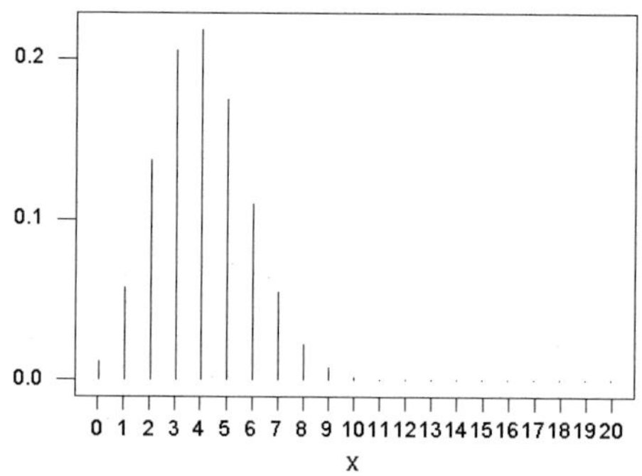

$n=20$ $p=0.2$인 경우

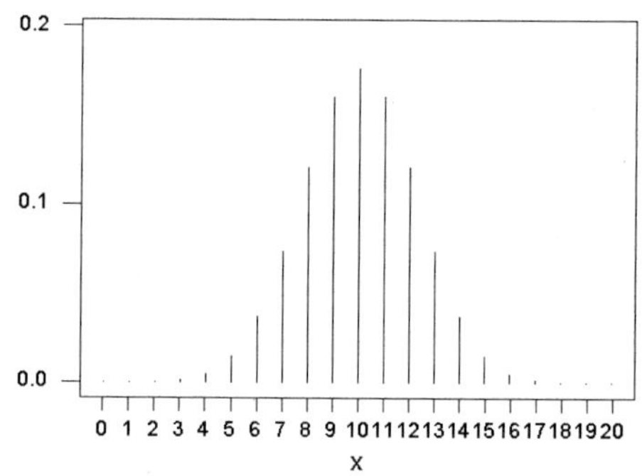

$n=20$ $p=0.5$인 경우

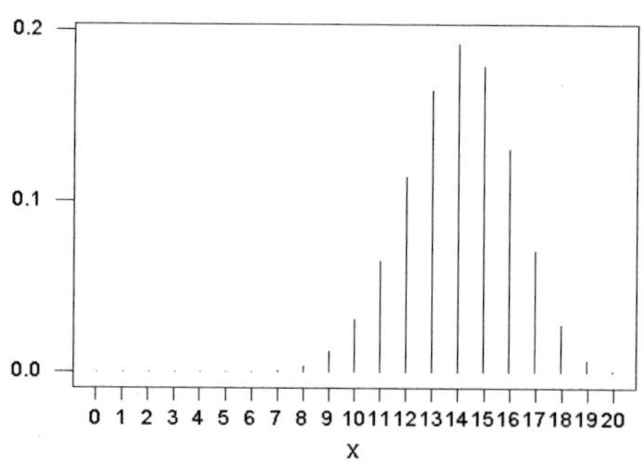

$n=20$ $p=0.7$인 경우

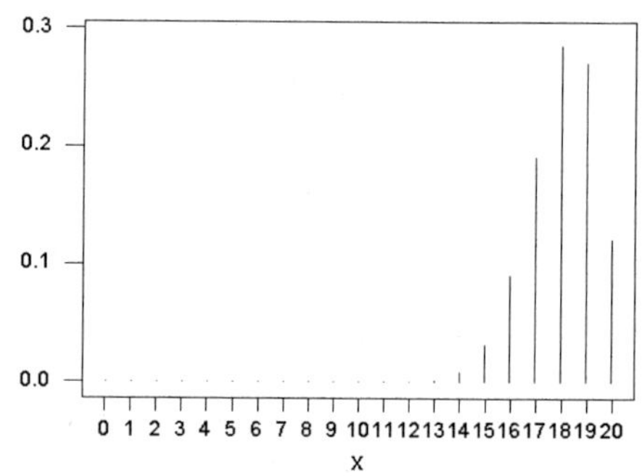

$n=20$ $p=0.9$인 경우

[해석] n을 20으로 고정하고 p를 증가하면 평균이 오른쪽으로 이동하는 경향이 있음을 보여주고 있다. $p=0.5$일 때 기대값 $E(X)=np=20\times0.5=10$ 에서는 좌우대칭의 형태를 보여주고 있다.

2.2 초기하분포

무한모집단에서 표본을 비복원추출하거나 유한모집단에서 복원추출하는 경우에 베르누이 시행조건을 만족함으로써 이항분포를 사용할 수 있다. 그러나 유한모집단에서는 비복원추출을 할 때는 독립이 아니므로 베르누이 시행의 조건을 사용하지 못하므로 이항분포를 사용할 수 없게 된다. 이러한 상황에서 초기하분포를 사용하게 된다. 크기 N인 유한모집단의 로트에서 불량률이 p이고 크기 n인 표본을 비복원추출하였을 때 X를 불량개수라 하면 X는 다음과 같은 초기하분포(hypergeometric distribution)를 한다.

$$P(X=x) = \frac{\binom{Np}{x}\binom{N-Np}{n-x}}{\binom{N}{n}} \qquad x=0,1,2,\cdots,\min(n, Np)$$

X가 초기하분포를 따를 때 평균과 분산은 다음과 같이 유도된다.

$$E(X) = np$$

$$V(X) = \frac{N-n}{N-1}np(1-p)$$

여기서, $\frac{N-n}{N-1}$는 유한모집단 수정계수라 하고 N이 충분히 크면 1에 수렴한다.

참고하세요!

초기하분포에서 크기 N인 모집단의 로트에서 불량률이 p이고 크기 n인 표본을 비복원추출 하였을 때 $Np=M$(즉, $N/M=p(0<p<1)$)라 하고 모집단의 크기 N을 무한히 크게 하면 X의 분포는 점차적으로 이항분포 $B(n,p)$(즉, $p=N/M$)에 접근함을 다음과 같이 수식으로 보일 수 있다.

$$P(X=x)=\frac{\binom{M}{x}\binom{N-M}{n-x}}{\binom{N}{n}}$$

$$=\binom{n}{x}\cdot\frac{\frac{M}{N}\left(\frac{M}{N}-\frac{1}{N}\right)\cdots\left(\frac{M}{N}-\frac{x-1}{N}\right)\cdot\left(1-\frac{M}{N}\right)\cdots\left(1-\frac{M}{N}-\frac{n-x-1}{N}\right)}{1\cdot\left(1-\frac{1}{N}\right)\cdots\left(1-\frac{n-1}{N}\right)}$$

$$=\binom{n}{x}\cdot\frac{p\left(p-\frac{1}{N}\right)\cdots\left(p-\frac{x-1}{N}\right)\cdot(1-p)\cdots\left(1-p-\frac{n-x-1}{N}\right)}{1\cdot\left(1-\frac{1}{N}\right)\cdots\left(1-\frac{n-1}{N}\right)}$$

$$\approx\binom{n}{x}p^{x}(1-p)^{n-x}$$

예제 4.17

- 양품인 전구 5개와 불량품인 전구 2개가 들어 있는 상자에서 3개를 임의로 비복원추출했을 때, 이 중에서 1개의 전구가 불량품일 확률은? 확률분포표와 그래프를 그리고 확률분포함수임을 확인하라.

7개의 전구 중에서 3개의 전구를 추출하는 경우의 수는 $\binom{7}{3}$

불량품인 전구 2개 중에서 1개의 전구를 추출하는 경우의 수는 $\binom{2}{1}$

양품인 전구 5개 중에서 2개의 전구를 추출하는 경우의 수는 $\binom{5}{2}$

따라서 $N=7, n=3, x=1$ 즉, 3개 중 불량품이 1개 있을 확률은

$$P(X=1) = \frac{\binom{2}{1}\cdot\binom{5}{2}}{\binom{7}{3}} = \frac{\frac{2!}{1!(2-1)!}\cdot\frac{5!}{2!(5-2)!}}{\frac{7!}{3!(7-3)!}}$$

$$= \frac{4}{7} = 0.5714$$

또 3개 중 불량품이 0개 있을 확률은

$$P(X=0) = \frac{\binom{2}{0}\cdot\binom{5}{3}}{\binom{7}{3}} = 0.2857$$

같은 방법으로 3개 중 불량품이 2개, 3개 있을 확률을 각각 구하면 다음 표와 같다.

x	0	1	2	3	합
$P(X=x)$	0.2857	0.5714	0.1428	0.000	1

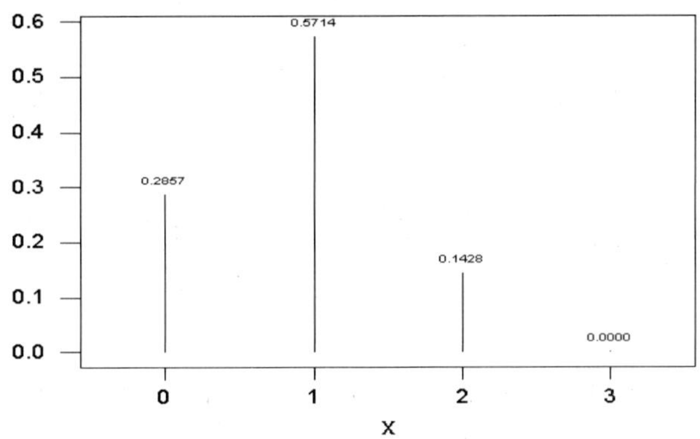

[해석] 위의 확률실험에 대한 확률분포 그래프에서는 임의의 x에서의 확률값은 $p(x) \geq 0$ 이며, $x=0,1,2,3$ 에서 각각의 확률값을 합하면 1로 확률분포함수의 조건을 만족시킴을 알 수 있다. 이런 분포함수를 초기하분포함수라 한다.

2.3 포아송분포

이항분포 $B(n, p)$에서 평균 $np = m$으로 일정하게 하고, n을 한없이 크게 할 때(상대적으로 p는 한없이 작아짐) 그 근사적인 확률분포를 포아송분포(poisson distribution)라 하며 다음과 같이 정의한다.

$$P(X=x) = \frac{e^{-m} m^x}{x!} \quad (x=0, 1, 2, \cdots)$$

참고하세요!

$$\binom{n}{x} p^x (1-p)^{n-x}$$
$$= \frac{1}{x!} \cdot n(n-1) \cdots\cdots (n-x+1) \left(\frac{m}{n}\right)^x \left(1-\frac{m}{n}\right)^{n-x}$$
$$= \left(\frac{m^x}{x!}\right) \left(1-\frac{m}{n}\right)^n \left(1-\frac{m}{n}\right)^{-x} \cdot 1 \cdot \left(1-\frac{1}{n}\right) \cdots\cdots \left(1-\frac{x-1}{n}\right)$$

이고 n이 충분히 클 때 $\left(1-\frac{m}{n}\right)^n = e^{-m}$이 됨이 알려져 있으므로 다음과 같이 나타낼 수 있다.

$$P(X=x) \approx \frac{e^{-m} m^x}{x!} = P(m), \qquad x=0, 1, 2, \cdots.$$

주어진 시간 혹은 일정한 단위당 결점수(Defect Per Unit: DPU), 정해진 영역에서 성공의 출현 횟수를 X라고 하면 X는 포아송분포를 한다. 우리 주변에는 포아송분포를 따르는 실제 현상의 예가 많다. 예를 들면 다음과 같다.

(1) 119 구조대에 시간당 걸려오는 전화횟수
(2) 경부고속도로에서 1일 교통사고로 인한 사망자의 수
(3) 한 권의 책에서 각 페이지에 발생하는 오타의 수
(4) 옷감의 단위 면적당 발생되는 결점 수
(5) 한 야구경기에서의 실책의 수

예제 4.18

- 인터넷 컨설팅 회사에서 오전 10시부터 12시 사이에 1분당 평균 3회의 상담 문의가 온다. 상담 문의의 전화 횟수가 포아송분포를 따른다고 할 때 다음 물음에 답하라.

(1) 1분에 4회의 전화가 걸려올 확률
(2) 1분에 3회 이하 걸려올 확률
(3) 확률분포표와 그래프를 그리고 확률분포함수임 확인하라.

X를 상담 문의 전화 횟수라 할 때(부록의 (누적)포아송분포표 이용)

(1) $P(X=4) = \dfrac{e^{-m}m^x}{x!} = \dfrac{e^{-3}3^4}{4!} = 0.1680$

(2) $P(X \le 3) = \sum_{x=0}^{3} \dfrac{m^x e^{-m}}{x!} = \sum_{x=0}^{3} \dfrac{3^x e^{-3}}{x!} = 0.6472$

(3) 확률분포표와 그래프를 그리기 위해 다음과 같이 확률값을 계산한다.

전화가 걸려 오는 횟수가 0회 일 때

$$P(X=0) = \frac{e^{-3}3^0}{0!} = 0.050$$

전화가 걸려 오는 횟수가 1회 일 때

$$P(X=1) = \frac{e^{-3}3^1}{1!} = 0.140$$

같은 방법으로 계산하여 얻은 확률값은 다음 표와 같다.

x	0	1	2	3	4	5	6	7	8	9	…	합
$P(X=x)$	0.050	0.140	0.224	0.224	0.168	0.101	0.050	0.022	0.009	0.003	…	1

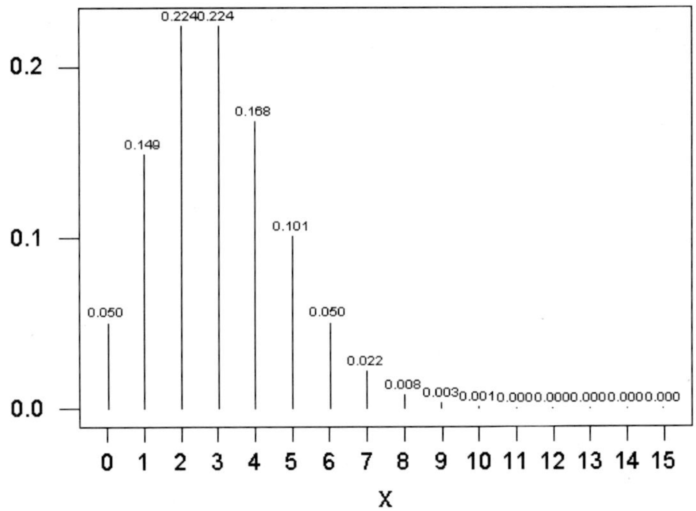

[해석] 확률분포표에서는 임의의 x 에서 확률값은 $p(x) \geq 0$ 이며, $x=0.1.2,3,\ldots$에서 각각의 확률값을 합하면 1로 확률분포함수 임을 알 수 있다. 이런 분포함수를 포아송분포 함수라 한다.

참고하세요!

포아송분포 $P(m)$ 의 평균과 분산은 다음과 같이 유도할 수 있다.

$$E(X)=m,\quad V(X)=m$$

$$E(X) = \sum_{x=0}^{\infty} x\cdot\frac{e^{-m}m^x}{x!}$$

$$= m\,e^{-m}\sum_{x=1}^{\infty}\frac{m^{x-1}}{(x-1)\,!} = m\,e^{-m}e^{m} = m$$

$$V(X) = E(X^2)-\{E(X)\}^2,\quad E(X^2)=E[(X(X-1)]+E(X)$$

$$E[(X(X-1)] = \sum_{x=0}^{\infty} x(x-1)\frac{e^{-m}m^x}{x!}$$

$$= m^2e^{-m}\sum_{x=2}^{\infty}\frac{m^{x-2}}{(x-2)!} = m^2e^{-m}e^{m} = m^2$$

$$V(X) = E[(X(X-1)]+E(X)-\{E(X)\}^2 = m^2+m-m^2 = m$$

X가 포아송분포를 따를 때 다음과 같은 특징을 가진다.

(1) $E(X)=m$, $V(X)=m$로 기대값과 분산이 같다.

(2) $m\geq 5$일 때 정규분포에 근사된다.

(3) n이 충분히 크고 p가 아주 작은 경우에 이항분포는 포아송분포에 근사된다.

(4) $X_1\sim P(m_1)$, $X_2\sim P(m_2)$이고 X_1과 X_2가 서로 독립이면
$X_1+X_2\sim P(m_1+m_2)$

예제 4.19

● 포아송분포의 평균 $m=1,\ 3,\ 7,\ 11$에 대해 각각의 그래프를 그리면 다음과 같다. 다음 그림에서 포아송분포의 특징을 설명하라.

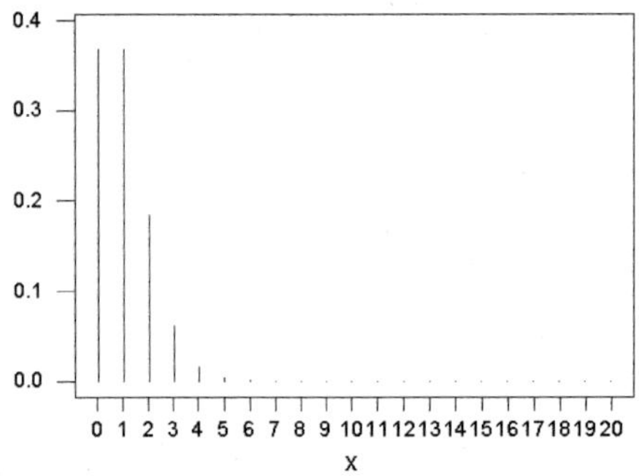

$m=1$인 경우

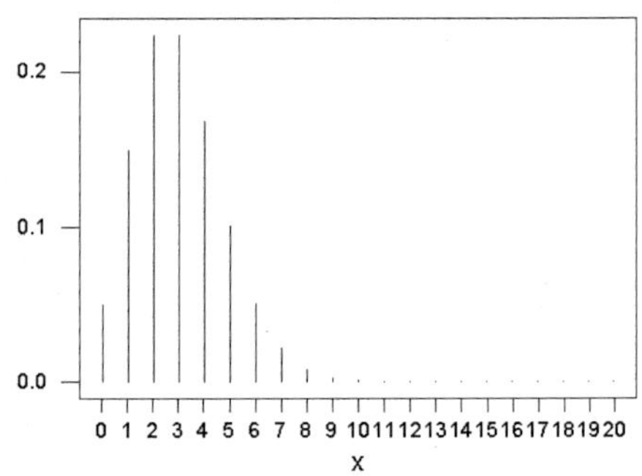

$m=3$인 경우

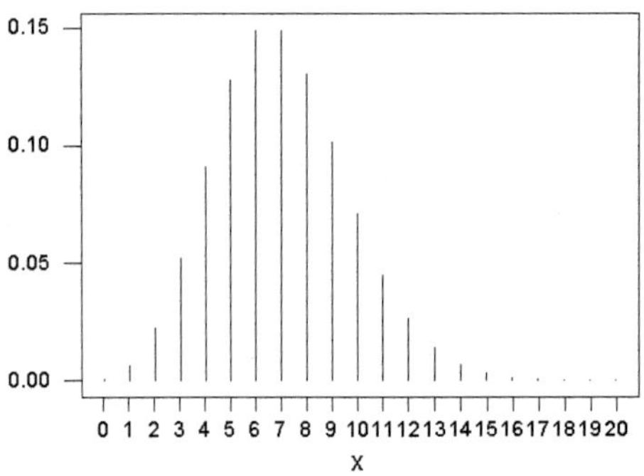

$m=7$인 경우

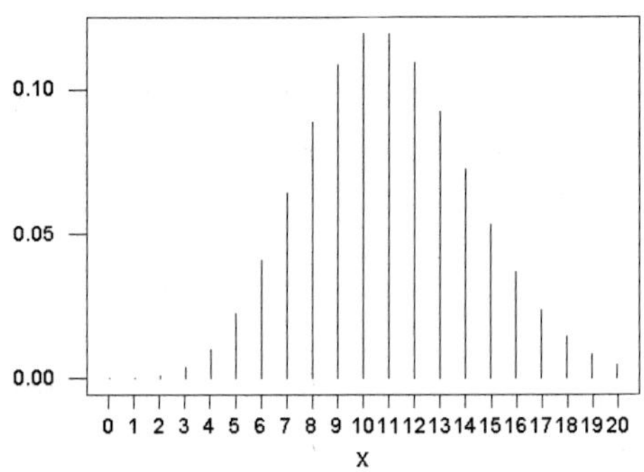

$m=11$인 경우

[해석] 위 그래프에서는 포아송분포의 평균 m이 증가할수록 정규분포형태로 근사하고 있음을 알 수 있다.

3 연속형 확률분포

이제까지는 이산확률변수의 확률분포인 이산확률분포에 대해서 설명했다. 본 절에서는 연속확률변수의 확률분포인 연속확률분포를 나타내는 방법과 연속확률분포 중에서 가장 중요한 정규분포(normal distribution)를 비롯한 몇 가지 분포에 대하여 알아본다.

3.1 균등분포

확률변수 X의 확률밀도함수가 $a<b$인 두 상수 a, b에 대하여

$$f(x) = \begin{cases} \dfrac{1}{b-a} & a \le x \le b \\ 0 & x<a, \ x>b \end{cases}$$

로 주어지면 X는 균등분포 혹은 일양분포(uniform distribution)를 따른다고 한다.

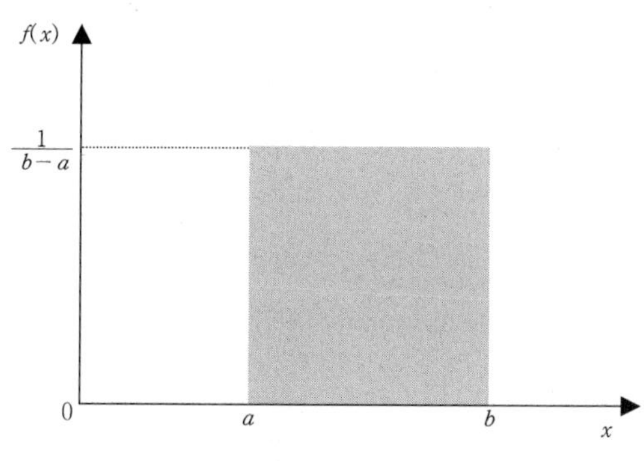

〈그림 4.2〉 균등분포의 확률밀도함수

균등분포는 $X \sim U(a, b)$로 표시하고 확률변수 X가 구간 $[a, b]$에서 균등분포를 가질 때 분포함수는 다음과 같다.

$$F(x) = \begin{cases} 0 & x < a \\ \dfrac{x-a}{b-a} & a \le x \le b \\ 1 & b \le x \end{cases}$$

그리고 X의 기대값과 분산은 다음과 같다.

$$E(X) = \frac{a+b}{2}, \qquad V(X) = \frac{(b-a)^2}{12}$$

참고하세요!

균등 분포 $X \sim U(a, b)$의 평균과 분산은 다음과 같이 유도할 수 있다.

$$E(X) = \frac{a+b}{2}, \quad V(X) = \frac{(b-a)^2}{12}$$

$$\begin{aligned} E(X) &= \int_{-\infty}^{\infty} xf(x)dx = \int_a^b x\frac{1}{b-a}\,dx \\ &= \frac{1}{2(b-a)}\,[x^2]_a^b = \frac{1}{2(b-a)}[b^2 - a^2] \\ &= \frac{b+a}{2} \end{aligned}$$

$$\begin{aligned} V(X) &= \int_{\infty}^{\infty} x^2 f(x)dx - \{E(X)\}^2 = \int_a^b \frac{1}{b-a}\,x^2 dx - \frac{(b+a)^2}{4} \\ &= \frac{1}{3(b-a)}[\,x^3\,]_a^b - \frac{(b+a)^2}{4} = \frac{b^2+ab+a^2}{3} - \frac{b^2+2ab+a^2}{4} \\ &= \frac{b^2-2ab+a^2}{4} = \frac{(b-a)^2}{12} \end{aligned}$$

예제 4.20

- 제품의 규격이 750 ± 30cm로 이 사이의 모든 값이 동일하게 발생한다고 하면 제품 규격을 X라 할 때 X가 720cm에서 750cm 사이에 있을 확률을 구하라.

X는 균등분포를 갖는 연속확률함수이므로

$$f(x) = \frac{1}{780-720}$$

이다. 따라서

$$P(720 \le X \le 750) = \frac{750-720}{780-720} = 0.5$$

예제 4.21

- 어느 정거장에서 버스가 20분 간격으로 도착하며 버스가 도착할 확률은 20분 사이에 똑같다고 한다. 이런 경우 다음을 구하라.

  (1) 이 사람이 버스를 5분 이하로 기다릴 확률
  (2) 이 사람이 버스를 10분 이상 기다릴 확률
  (3) 버스를 기다릴 시간의 평균과 분산

X는 [0, 20]에서 균등분포를 갖는 연속확률함수이므로

$$f(x) = \frac{1}{20-0}, \qquad 0 \le x \le 20$$

이다. 따라서

(1) $P(X \leq 5) = \int_0^5 f(x)dx = \int_0^5 \frac{1}{20}\,dx = \frac{1}{4}$

(2) $P(X \geq 10) = \int_{10}^{20} f(x)dx = \int_{10}^{20} \frac{1}{20}\,dx = \frac{1}{2}$

(3) $E(X) = \frac{20+0}{2} = 10,\quad V(X) = \frac{(20-0)^2}{12} = 33.33$

3.2 정규분포

(1) 확률밀도함수

대학생 100명을 임의로 뽑아 그들의 키를 재어 상대도수를 이용한 히스토그램과 좀 더 상세한 모집단의 분포에 대한 정보를 얻기 위하여 1000명의 대학생들의 키를 조사하여 계급의 폭을 좀 더 세분화한 상대도수의 히스토그램을 비교해 보면 곡선의 형태가 점차 완만해짐을 알 수 있다. 이와 같이 자료의 수를 점점 늘이면서 계급의 간격을 점점 줄이면 더욱 더 모집단의 분포에 가까워지며 부드러운 곡선에 가까워지게 된다. 다음 예제는 이러한 상대도수의 히스토그램을 확장하면 연속형의 분포가 가능함을 난수를 발생시켜 확인해 본 예제이다.

예제 4.22

- 다음 히스토그램은 $X \sim N(170, 4)$인 모집단에서 난수 발생한 데이터로부터의 그래프이다(여기서 X는 100개, Y는 1,000개, Z는 10,000개, W는 100,000개의 데이터에 대한 그래프). 이 그림들의 특징을 설명하라.

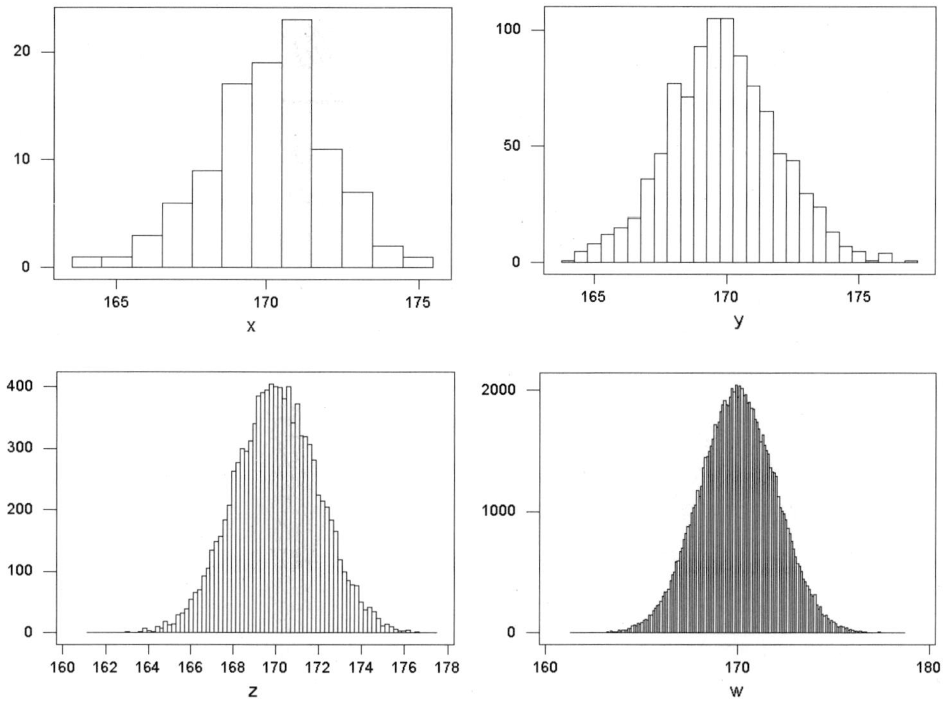

[해석] 위 실험에서는 자료수를 무한히 크게 하고 계급의 구간을 0으로 보내면, 히스토그램의 극한은 연속분포로 됨을 짐작할 수 있다. 극한에서의 히스토그램은 연속확률밀도함수의 조건, 즉 임의의 x에 대해 $f(x) \geq 0$와 $\int_{-\infty}^{\infty} f(x)\,dx = 1$ 을 만족함을 알 수 있다. 이런 함수를 정규분포함수라 한다.

연속확률변수 X가 어떤 값 x의 주위로 $x-a$와 $x+a$ 사이의 값을 취할 확률 즉, $P(x-a \leq X \leq x+a)$는 $x-a$, $x+a$ 사이의 정규분포곡선의 넓이와 같다. 왜냐하면 자료수를 무한히 크게 하고 계급의 구간을 0으로 보낼 때 즉, 극한으로 생각할 때 상대도수의 히스토그램은 연속분포로 가기 때문이다.

다음 그림은 $P(x-a \le X \le x+a)$을 나타낸 그림이다.

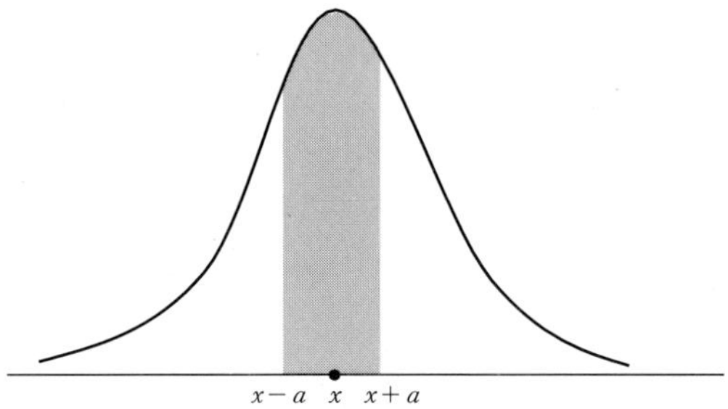

〈그림 4.3〉 $P(x-a \le X \le x+a)$ 확률그래프

연속확률의 그래프에서 어느 한 점에서의 그래프의 높이는 그 점을 중심으로 확률이 어느 정도 밀집되어 있는지를 나타내어 준다. 이런 그래프를 가지는 함수를 연속확률변수의 확률밀도함수라 한다.

정규분포는 연속확률분포의 대표적인 형태로 평균점에 대하여 대칭인 확률밀도 그래프를 가진다. 다음 그림은 평균 μ와 표준편차 σ에 따른 정규분포의 그래프들이다.

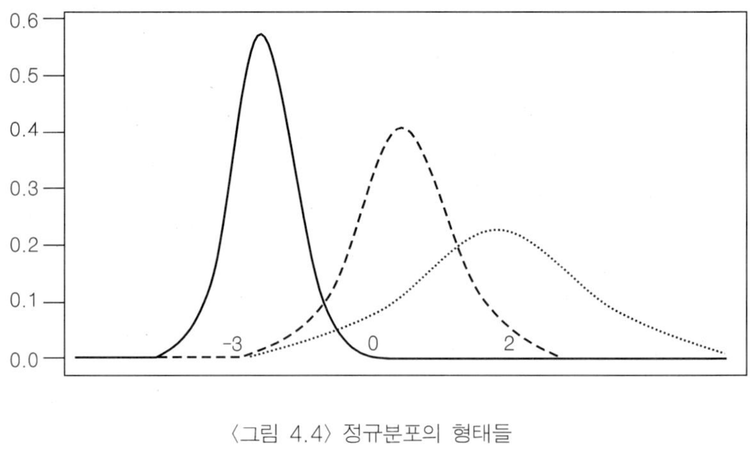

〈그림 4.4〉 정규분포의 형태들

위의 그래프는 서로 다른 μ와 σ를 가지는 3개의 정규분포를 나타내고 있다. 좌측은 $\mu=-3$이고 $\sigma=0.7$이며, 중앙은 $\mu=0$, $\sigma=1$인 표준정규분포이고, 우측은 $\mu=2$이고 $\sigma=1.8$인 정규분포 그래프이다. 이상으로부터 정규분포는 μ와 σ에 따라 다양한 형태를 이루고 확률밀도함수의 그래프가 상대도수의 극한이므로 확률면적이 1이 됨을 알 수 있다. 이러한 조건을 만족시키는 확률밀도함수는 다음과 같다.

$$f(x) = \frac{1}{\sqrt{2\pi}\,\sigma} e^{-\frac{(x-\mu)^2}{2\sigma^2}}$$

확률변수 X가 평균 μ, 표준편차 σ인 정규분포의 표현은 $X \sim N(\mu, \sigma^2)$으로 사용된다. 어떤 확률변수 X가 평균이 μ이고 표준편차가 σ일 때

$$Z = \frac{X-\mu}{\sigma}$$

평균이 0이고 표준편차가 1인 정규분포를 따른다. 이러한 확률변수 Z를 표준정규확률변수(standard normal random variable)라 하고 그 분포를 표준정규분포(standard normal distribution)라 한다.

확률변수 X가 $N(\mu, \sigma^2)$을 따를 때 확률 $P(a \le X \le b)$는 변수의 표준화를 통하여 다음과 같이 구한다.

$$\begin{aligned} P(a \le X \le b) &= P\left(\frac{a-\mu}{\sigma} \le \frac{X-\mu}{\sigma} \le \frac{b-\mu}{\sigma}\right) \\ &= P(z_a \le Z \le z_b) \end{aligned}$$

여기서, $z_a = \frac{a-\mu}{\sigma}$, $z_b = \frac{b-\mu}{\sigma}$이 되고 이것을 그림으로 나타내면 다음과 같다.

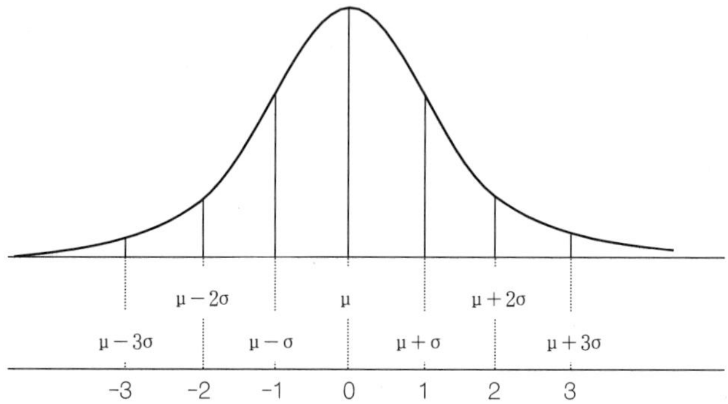

〈그림 4.5〉 정규분포 및 표준정규분포

정규분포표에 의한 확률 $P(Z \geq z)$은 다음과 같은 성질을 가지고 있다.

(1) $P(Z \geq 0) = 0.5$

(2) $P(Z \leq -z) = P(Z \geq z)$

(3) 양수 z에 대해

$$P(-z \leq Z \leq 0) = P(0 \leq Z \leq z) = 0.5 - P(Z \geq z),\ P(-z \leq Z) = 1 - P(Z \geq z)$$

한편 확률변수 X가 각각 평균 μ을 중심으로 σ, 2σ, 3σ의 편차를 가질 확률은 다음과 같다.

$$P(\mu - \sigma \leq X \leq \mu + \sigma) = \int_{\mu-\sigma}^{\mu+\sigma} f(x)dx = 0.683$$

$$P(\mu - 2\sigma \leq X \leq \mu + 2\sigma) = \int_{\mu-2\sigma}^{\mu+2\sigma} f(x)dx = 0.955$$

$$P(\mu - 3\sigma \leq X \leq \mu + 3\sigma) = \int_{\mu-3\sigma}^{\mu+3\sigma} f(x)dx = 0.997$$

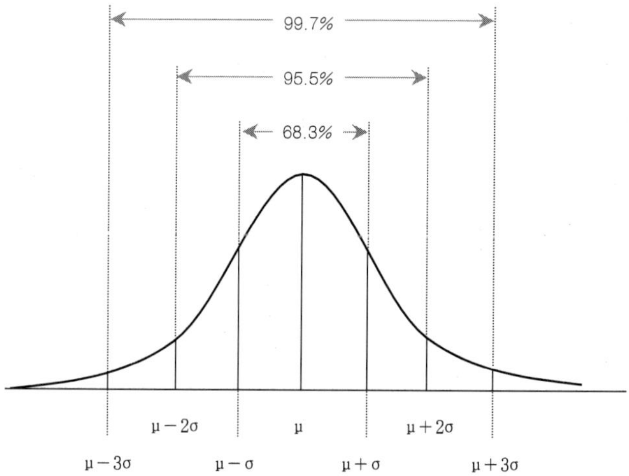

〈그림 4.6〉 정규분포의 확률

위의 확률변수 X를 표준화시키면 다음과 같다.

$$\begin{aligned} P(\mu - \sigma \le X \le \mu + \sigma) &= P(-\sigma \le X - \mu \le \sigma) \\ &= P\left(-1 \le \frac{X-\mu}{\sigma} \le 1\right) \\ &= P(-1 \le Z \le 1) \end{aligned}$$

같은 방법으로

$$P(\mu - 2\sigma \le X \le \mu + 2\sigma) = P(-2 \le Z \le 2)$$
$$P(\mu - 3\sigma \le X \le \mu + 3\sigma) = P(-3 \le Z \le 3)$$

부록의 표준정규분포표에서는 확률값 $P(Z \ge z)$이 수록되어 있다. 즉, 부록표에서는 Z의 소숫점 이하 둘째 자리수에 해당하는 확률값을 수록하고 있으며 첫 번째 세로줄은 Z의 소수점 이하 첫째 자리수 그리고 첫 번째 가로줄은 Z의 소숫점 이하 둘째 자리수에 해당한다. 예를 들어 $P(Z \ge 1.96)$의 확률값을 찾기 위해서는 부록표에서 세로 첫째 줄에서 1.9에 해당하는 줄과 가로 첫째 줄의 0.06에 해당하는 값을 읽으면 0.025가 된다. Z의 소숫점 이하 둘째 자리수에 해당한다. 즉, $P(Z \geq 1.96) = 0.025$ 따라서 $P(Z \geq z) = \alpha$ 를 만족하는 z를 Z_α로 표기 한다. 예를 들면 $P(Z \geq 1.96) = 0.025$가 되므로 $Z_{0.025} = 1.96$으로 표시되며 반대로 $Z_{0.05} = 1.645$는 $P(Z \geq 1.645) = 0.05$으로 표기된다.

예제 4.23

- Z가 표준정규확률변수일 때 다음의 확률을 구하라.

(1) $P(Z \leq 1.96)$ (2) $P(-1.96 \leq Z \leq 1.96)$
(3) $P(Z \leq -1.96)$ (4) $P(Z \leq 1.645)$
(5) $P(-1.645 \leq Z \leq 1.645)$

(1) 표준정규분포표에서 $P(Z \geq 1.96) = 0.025$이므로

$$P(Z \leq 1.96) = 1 - P(Z \geq 1.96) = 1 - 0.025 = 0.975$$

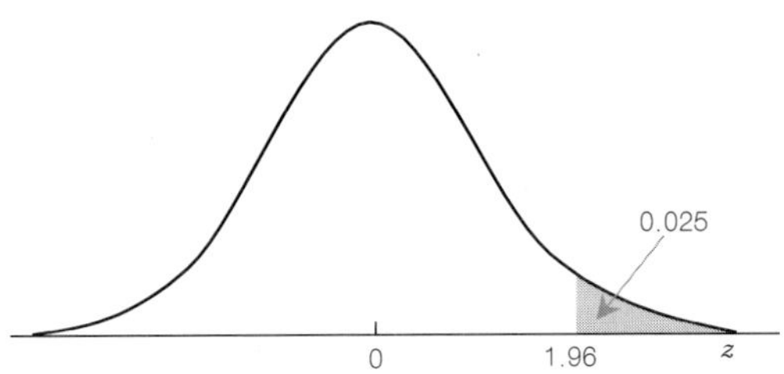

(2) $P(-1.96 \leq Z \leq 1.96) = P(Z \leq 1.96) - P(Z \leq -1.96)$

$= 0.975 - P(Z \leq -1.96)$

여기서 $Z=0$을 중심으로 대칭임으로

$$P(Z \le -1.96) = P(Z \ge 1.96) = 0.025$$

따라서

$$\begin{aligned} P(-1.96 \le Z \le 1.96) &= 0.975 - P(Z \le -1.96) \\ &= 0.975 - 0.025 = 0.95 \end{aligned}$$

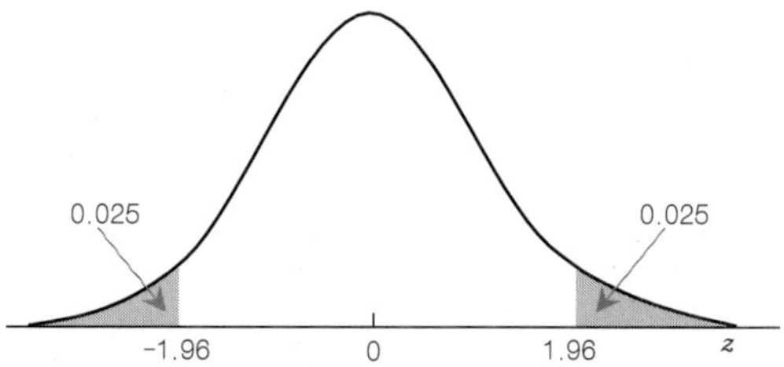

(3) $Z=0$을 중심으로 대칭임으로 $P(Z \le -1.96) = P(Z \ge 1.96) = 0.025$

(4) 표준정규분포표에서 $P(Z \ge 1.645) = 0.05$이므로

$$\begin{aligned} P(Z \le 1.645) &= 1 - P(Z \ge 1.645) \\ &= 1 - 0.05 = 0.95 \end{aligned}$$

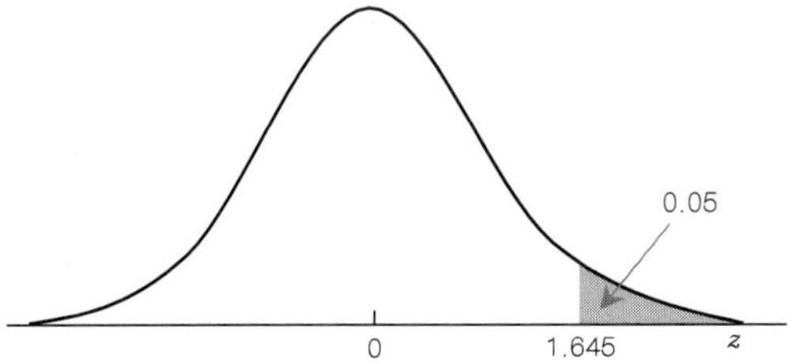

(5) $P(-1.645 \le Z \le 1.645) = P(Z \le 1.645) - P(Z \le -1.645)$

$= 0.95 - P(Z \le -1.645)$

$P(Z \le -1.645) = P(Z \ge 1.645) = 0.05$이므로

따라서 $P(-1.96 \le Z \le 1.96) = 0.95 - P(Z \ge 1.645)$

$= 0.95 - 0.05 = 0.90$

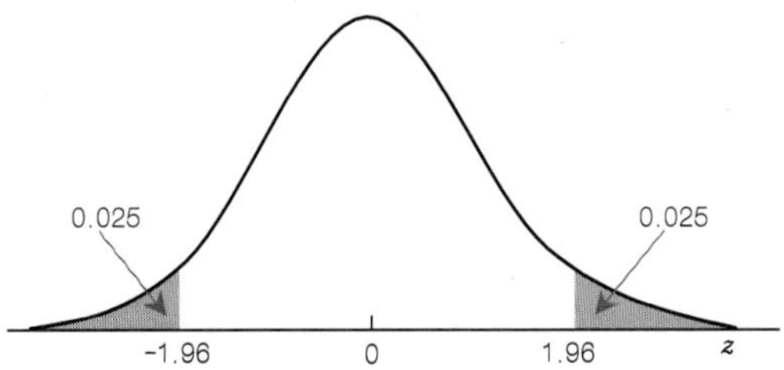

예제 4.24

- Z가 표준정규확률변수일 때 다음을 만족하는 z를 구하라.

  (1) $P(Z \le z) = 0.95$
  (2) $P(-z \le Z \le z) = 0.99$
  (3) $P(Z \ge z) = 0.1$

(1) $P(Z \le z) = 0.95$ 는 $P(Z \ge z) = 0.05$이므로 표준정규분포표로부터 $z = 1.645$

(2) 양쪽 꼬리의 확률값이 0.005가 되는 z값은 표준정규분포표로부터 2.575

(3) 표준정규분포표로부터 $z = 1.28$

이상으로부터 표준정규분포의 표를 이용하면 일반적인 정규분포의 확률을 구할 수 있다.

예제 4.25

- 확률변수 $X \sim N(70, 100)$일 때 다음의 확률을 구하라.

  ① $P(X \le 94.3)$ ② $P(X \ge 57.7)$ ③ $P(57.7 < X < 94.3)$

(1)
$$\begin{aligned} P(X \le 94.3) &= 1 - P(X \ge 94.3) = 1 - P\left(\frac{X-70}{10} \ge \frac{94.3-70}{10}\right) \\ &= 1 - P(Z > 2.43) = 1 - 0.0075 = 0.9925 \end{aligned}$$

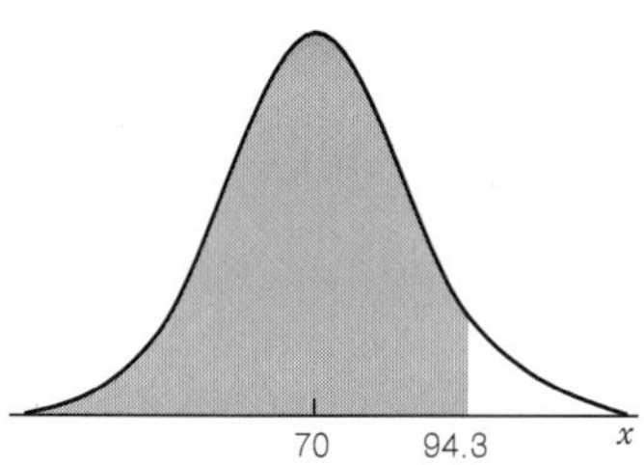

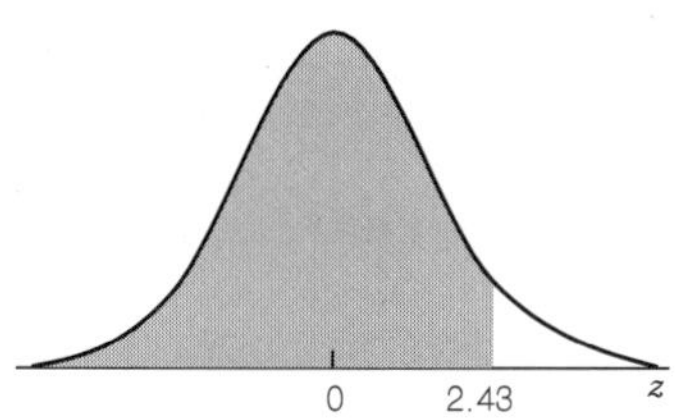

(2)
$$\begin{aligned} P(X \ge 57.7) &= P\left(\frac{X-70}{10} \ge \frac{57.7-70}{10}\right) = P(Z > -1.23) \\ &= 1 - P(Z > 1.23) = 1 - 0.1093 = 0.8907 \end{aligned}$$

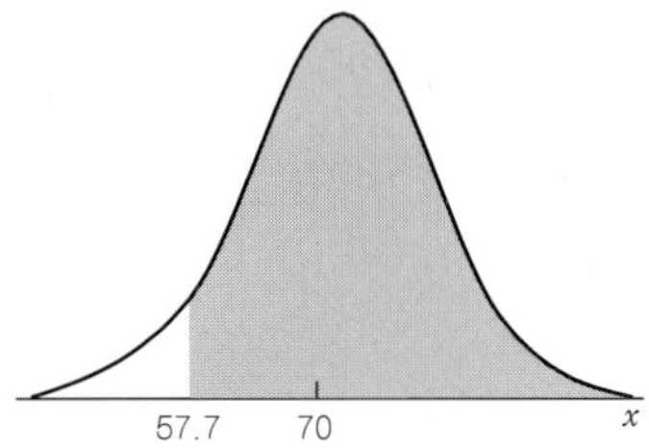

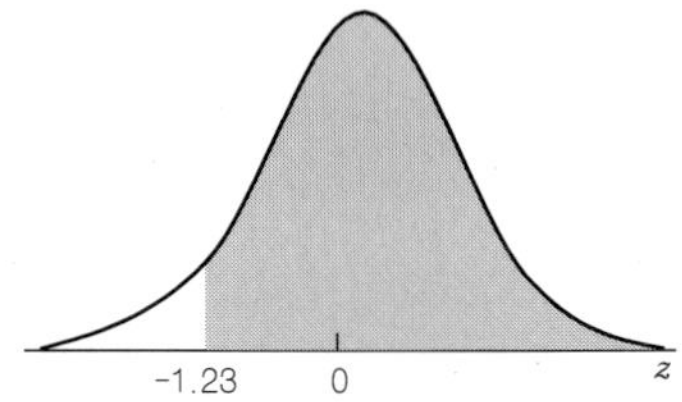

(3) $$P(57.7 < X < 94.3) = P\left(\frac{57.7-70}{10} \le \frac{X-70}{10} \le \frac{94.3-70}{10} \right)$$
$$= P(-1.23 < Z < 2.43) = 0.8832$$

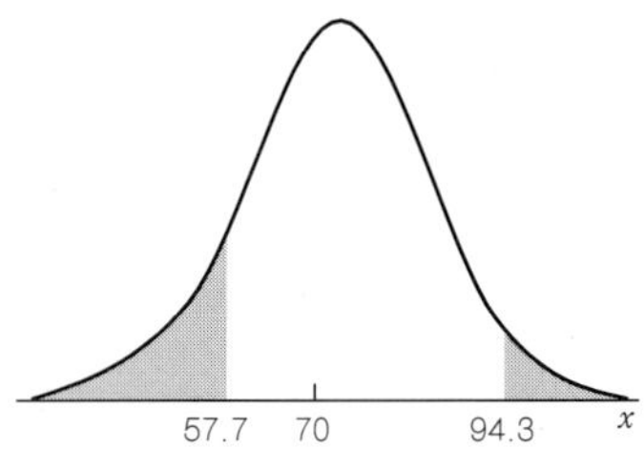

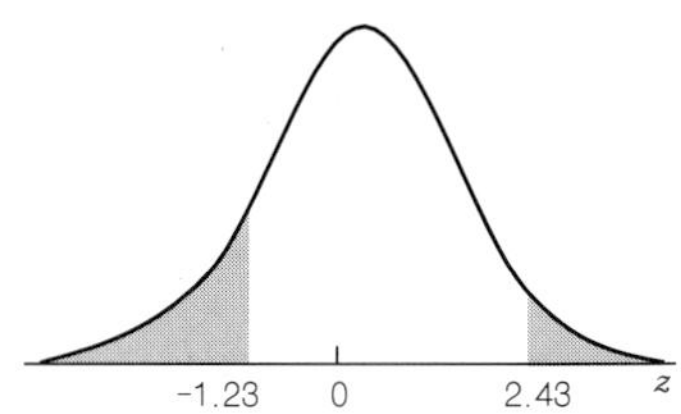

예제 4.26

- 확률변수 $X \sim N(20, 36)$에 대하여 $P(X \le 32)$의 값과 $P(X \le x) = 0.95$를 만족시키는 x의 값을 계산하라.

$$P(X \le 32) = P\left(\frac{X-20}{6} \le \frac{32-20}{6} \right) = P(Z \le 2) = \{1 - P(Z > 2)\} = 0.9772$$

$$P(X \le x) = P\left(\frac{X-20}{6} \le \frac{x-20}{6} \right) = P\left(Z \le \frac{x-20}{6} \right) = 0.95$$

$P(X>x) = P\left(Z> \frac{x-20}{6}\right) = 0.05$ 은 부록의 정규분포표에서

$\frac{x-20}{6} = 1.645$ 이므로 $x = 20 + 6\times1.65 \approx 29.87$

예제 4.27

- 어느 공정에서 생산된 500개의 제품의 평균 무게는 151kg이고, 표준편차는 15kg 또 무게는 정규분포를 따른다 하자.

  (1) 120kg에서 155kg 사이의 제품은 몇 개인가?

  (2) 185kg이상의 제품은 몇 개가 되는가?

X를 제품의 무게라 하면 $X \sim N(151, 15^2)$이므로

$$
\begin{aligned}
P(120 \le X \le 155) &= P\left(\frac{120-151}{15} \le \frac{X-151}{15} \le \frac{155-151}{15}\right) \\
&= P(-2.10 \le Z \le 0.30) \\
&= P(Z \le 0.30) - P(Z \le -2.10) \\
&= \{1 - P(Z \ge 0.30)\} - P(Z \ge 2.10) \\
&= (1 - 0.3821) - 0.0179 \\
&= 0.6179 - 0.0179 = 0.6
\end{aligned}
$$

따라서 120kg에서 155kg 사이의 제품의 개수는 $500\times0.6 = 300$개

$$
\begin{aligned}
P(X \ge 185) &= P\left(\frac{X-151}{15} \ge \frac{185-151}{15}\right) \\
&= P(Z \ge 2.30) = 0.0107
\end{aligned}
$$

즉, 185kg이상의 제품의 개수는 $0.017\times500 = 5.35$개, 약 5개가 된다.

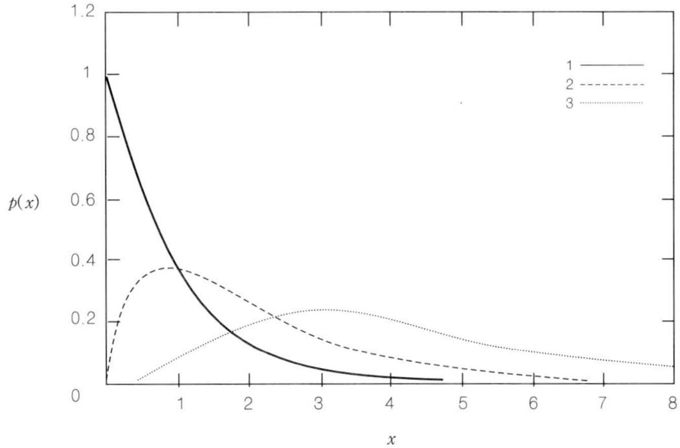

$\beta=1$
1: $\alpha=1$, 2: $\alpha=2$, 3: $\alpha=3$

X가 감마분포를 따를 때, 다음과 같은 특징이 있다.

(1) $E(X)=\alpha\beta$, $V(X)=\alpha\beta^2$
(2) $\alpha=1$일 때 지수분포의 평균과 분산이 된다.

감마분포의 특별한 경우로서 $\alpha=1$ $(\beta=\lambda)$ 일 때 지수분포를 따르며 확률밀도함수는 다음과 같다.

$$f(x)=\frac{1}{\lambda}\ e^{-x/\lambda} \qquad x>0$$

위의 지수분포는 어떤 사건의 발생횟수가 포아송분포를 따를 때 사건의 발생 시점으로부터 다음 사건이 일어날 때까지의 시간으로 측정되는 확률분포로 대기시간(waiting time), 수명시간(life time), 신뢰성이론(reliability theory) 등의 분포에 응용된다.

지수분포의 분포함수 $F(x)$는 아래와 같이 구하며 확률밀도함수의 그래프와 분포함수는 다음과 같다.

$$F(x) = P(X \le x) = \int_0^x \frac{1}{\lambda} e^{-\frac{t}{\lambda}} dx = \frac{1}{\lambda} [-\lambda e^{-\frac{t}{\lambda}}]_0^x$$
$$= 1 - \exp^{-\frac{x}{\lambda}}$$

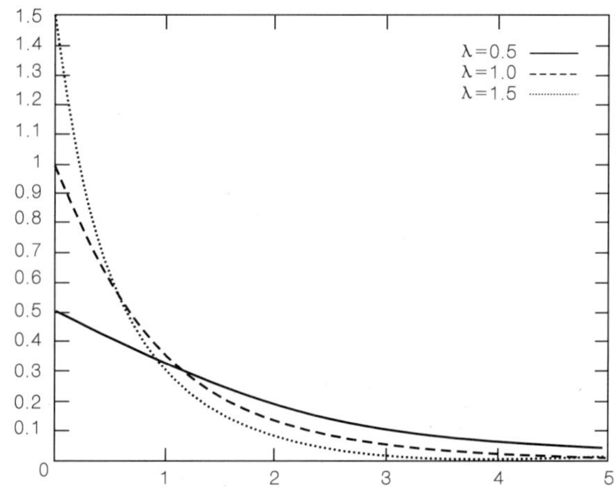

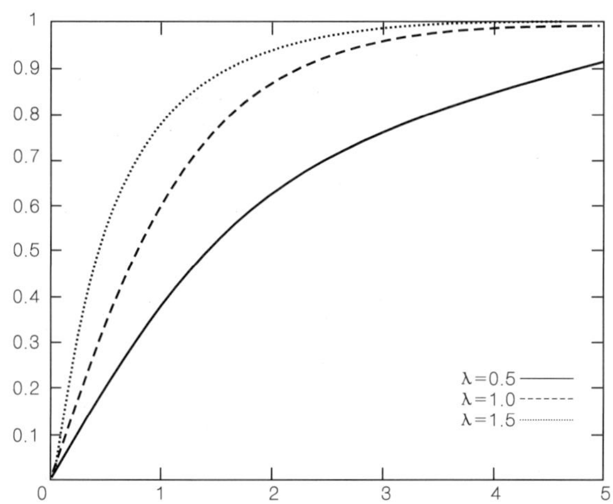

예제 4.29

- 어느 가정에서 구입한 D회사의 TV는 평균 10년 동안 고장이 없고, 고장 날 확률이 지수분포를 따른다. 이 TV가 20년 동안 고장이 없을 확률과 5년 이내에 고장이 날 확률을 구하라.

X를 고장날 때까지의 확률변수이고 평균이 10인 지수분포는 다음과 같다.

$$f(x) = \frac{1}{10} \quad e^{-x/10}$$

따라서 구하는 확률은 다음과 같다.

$$P(X \geq 20) = \int_{20}^{\infty} f(x)\,dx = \int_{20}^{\infty} \frac{1}{10} e^{-1/10\,x} dx = [-e^{-1/10\,x}]_{20}^{\infty} = e^{-2}$$

$$P(X \leq 5) = \int_{0}^{5} f(x)dx = \int_{0}^{5} \frac{1}{10} e^{-1/10\,x} dx = [-e^{-1/10\,x}]_{0}^{5} = 1 - e^{-1/2}$$

예제 4.30

- C 은행에서 고객이 도착하여 서비스를 받기까지 기다리는 시간은 평균 30분이며 지수분포를 따른다고 한다. 어떤 고객이 서비스를 받기까지 40분 이상 기다릴 확률과 이 고객이 기다릴 평균시간과 분산을 구하라.

X를 고객이 서비스 받을 때까지의 기다리는 시간이라고 하면 평균이 30분인 지수분포는 다음과 같다.

$$f(x) = \frac{1}{30} \quad e^{-x/30}$$

따라서 구하는 확률은 다음과 같다.

$$P(X > 40) = \int_{40}^{\infty} f(x)\,dx = \int_{40}^{\infty} \frac{1}{30} e^{-1/30\,x} dx = e^{-4/3}$$

$$E(X) = \beta = 30 \quad , V(X) = \beta^2 = 900$$

4 확률분포의 근사관계

4.1 초기하분포의 이항분포 근사

초기하분포는 모집단의 N이 크고, $\frac{n}{N} \leq 0.1$인 경우 이항분포로 근사한다.

$$P(X \leq c) = \sum_{x=0}^{c} \frac{\binom{Np}{x}\binom{N-Np}{n-x}}{\binom{N}{n}}$$

$$\approx \sum_{x=0}^{c} \binom{n}{x} p^x (1-p)^{n-x}$$

예제 4.31

- 100개의 제품으로 구성된 로트에 불량품이 20개 들어 있다. 5개의 제품을 임의로 뽑았을 때, 그 중 불량품이 1개 이하 들어 있을 확률을 초기하분포와 근사적으로 접근된 이항분포로 각각 구하라. 각각의 확률값을 계산하여 그래프를 그리고 비교 설명하라.

X를 5개 중 불량품의 개수라 할 때 초기하분포로 정확한 계산을 하면

$$P(X \leq 1) = \frac{\binom{20}{0} \cdot \binom{80}{5}}{\binom{100}{5}} + \frac{\binom{20}{1} \cdot \binom{80}{4}}{\binom{100}{5}} = 0.7395$$

근사적인 이항분포로 간주되었을 때의 확률 계산은

$$P(X \leq 1) = \binom{5}{0} 0.2^0\, 0.8^5 + \binom{5}{1} 0.2^1\, 0.8^4 = 0.7373$$

근사적으로 접근된 이항분포의 확률값은 초기하분포의 확률값에 매우 근사함을 알 수 있다.

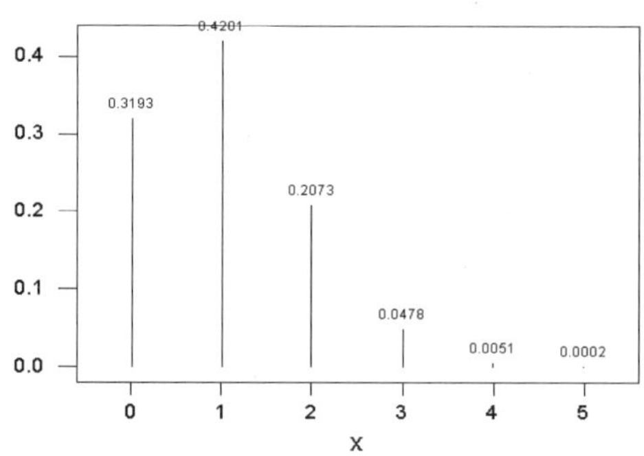

〔초기하분포 그래프〕

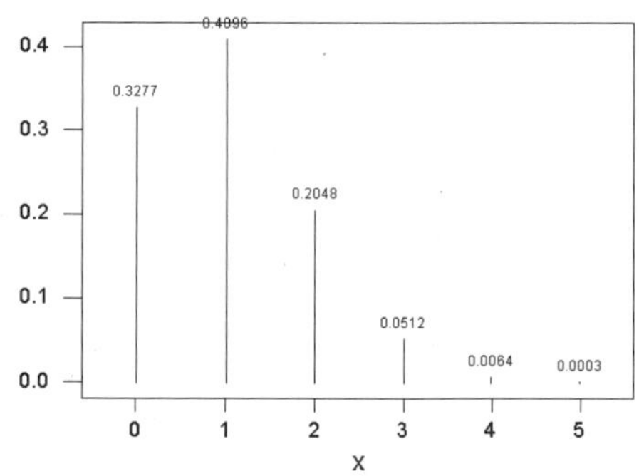

〔근사적인 이항분포 그래프〕

정확한 초기하분포의 확률 그래프와 근사적으로 접근된 이항분포의 확률 그래프는 매우 유사함을 알 수 있다.

4.2 이항분포의 포아송분포 근사

포아송분포는 이항분포의 극한으로부터 얻을 수 있다. 이항분포에서 $m=np$을 일정하게 유지하면서 $n\to\infty$, $p\to 0$로 하면 근사 포아송분포를 계산할 수 있다.

$$P(X=x)=\binom{n}{x}p^x(1-p)^{n-x}\approx\frac{e^{-m}\,m^x}{x!}$$

예제 4.32

- 어떤 부품을 만드는 공장이 있다. 이 공장에서 생산되는 부품은 종전에 불량률이 4%이었다. 이 공장에서 생산되는 부품 200개 중 불량 부품이 10개 이하일 확률은 얼마인가 계산하라.

부품 200개 중에서 불량품의 개수를 X라 하면 확률변수 $X\sim B(200,\,0.04)$이다. 따라서 불량 부품이 10개 이하일 확률은 다음과 같다.

$$P(X\le 10)=\sum_{x=0}^{10}\binom{200}{x}0.04^x(1-0.04)^{10-x}$$

위 식의 값을 계산하기 위하여 부록의 이항분포통계표를 찾으면 그 값이 수록되어 있지 않다. 이런 경우에 포아송분포의 근사값을 이용하여 계산한다. $np=8$이므로 X는 근사적으로 평균 $m=8$인 포아송분포를 따른다. 따라서 계산하고자 하는 확률은 다음과 같이 계산된다.

$$P(X\le 10)=\sum_{x=0}^{10}\frac{e^{-8}\,8^x}{x!}=0.816$$

그러나 평균이 5보다 크기 때문에 정규화하여 계산하는 것이 더 효율적이다.

예제 4.33

- 이항분포 $B(20,\ 0.1)$와 포아송분포 $P(2)$의 각각의 그래프를 그리고 비교 설명하라.

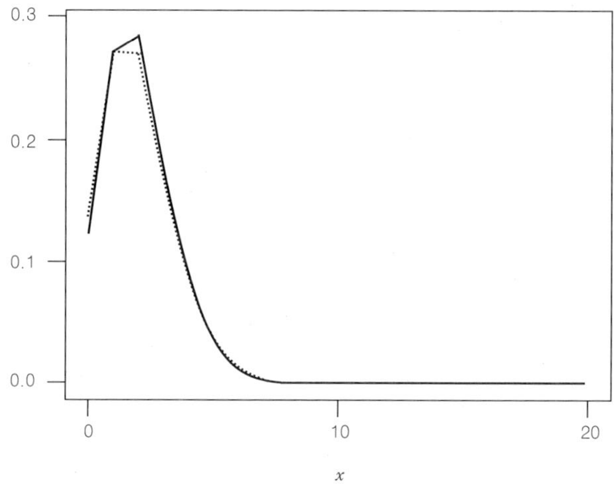

[해석] 위 그래프에서는 이항분포 $B(20, 0.1)$은 포아송분포 $P(2)$에 매우 근사되어 있음을 알 수 있다. 위 그래프는 그래프의 구분을 위해 편의상 연속형으로 표현했다.

4.3 이항분포의 정규분포 근사

이항분포 $B(n, p)$에서 n이 크고 p가 아주 작지 않을 때 즉, $np>5$이거나 $n(1-p)>5$을 만족할만큼 n이 충분히 클 때 이항분포는 정규분포에 근사함이 알려져 있다. 따라서 n이 충분히 클 때 이항분포확률의 계산은 이항분포의 평균과 분산이 각각 $\mu = np$, $\sigma^2 = np(1-p)$이므로 정규분포 $N(np, np(1-p))$로 근사시켜 다음과 같이 계산하게 된다. a, b가 정수일 때

$$P(a \le X \le b) = P\left(\frac{a-np}{\sqrt{np(1-p)}} \le \frac{X-np}{\sqrt{np(1-p)}} \le \frac{b-np}{\sqrt{np(1-p)}} \right)$$
$$= P\left(\frac{a-np}{\sqrt{np(1-p)}} \le Z \le \frac{b-np}{\sqrt{np(1-p)}} \right)$$
$$= P\left(Z \le \frac{b-np}{\sqrt{np(1-p)}} \right) - P\left(Z \le \frac{a-np}{\sqrt{np(1-p)}} \right)$$

예제 4.34

- 어떤 부품을 만드는 공장이 있다. 이 공장에서 생산되는 부품은 종전에 불량률이 4% 이었다. 이 공장에서 생산되는 부품 200개 중 불량 부품이 10개 이하일 확률은 얼마인가.

부품 200개 중에서 불량품의 개수를 X라 하면 확률변수 $X \sim B(200, 0.04)$이다. 그런데 $np = 200 \times 0.04 = 8 > 5$, $n(1-p) = 200 \times (1\text{-}005) = 192 > 5$로 근사적으로 정규분포에 적합하다고 볼 수 있고 $n = 200$으로 매우 크고, $p = 0.04$로 작아 근사적으로 포아송분포를 따른다고 볼 수도 있다. 따라서 불량 부품이 10개 이하일 확률은

$$P(X \le 10) \approx P\left(\frac{X-np}{\sqrt{np(1-p)}} \le \frac{10-np}{\sqrt{np(1-p)}} \right)$$
$$= P\left(Z \le \frac{10-200\times 0.04}{\sqrt{200\times 0.04 \times (1-0.04)}} \right) = P(Z \le 0.7217) = 0.7642$$

따른다고 볼 수도 있다.

4. 차트마법사 1단계에서 세로막대형을 선택하고 [다음(N)]을 클릭한다.

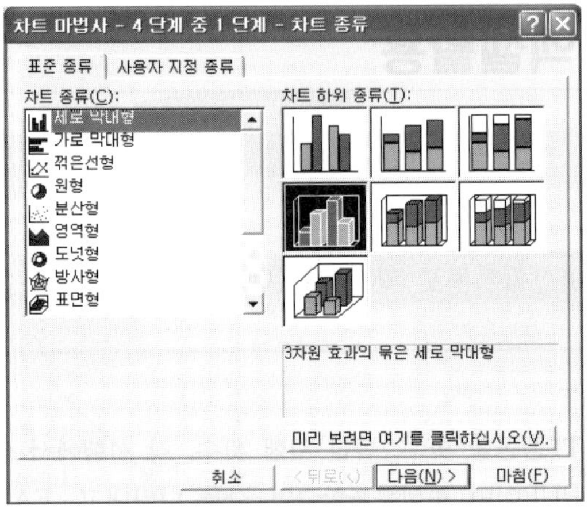

5. 차트마법사 2단계에서 [계열] 옵션을 선택하고 [다음(N)]을 클릭한다.

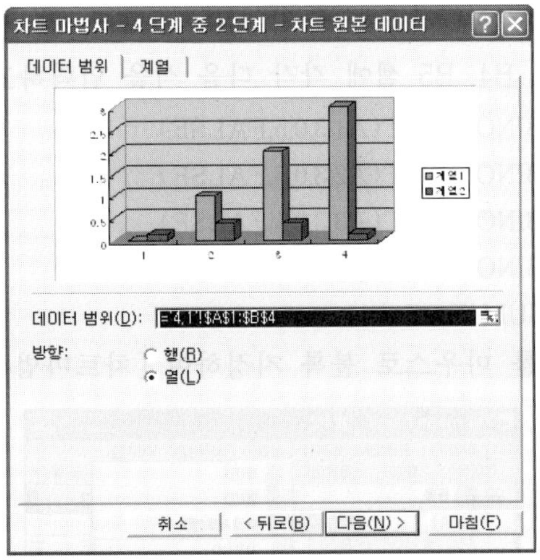

6. [계열(S)]항목에 "계열1"을 선택하고 [제거] 단추를 클릭하여 삭제한다.

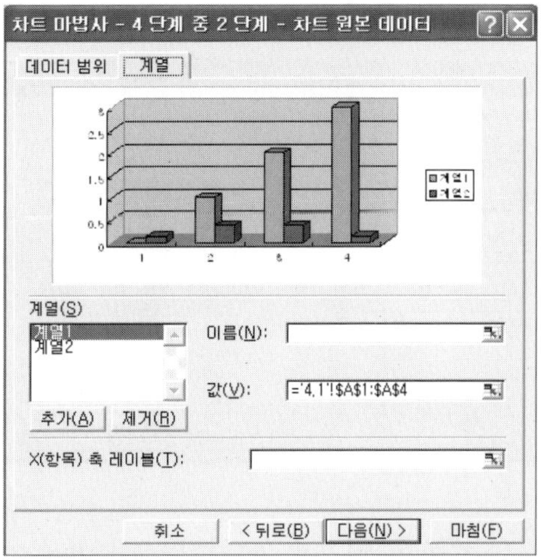

7. [X(항목) 축 레이블(T)]항 우측에 있는 [아이콘]를 클릭하고 A1에서 A4를 마우스로 블록 지정하고 [다음(N)]을 클릭한다.

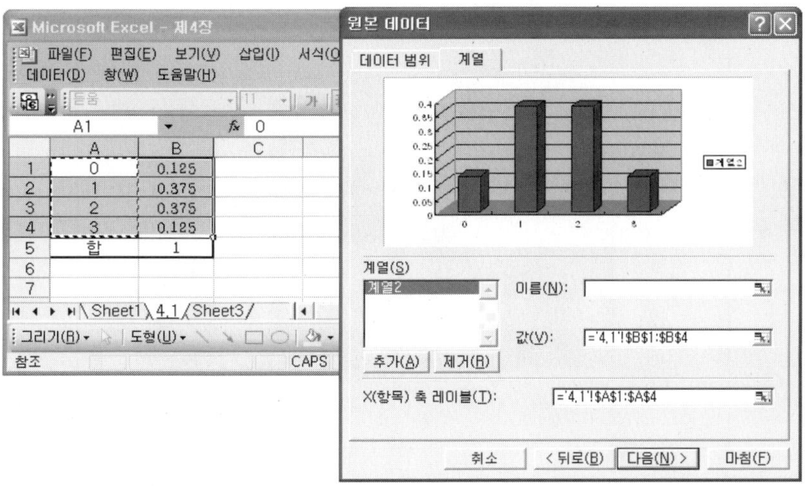

8. 차트마법사 3단계에서 [차트제목(T)]에 "이산확률분포", X(항목) 축(C)에 "x"를, Z(값) 축(V)에 "p(x)"를 기입한다.

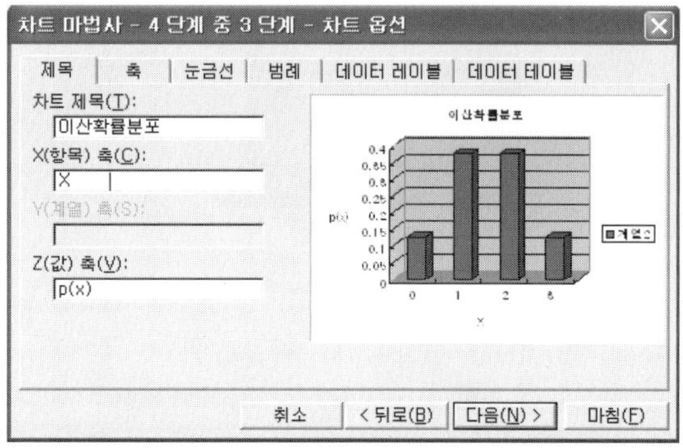

9. [마침(F)]를 클릭하면 다음과 같은 결과화면이 나타난다.

[결과]

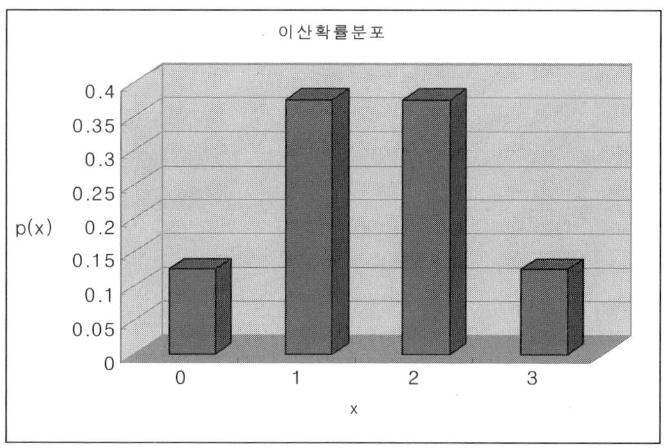

실습: 이산확률분포 확률계산(예제 4.2)

- HYPGEOMDIST

— HYPGEOMDIST(표본에서의 성공도수, 표본크기, 모집단에서의 성공도수, 모집단의 크기)

— HYPGEOMDIST 함수는 유한 모집단에서 표본이 비복원으로 추출될 때 사용된다.

1. A1, A2, A3, A4, A5에 각각 0, 1, 2, 3 합을 입력한다.
2. B1, B2, B3, B4, B5 셀에 각각 다음과 같이 입력하고 Enter↵ 키를 누른다.

   =HYPGEOMDIST(A1,5,3,8)
   =HYPGEOMDIST(A2,5,3,8)
   =HYPGEOMDIST(A3,5,3,8)
   =HYPGEOMDIST(A4,5,3,8)
   =SUM(B1:B4)

3. A1에서 B4를 마우스로 블록 지정하여 [차트마법사]를 클릭하고 차트마법사 1단계에서 세로막대형을 선택하고 [다음(N)]을 클릭한다.

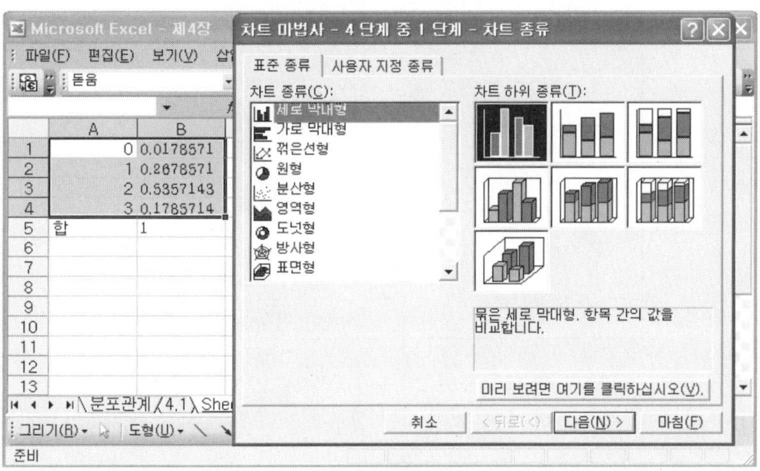

4. [계열(S)]항목에 "계열1"을 선택하고 [제거] 단추를 클릭하여 삭제하고 [X(항목) 축 레이블(T)]항 우측에 있는 [버튼]를 클릭하고 A1에서 A4를 마우스로 블록 지정하고 [다음(N)]을 클릭한다.

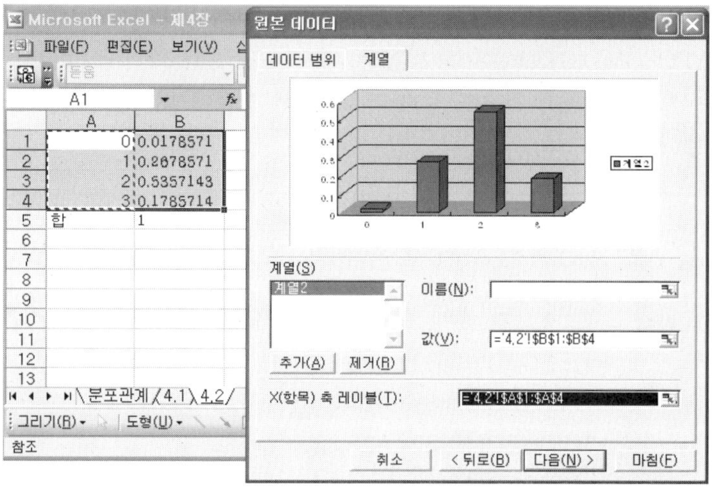

5. 차트마법사 3단계에서 차트제목(T)에 "이산확률분포", X(항목) 축(C)에 "x"를 , Z(값) 축(V)에 "p(x)"를 기입한다.

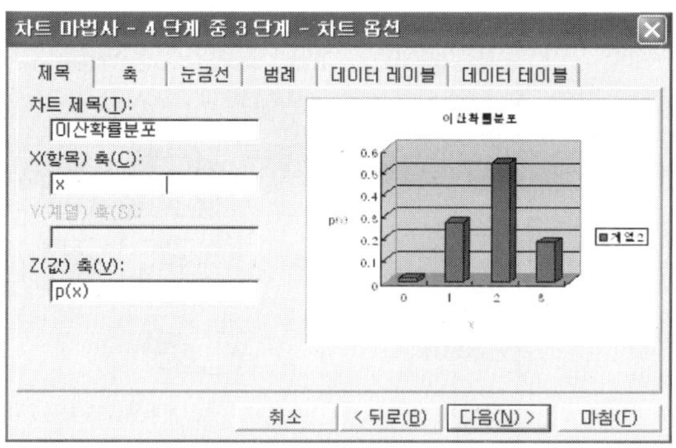

6. [마침(F)]를 클릭하면 다음과 같은 결과화면이 나타난다.

[결과]

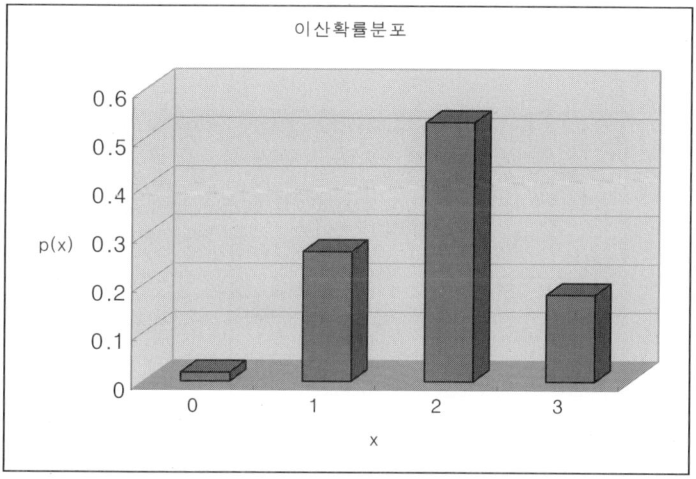

실습: 기대값 계산(예제 4.6)

1. 데이터를 B2셀에서부터 D7셀까지 입력한다. 우측 E2 셀에 "확률"이라고 입력하고, C8셀에 "=SUM(C3:C7)"을 입력하고 Enter 키를 눌러 합을 계산하고 E3셀에 "=C3/$C$8"을 입력하고 Enter 키를 누른다.

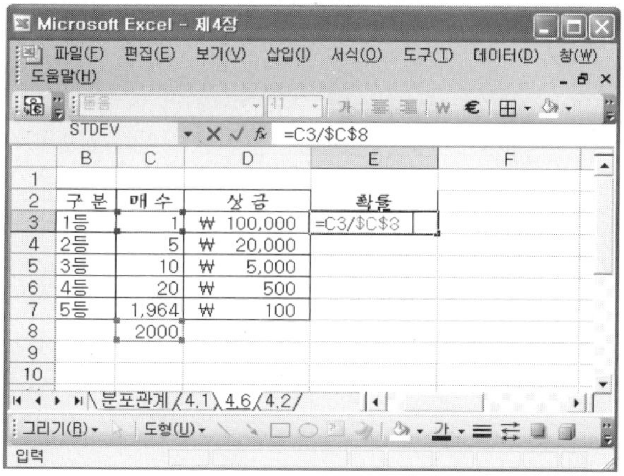

2. 자동 채우기 명령을 사용하기 위하여 E3셀을 클릭하고 우측 맨 아래 있는 지점을 마우스를 올려놓으면 +기호가 나타난다. 이 상태에서 아래로 드러깅 한다.

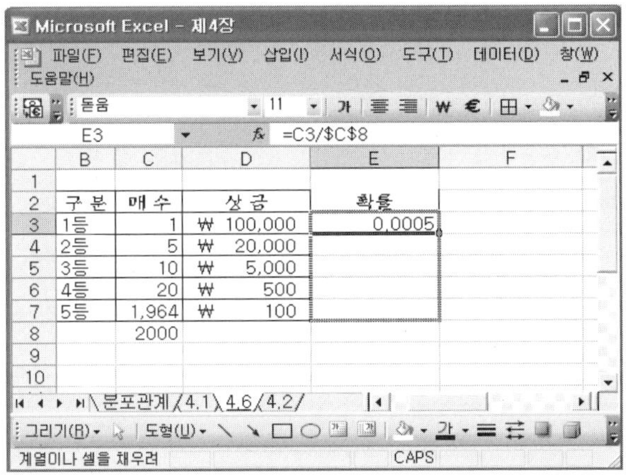

3. 우측 F2 셀에 "확률 * 상금"이라고 입력하고 F3 셀에 "=D3 * E3"을 입력하고 Enter↵ 키를 누르고 자동채우기를 이용하면 나머지 셀도 계산된다.

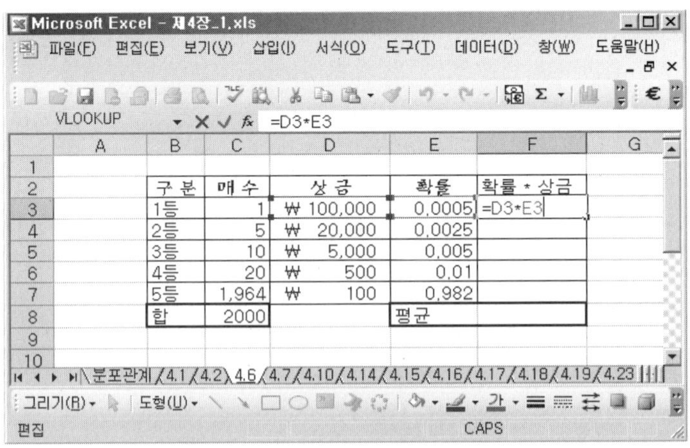

4. 평균값을 계산하기 위하여 F8 셀에 “=SUM(F3:F7)” 입력하고 Enter↵ 키를 누르면 된다.

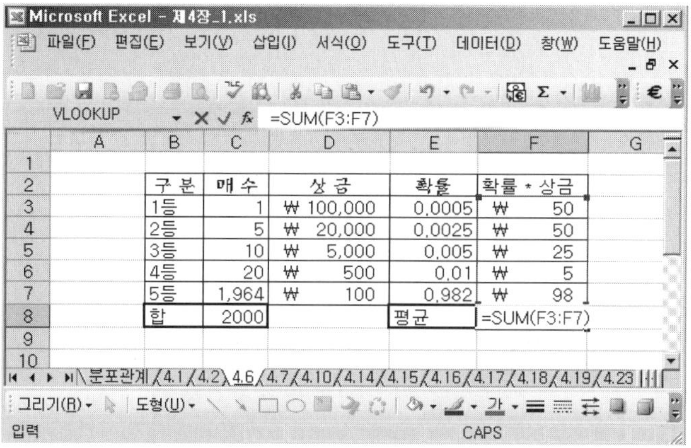

5. 다음과 같은 결과화면이 나타난다.

실습: 기대값 계산(예제 4.7)

1. A1, A2, A3, A4, A4 셀에 각각 0, 1, 2, 3, 합을 입력한다.

2. B1, B2, B3, B4, B5 셀에 각각 다음과 같이 입력하고 Enter↵ 키를 누른다.

```
=BINOMDIST(A1,3,0.5,FALSE)
=BINOMDIST(A2,3,0.5,FALSE)
=BINOMDIST(A3,3,0.5,FALSE)
=BINOMDIST(A4,3,0.5,FALSE)
=SUM(B1:B4)
```

3. C1에 “=A1*B1” 을 입력하여 Enter↵ 키를 누르고 자동 채우기를 이용하기 위하여 C1 셀을 클릭하고 우측 맨 아래 있는 지점을 마우스를 올려놓으면 +기호가 나타난다. 이 상태에서 C4 셀까지 아래로 드러깅 한다.

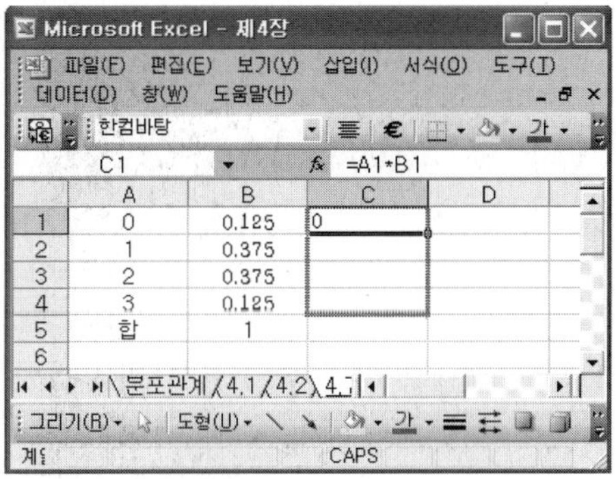

4. C5에 "=SUM(C1:C4)"을 입력하고 Enter↵ 키를 누르면 기대값이 계산된다.

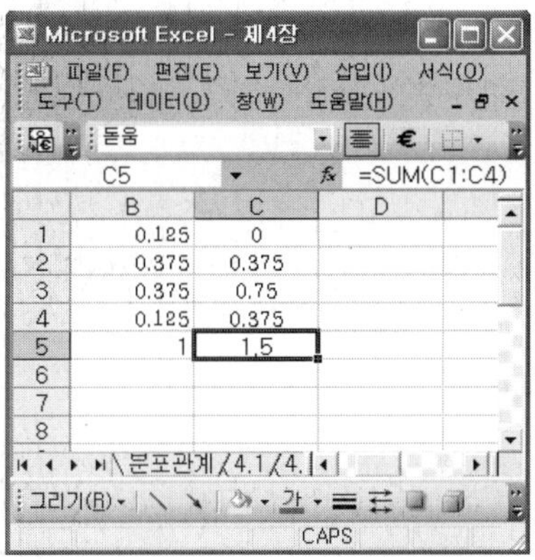

5. 분산을 계산하기 위하여 D1에 "= A1*A1*B1"을 입력하여 Enter↵ 키를 누르고 자동 채우기를 이용하기 위하여 D1 셀을 클릭하고 우측 맨 아래 있는 지점을 마우스를 올려놓으면 +기호가 나타난다. 이 상태에서 D4 셀까지 아래로 드러깅 한다.

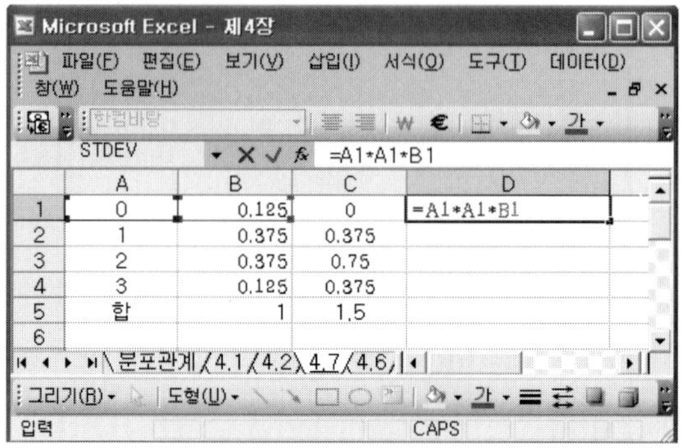

6. D5에 "=SUM(D1:D4)-1.5*1.5"을 입력하고 Enter↵ 키를 누르면 분산이 계산된다.

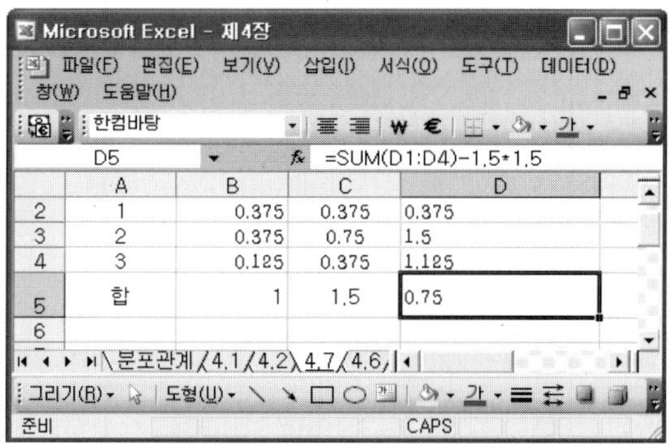

실습: 분포함수계산(예제 4.10)

1. A1, A2, A3, A4에 각각 0, 1, 2, 3을 입력하고, B1, B2, B3, B4에 각각 다음과 같이 입력하고 Enter↵ 키를 누른다.

=BINOMDIST(A1,3,0.5,TRUE)

=BINOMDIST(A2,3,0.5,TRUE)

=BINOMDIST(A3,3,0.5,TRUE)

=BINOMDIST(A4,3,0.5,TRUE)

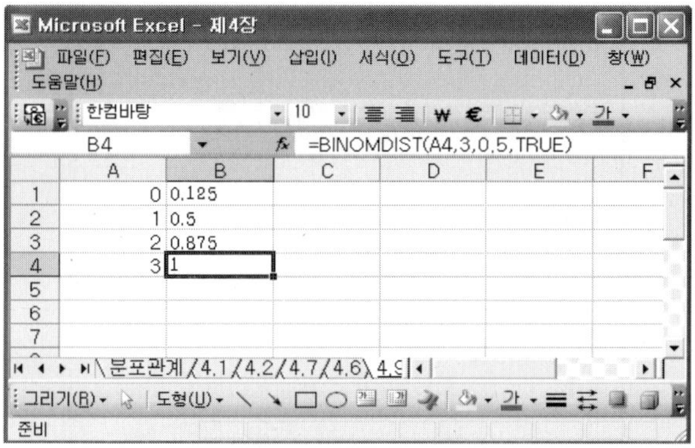

2. A1에서 B4를 마우스로 블록 지정하여 차트마법사를 클릭한다.

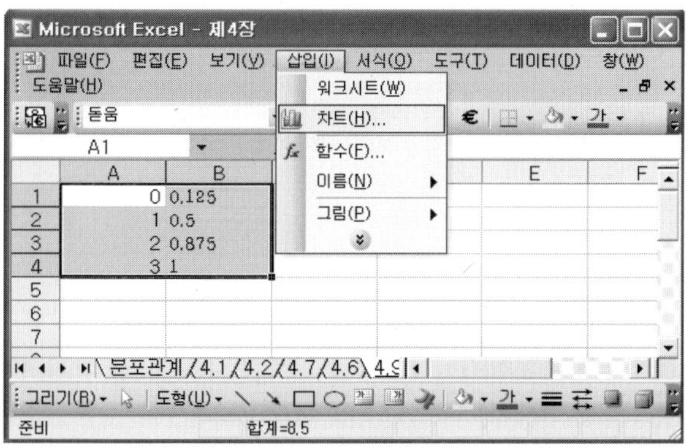

3. 차트마법사 1단계에서 세로막대형을 선택하고 [다음(N)]을 클릭하여 나타난 차트마법사 2단계에서 [계열] 옵션을 활성화하여 계열1 항목을 [제거(R)]단추를 사용하여 제거하고 [X(항목)축 레이블(T)] 왼쪽에 위치한 을 선택한 후 A1에서 A4까지 블록 지정하여 x축을 지정한 [다음(N)]을 클릭한다.

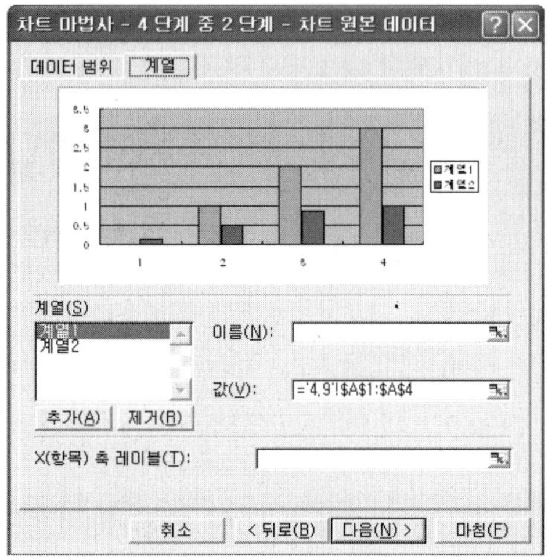

4. 차트마법사 3단계에서 차트제목에 "분포함수" X(항목) 축(C)에 "x"를 Y(값) 축(V)에 "F(x)"를 기입하고 [다음(N)]을 클릭한다.

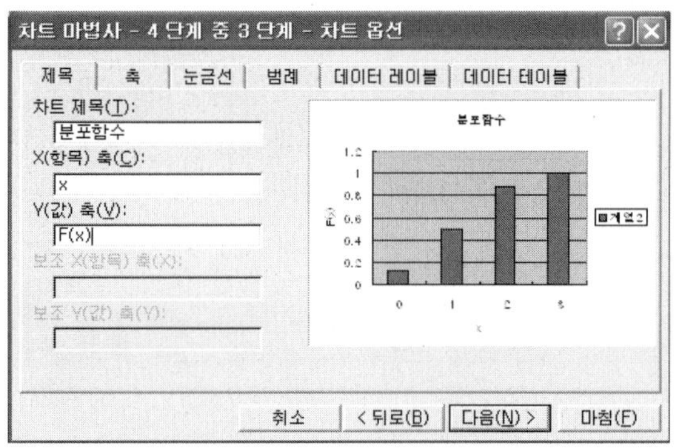

5. [마침(F)]을 클릭하면 다음과 같은 결과 화면이 나타난다.

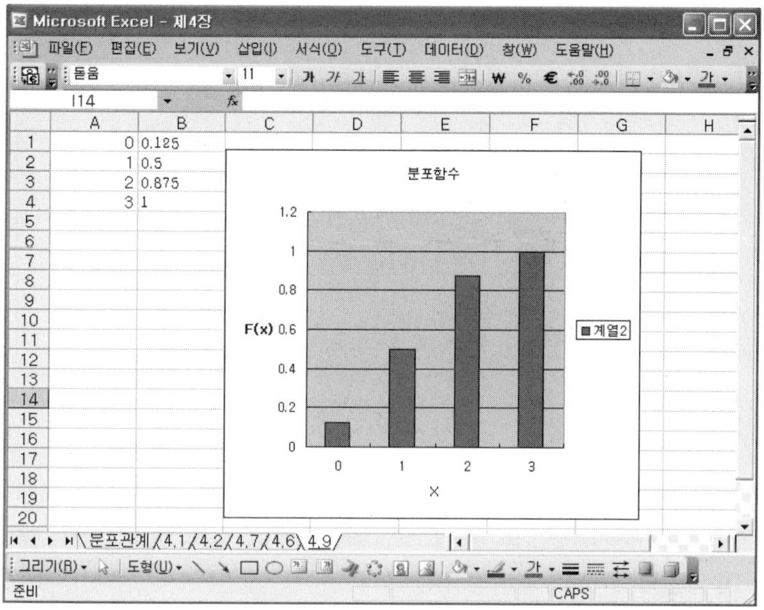

실습: 이항 분포 확률 계산(예제 4.14)

1. C6, C7에 각각 3, 4를 입력하고 E6, E7에 각각 다음과 같이 입력하고 Enter↵ 키를 누른다.

=BINOMDIST(C6,10,0.3,FALSE)
=BINOMDIST(C7,10,0.3,TRUE)

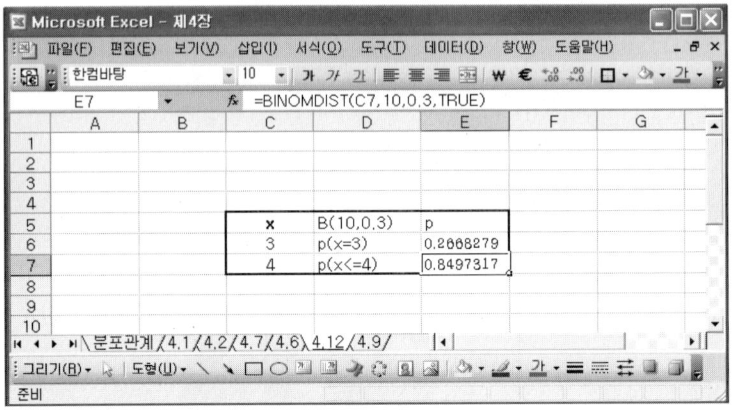

2. 확률분포표와 그래프를 그리기 위하여 자동채우기 명령을 사용하기 위하여 F2와 F3 셀에 "0"과 "1"을 입력하여 블록지정하고 우측 맨아래 있는 지점을 마우스를 올려놓으면 +기호가 나타난다. 이 상태에서 10이 될 때까지 아래로 드러깅 한다.

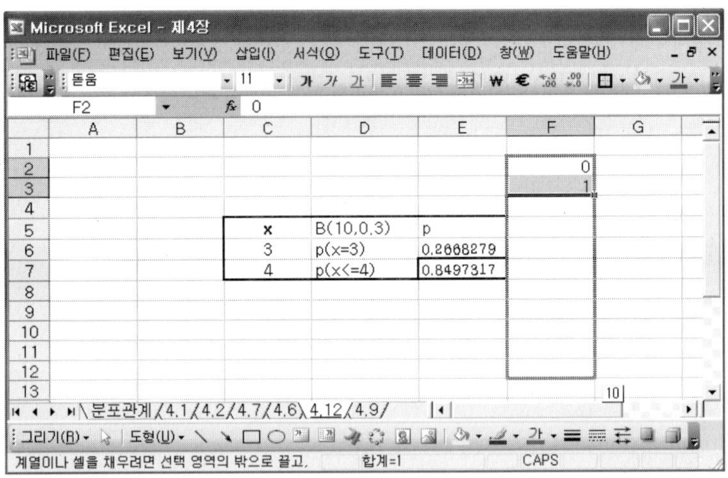

3. G2 셀에 "=BINOMDIST(F2,10,0.3,FALSE)"을 입력하고 우측 맨 아래 있는 지점을 마우스를 올려놓으면 +기호가 나타난다. 이 상태에서

아래로 드러깅 한다.

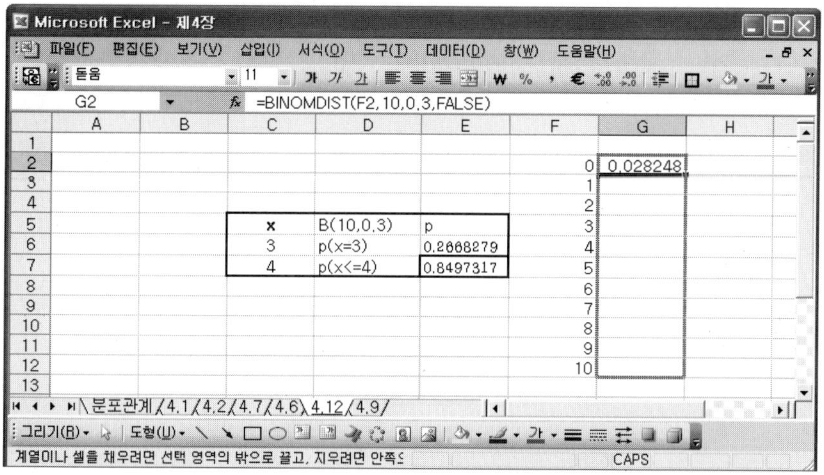

4. G13에 "=SUM(G2:G12)"을 입력하여 확률의 합이 "1"이 됨을 확인한다.

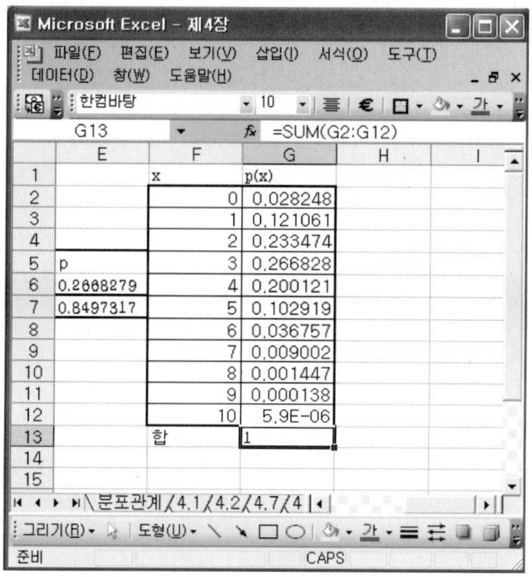

5. F2에서 G12를 마우스로 블록 지정하여 차트마법사를 클릭하고 차트마법

사 1단계에서 세로막대형을 선택하고 [다음(N)]을 클릭하여 나타난 차트마법사 2단계에서 [계열] 옵션을 활성화하여 계열 1항목을 [제거(R)] 단추를 사용하여 제거하고 [X(항목)축 레이블(T)] 왼쪽에 위치한 을 선택한 후, F2에서 F12까지 블록 지정하여 x축을 지정한 후 [다음(N)]을 클릭한다.

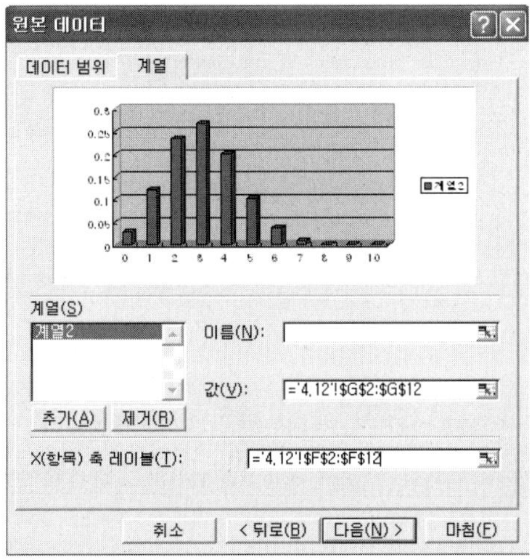

6. 차트마법사 3단계에서 차트제목에 "이항분포" X(항목) 축(C)에 "x"를 기입하고 [마침(F)]을 클릭한다.

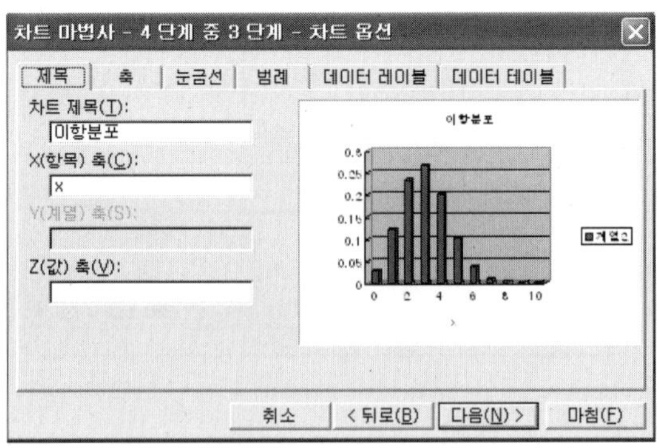

7. 다음과 같은 결과 화면이 나타난다.

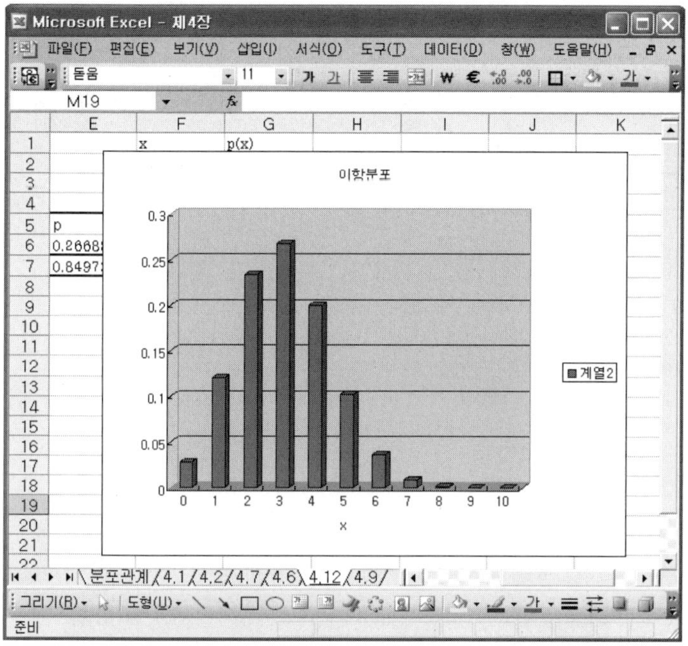

실습: 이항 분포 확률 계산(예제 4.15)

1. B2와 B3에 각각 "3", "1"을 기입하고 E2와 E3에

"= BINOMDIST(B2,10,0.3,FALSE)"와 "= BINOMDIST(B3,10,0.3,TRUE)"

입력하고 Enter↵ 키를 누르고 또, E4에 "=10*0.2"를 E5에 "=10*0.2*0.8" 입력하고 Enter↵ 키를 누르면 된다.

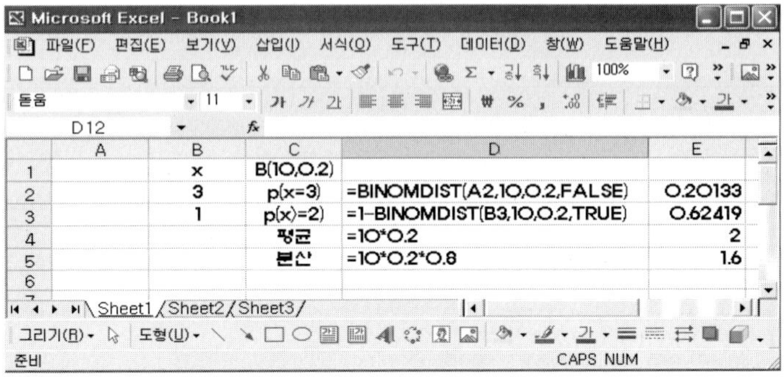

실습: 이항 분포 그래프 비교(예제 4.16)

1. B3와 B4에 각각 "0", "1"을 기입하고, 자동 채우기를 이용하기 위하여 B3와 B4를 클릭하고, 우측 맨 아래 있는 지점을 마우스를 올려놓으면 +기호가 나타난다. 이 상태에서 B23 셀까지 아래로 드러깅 한다.

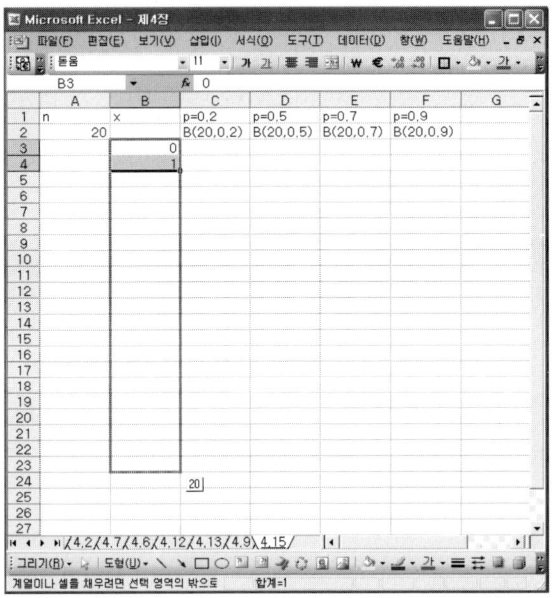

2. C3에 "=BINOMDIST(B3,20,0.2,FALSE)"을 입력하여 아래에 있는 셀 C23까지 드러깅 한다.

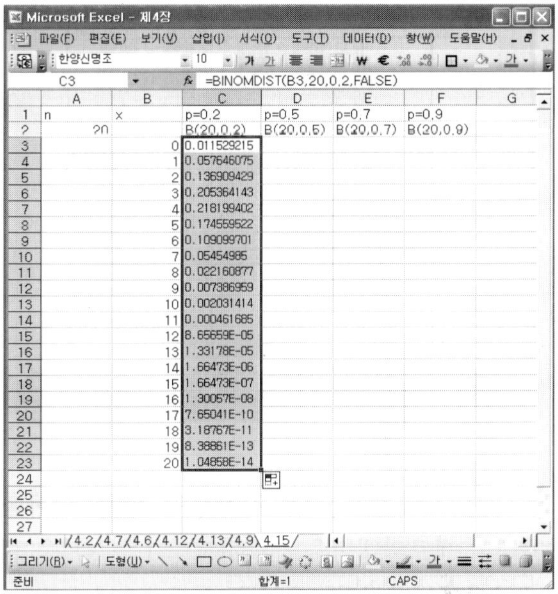
Microsoft Excel - 제4장

C3 =BINOMDIST(B3,20,0.2,FALSE)

	A	B	C	D	E	F	G
1	n	x	p=0.2	p=0.5	p=0.7	p=0.9	
2	20		B(20,0.2)	B(20,0.5)	B(20,0.7)	B(20,0.9)	
3		0	0.011529215				
4		1	0.057646075				
5		2	0.136909429				
6		3	0.205364143				
7		4	0.218199402				
8		5	0.174559522				
9		6	0.109099701				
10		7	0.05454985				
11		8	0.022160877				
12		9	0.007386959				
13		10	0.002031414				
14		11	0.000461685				
15		12	8.65659E-05				
16		13	1.33178E-05				
17		14	1.66473E-06				
18		15	1.66473E-07				
19		16	1.30057E-08				
20		17	7.65041E-10				
21		18	3.18767E-11				
22		19	8.38861E-13				
23		20	1.04858E-14				
24							
25							
26							
27							

4.2 4.7 4.6 4.12 4.13 4.9 4.15

준비 합계=1 CAPS

3. 유사한 방법으로 D3, E3, F3에 각각 다음과 같이 입력하고 드러깅하여 값을 계산한다.

=BINOMDIST(B3,20,0.5,FALSE)

=BINOMDIST(B3,20,0.7,FALSE)

=BINOMDIST(B3,20,0.9,FALSE)

5. 다음과 같은 결과 화면이 나타난다.

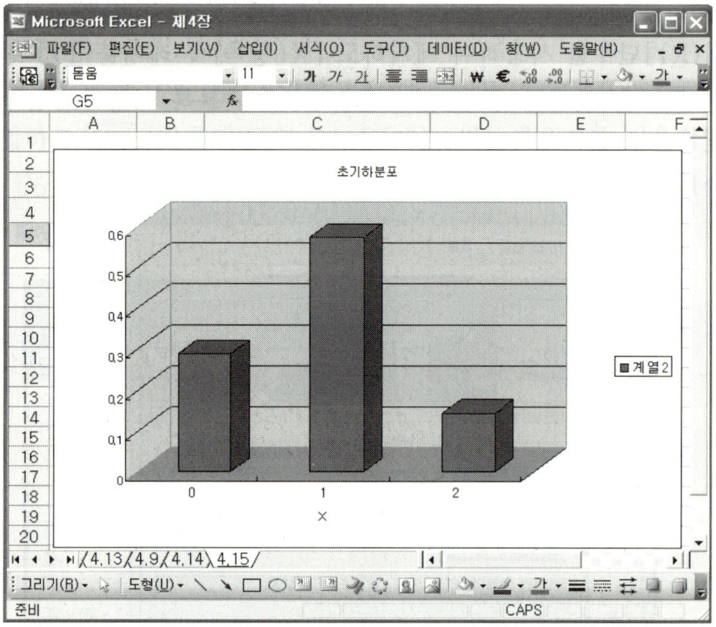

실습: 포아송 분포 확률 계산(예제 4.18)

- POISSON
  - POISSON(사건의 수, 기대값., 논리값)
  - 논리값이 TRUE이면 발생한 임의의 사건수가 0에서 x 사이에 있는 누적포아송확률분포함수를 얻게 되고, FALSE이면 사건 발생수가 정확히 x개인 포아송확률밀도함수를 구한다. 예를 들면 포아송분포를 사용하여 30분간 S병원에 등록하는 환자의 수를 알아보는 것처럼 지정 시간에 일어나는 사건을 예측할 수 있다.

1. B6, B7에 각각 "4", "3"을 입력하고 D6, D7에 각각 다음과 같이 입력하고 Enter↵ 키를 누른다.

=POISSON(B6,3,FALSE)

=POISSON(B7,3,TRUE)

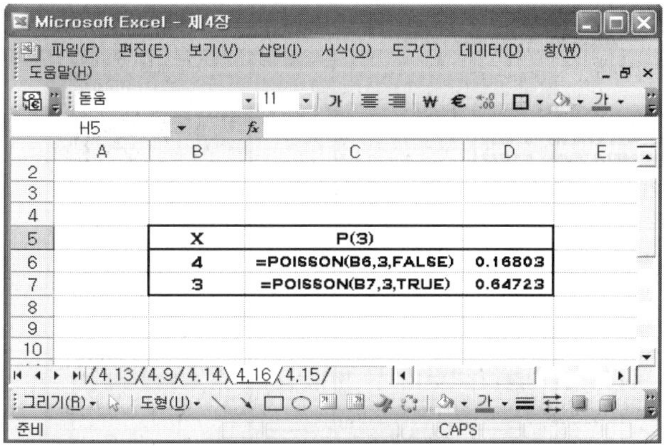

2. 확률분포표와 그래프를 그리기 위하여 자동채우기 명령을 사용하기 위하여 F2와 F3 셀에 "0"과 "1"을 입력하여 블록 지정하고 우측 맨 아래 있는 지점을 마우스를 올려놓으면 +기호가 나타난다. 이 상태에서 21이 될 때까지 아래로 드러깅 한다.

7. 다음과 같은 결과 화면이 나타난다.

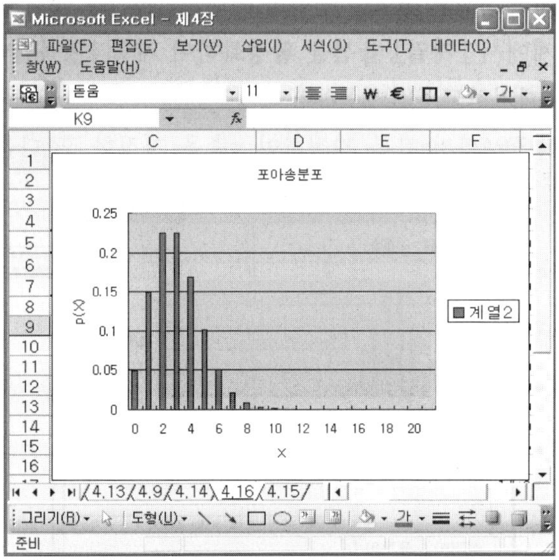

실습: 포아송 그래프 비교(예제 4.19)

1. B3와 B4에 각각 “0”, “1”을 기입하고 자동 채우기를 이용하기 위하여 B3와 B4를 클릭하고 우측 맨 아래 있는 지점을 마우스를 올려놓으면 +기호가 나타난다. 이 상태에서 B23 셀까지 아래로 드러깅 한다.

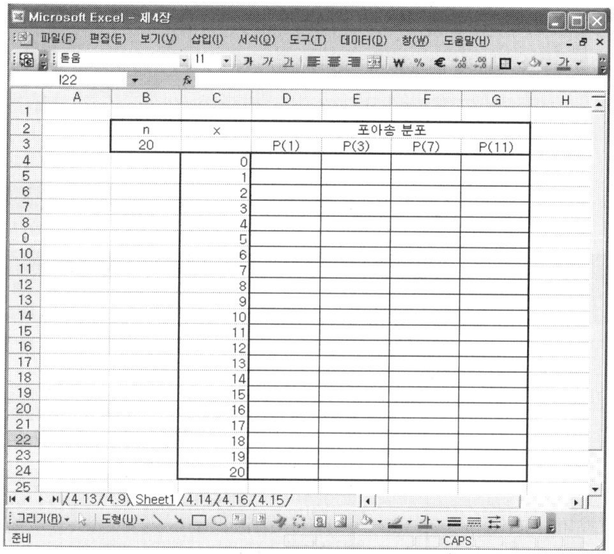

2. D4에 "=POISSON(C4,1,FALSE)"을 입력하고, 우측 맨 아래 있는 지점에 마우스를 올려놓으면 +기호가 나타난다. 이 상태에서 D24까지 아래로 드러깅하여 자동채우기를 시행한다.

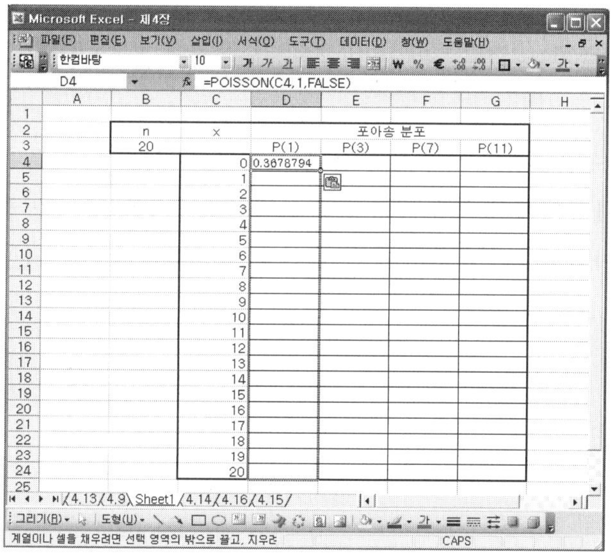

6. [마침(F)]을 클릭하면 다음과 같은 결과 화면이 나타난다.

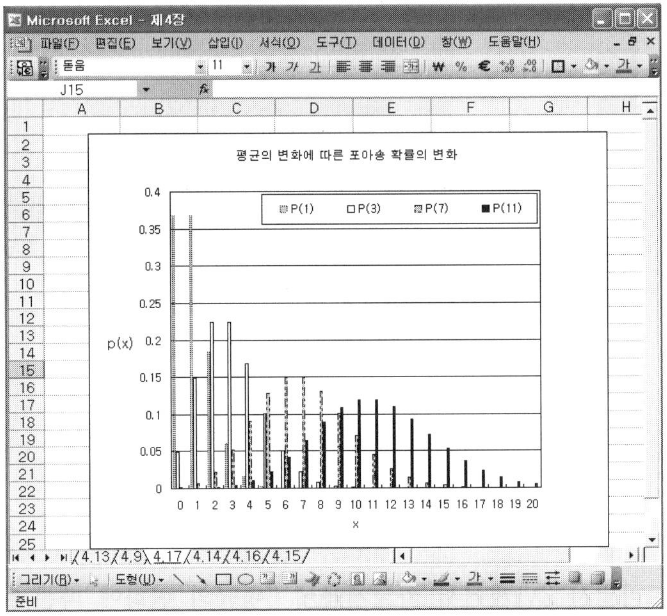

실습: 표준정규확률변수의 확률 계산(예제 4.23)

- 정규분포확률계산

— 정규분포의 확률 $p(X=x)$ $=NORMDIST\,(x, \mu, \sigma, False)$

— 정규분포의 누적확률 $p(X \le x)$ $=NORMDIST\,(x, \mu, \sigma, True)$

— 표준정규분포의 누적확률 $p(Z \le x)$ $=NORMSDIST\,(z)$

— 정규분포 $N(\mu, \sigma^2)$을 따르는 X에 대하여

$F(x) = p(X \le x) = p$ (누적확률인 0과 1 사이의 값)인 x의 값 $x = F^{-1}(p)$

$=NORMINV\,(p, \mu, \sigma)$

— 정규분포 $N(0, 1)$을 따르는 Z에 대하여

$F(x) = p(Z \le x) = p$ (누적확률인 0과 1 사이의 값)인 x의 값 $x = F^{-1}(p)$

$=NORMSINV\,(p)$

D열에 다음과 같이 명령문을 입력한다.

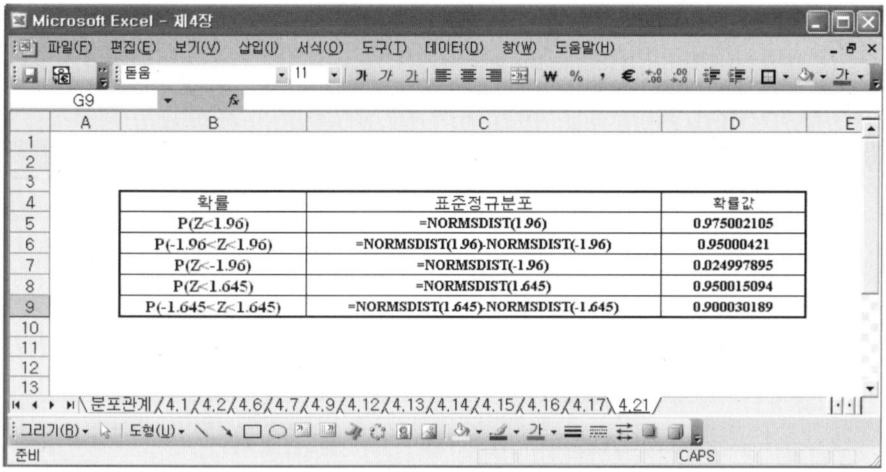

확률	표준정규분포	확률값
P(Z<1.96)	=NORMSDIST(1.96)	0.975002105
P(-1.96<Z<1.96)	=NORMSDIST(1.96)-NORMSDIST(-1.96)	0.95000421
P(Z<-1.96)	=NORMSDIST(-1.96)	0.024997895
P(Z<1.645)	=NORMSDIST(1.645)	0.950015094
P(-1.645<Z<1.645)	=NORMSDIST(1.645)-NORMSDIST(-1.645)	0.900030189

실습: 표준정규누적분포의 역함수 값 계산(예제 4.24)

F열에 다음과 같이 명령문을 입력한다.

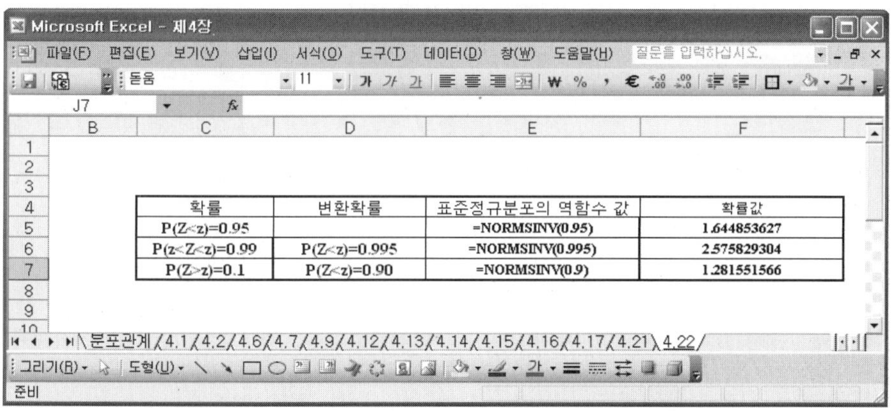

확률	변환확률	표준정규분포의 역함수 값	확률값
P(Z<z)=0.95		=NORMSINV(0.95)	1.644853627
P(z<Z<z)=0.99	P(Z<z)=0.995	=NORMSINV(0.995)	2.575829304
P(Z>z)=0.1	P(Z<z)=0.90	=NORMSINV(0.9)	1.281551566

실습: 정규확률변수의 확률 계산(예제 4.25)

1. E열에 다음과 같이 명령문을 입력한다.

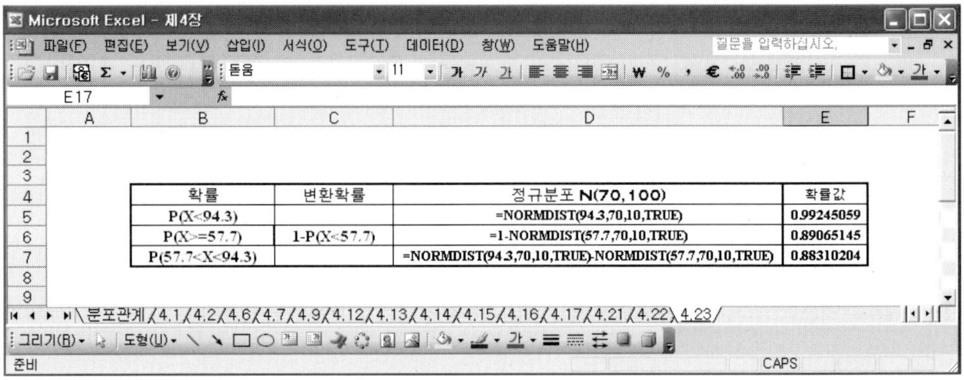

확률	변환확률	정규분포 N(70,100)	확률값
P(X<94.3)		=NORMDIST(94.3,70,10,TRUE)	0.99245059
P(X>=57.7)	1-P(X<57.7)	=1-NORMDIST(57.7,70,10,TRUE)	0.89065145
P(57.7<X<94.3)		=NORMDIST(94.3,70,10,TRUE)-NORMDIST(57.7,70,10,TRUE)	0.88310204

실습: 정규누적분포의 역함수 값 계산(예제 4.26)

1. E열에 다음과 같이 명령문을 입력한다.

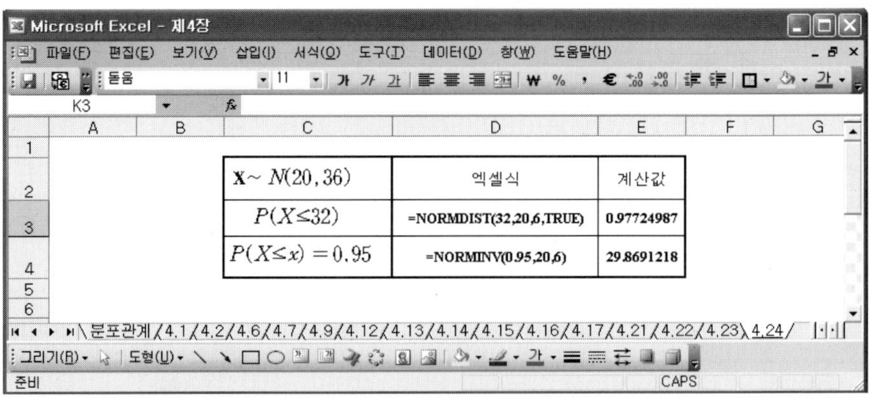

$X \sim N(20, 36)$	엑셀식	계산값
$P(X \leq 32)$	=NORMDIST(32,20,6,TRUE)	0.97724987
$P(X \leq x) = 0.95$	=NORMINV(0.95,20,6)	29.8691218

실습: 정규분포의 값 계산(예제 4.27)

1. 셀 B4, B5에 각각 다음과 같이 기입한다.

=NORMDIST(155,151,15,TRUE)-NORMDIST(120,151,15,TRUE)
=1-NORMDIST(185,151,15,TRUE)

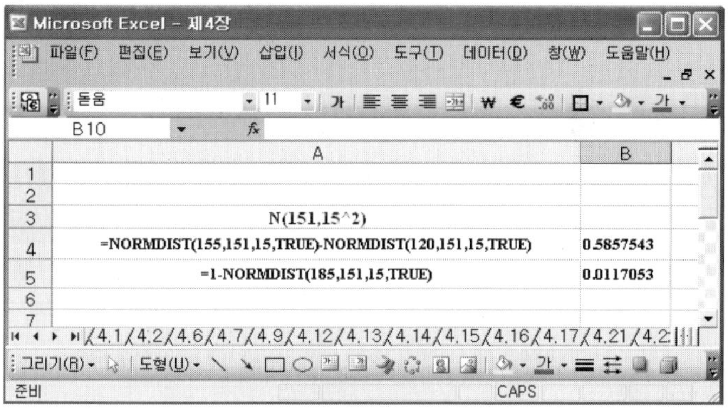

2. C4에 =B4*500을, C5에 =B5*500을 기입하고 Enter↵ 키를 누른다.

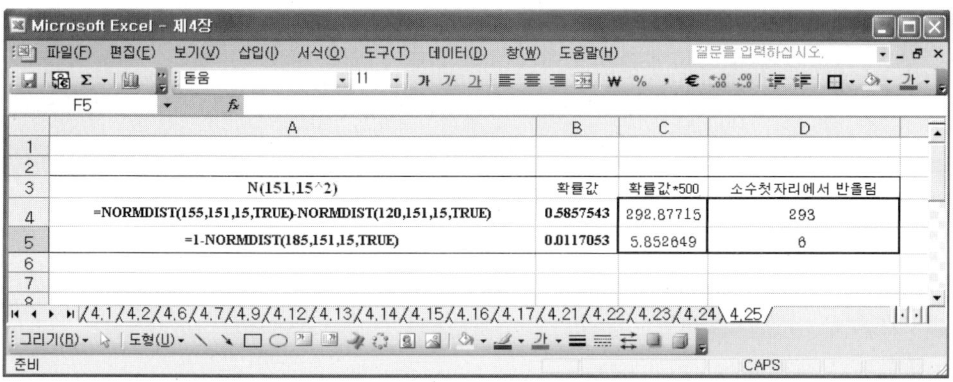

실습: 초기하 분포와 이항분포의 그래프 비교(예제 4.31)

1. B3, B4, B5 셀에 각각 "0", "1", 합을 기입하고 D3, D4, D5 셀에 "=HYPGEOMDIST(B3,5,20,100)", "=HYPGEOMDIST(B4,5,20,100)", "=SUM(C3:C4)" 기입하고 Enter↵ 키를 누른다.
유사한 방법으로 F3, F4, F5 셀에 "=BINOMDIST(B3,5,0.2,FALSE)", "=BINOMDIST(B4,5,0.2,FALSE)", "=SUM(E3:E4)" 기입하고 Enter↵ 키를 누른다.

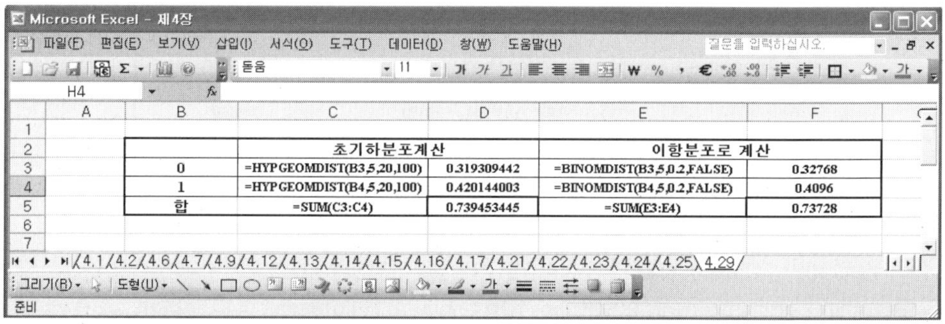

	초기하분포계산		이항분포로 계산	
0	=HYPGEOMDIST(B3,5,20,100)	0.319309442	=BINOMDIST(B3,5,0.2,FALSE)	0.32768
1	=HYPGEOMDIST(B4,5,20,100)	0.420144003	=BINOMDIST(B4,5,0.2,FALSE)	0.4096
합	=SUM(C3:C4)	0.739453445	=SUM(E3:E4)	0.73728

2. B9셀에서 B14셀까지 0에서부터 5까지 입력하고 D9셀과 F9셀에 각각 "=HYPGEOMDIST(B9,5,20,100)", "=BINOMDIST(B9,5,0.2,FALSE)" 기입하고 Enter↵ 키를 누른다. 또 자동채우기 기능을 이용하여 다음과 같이 계산한다.

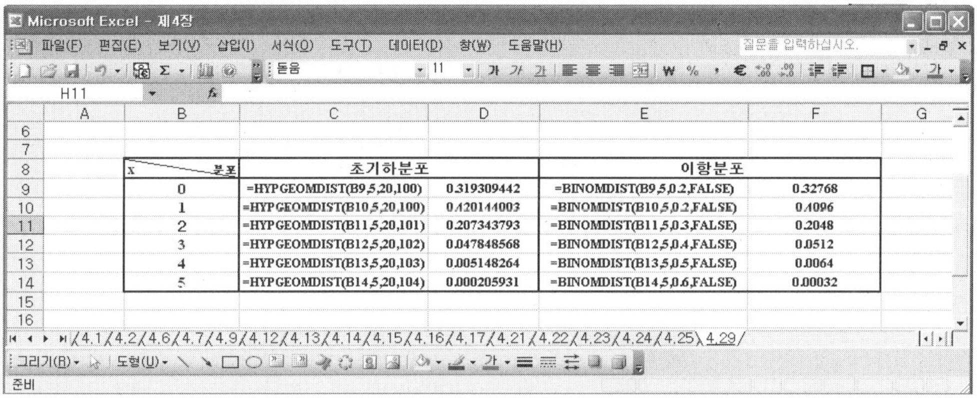

3. Enter↵ 키를 누른 상태에서 셀 B9에서 B14를 블록 지정하고 계속해서 D9에서 D14, F9에서 F14를 블록 지정한다.

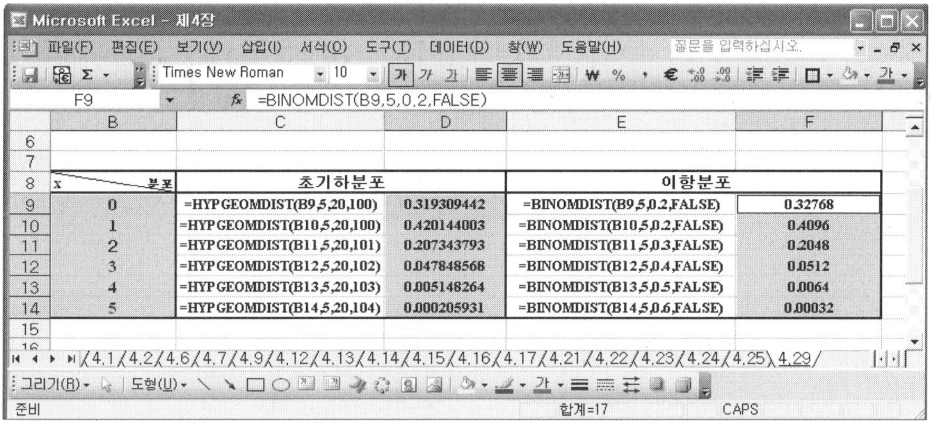

4. 차트마법사를 클릭하고 차트마법사 1단계에서 세로막대형을 선택하고 [다음(N)]을 클릭하여 나타난 차트마법사 2단계에서 [계열] 옵션을 활성화 하여 [다음(N)]을 클릭하여 나타난 차트마법사 2단계에서 계열 옵션을 활성화하여 계열 1항목을 [제거(R)]단추를 사용하여 제거하고 [X (항목)축 레이블(T)] 왼쪽에 위치한 을 선택한 후 B2에서 B14까지

블록 지정하여 x축을 지정한 후 [다음(N)]을 클릭한다.

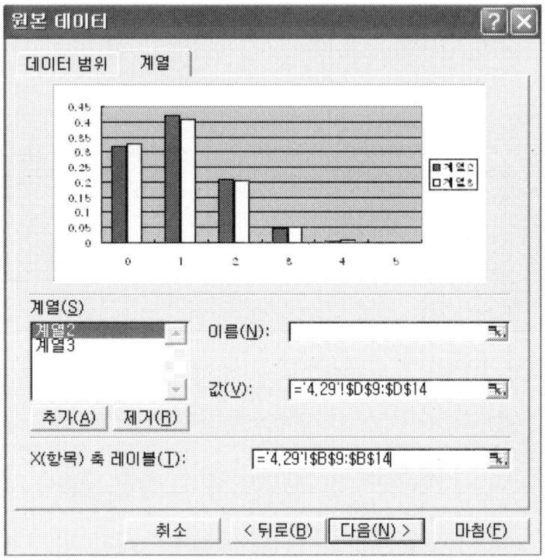

5. 차트마법사 3단계에서 차트제목에 "초기하분포와 이항분포 비교", X(항목) 축(C)에 "x"를 Y(값) 축(V)에 "p(x)"를 기입하고 [다음(N)]을 클릭한다.

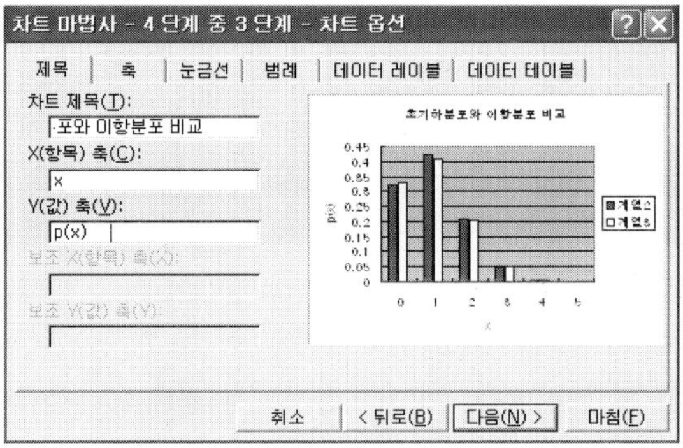

6. [마침(F)]을 클릭하면 다음과 같은 결과 화면이 나타난다.

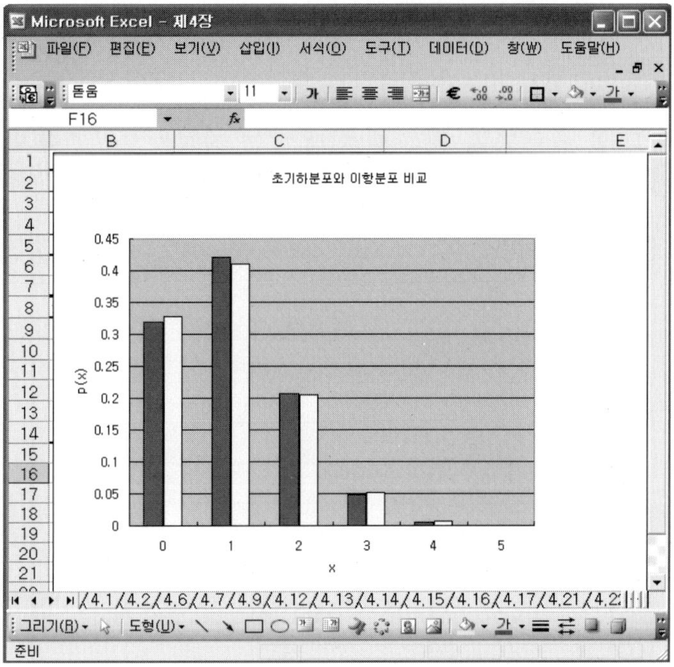

실습: 이항 분포와 포아송 그래프 비교 (예제 4.33)

1. D5와 D6에 각각 "0", "1"을 기입하고 자동 채우기를 이용하기 위하여 D5와 D6을 클릭하고, 우측 맨 아래 있는 지점을 마우스를 올려놓으면 + 기호가 나타난다. 이 상태에서 D25셀까지 아래로 드러깅 한다.

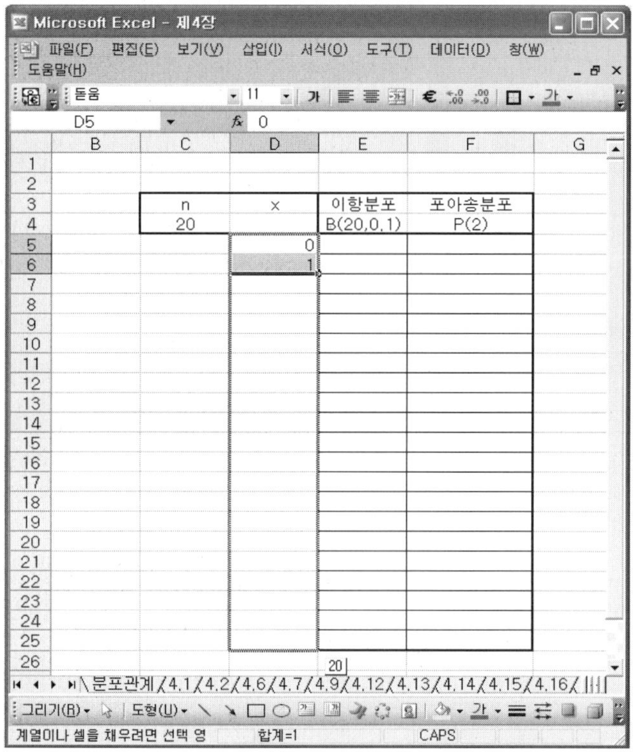

2. E5에 "=BINOMDIST(D5,20,0.1,FALSE)"을 입력하여 아래에 있는 셀 E25까지 드러깅 한다.

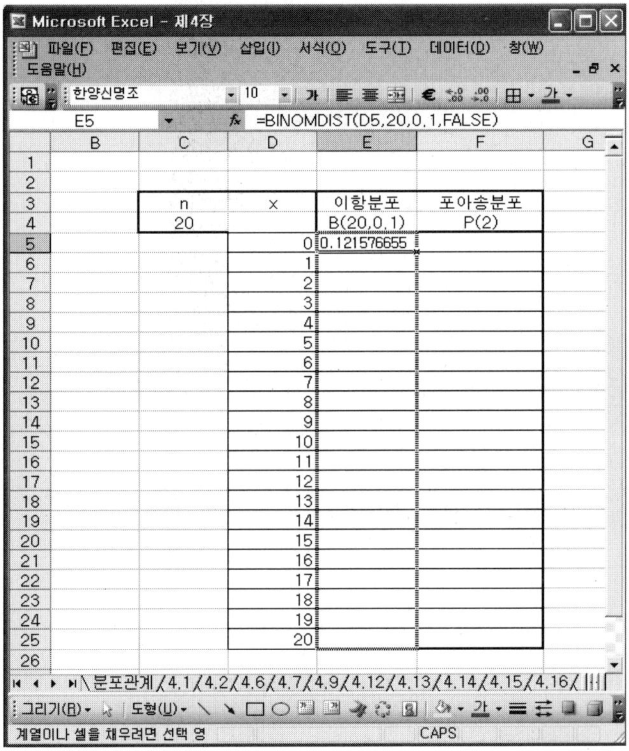

3. 유사한 방법으로 F5에 "=POISSON(D5,2,FALSE)"을 입력하고 드러깅 하여 값을 계산한다.

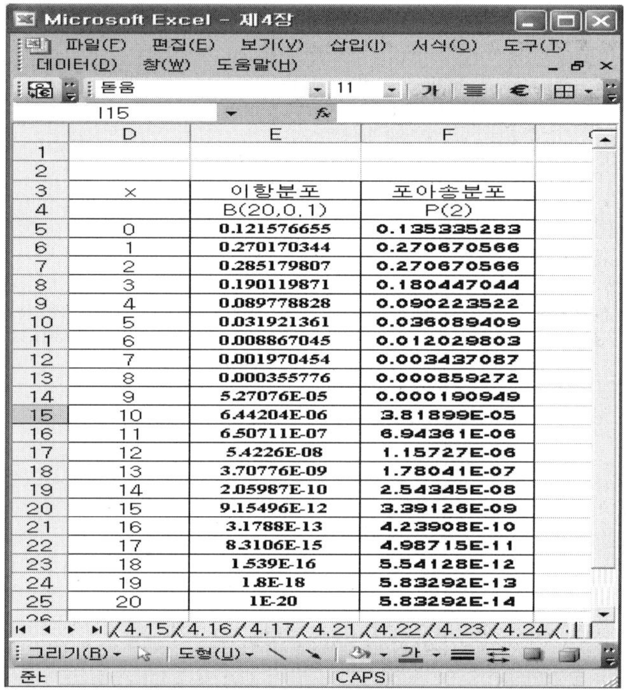

	D	E	F
3	x	이항분포	포아송분포
4		B(20,0.1)	P(2)
5	0	0.121576655	0.135335283
6	1	0.270170344	0.270670566
7	2	0.285179807	0.270670566
8	3	0.190119871	0.180447044
9	4	0.089778828	0.090223522
10	5	0.031921361	0.036089409
11	6	0.008867045	0.012029803
12	7	0.001970454	0.003437087
13	8	0.000355776	0.000859272
14	9	5.27076E-05	0.000190949
15	10	6.44204E-06	3.81899E-05
16	11	6.50711E-07	6.94361E-06
17	12	5.4226E-08	1.15727E-06
18	13	3.70776E-09	1.78041E-07
19	14	2.05987E-10	2.54345E-08
20	15	9.15496E-12	3.39126E-09
21	16	3.1788E-13	4.23908E-10
22	17	8.3106E-15	4.98715E-11
23	18	1.539E-16	5.54128E-12
24	19	1.8E-18	5.83292E-13
25	20	1E-20	5.83292E-14

4. D4부터 F25까지 마우스로 블록지정하여 차트마법사를 클릭하고 차트마법사 1단계에서 세로막대형을 선택하고 [다음(N)]을 클릭하여 나타난 차트마법사 2단계에서 [계열] 옵션을 활성화하여 [다음(N)]을 클릭한다.

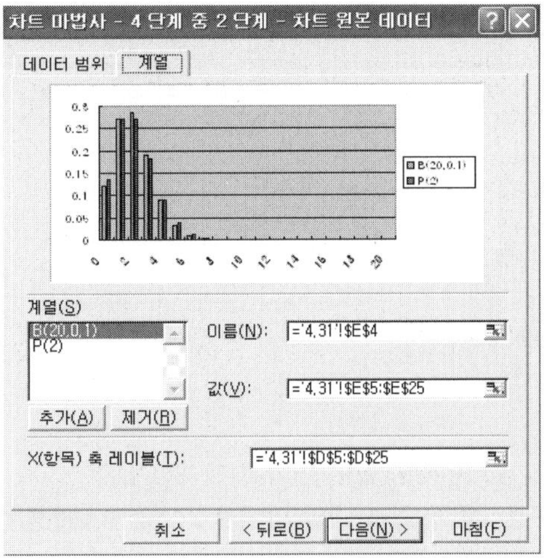

5. 차트마법사 3단계에서 차트제목에 "이항분포와 포아송분포의 비교", X(항목) 축(C)에 "x"를, Y(값) 축(V)에 "p(x)"를 기입하고 [다음(N)]을 클릭한다.

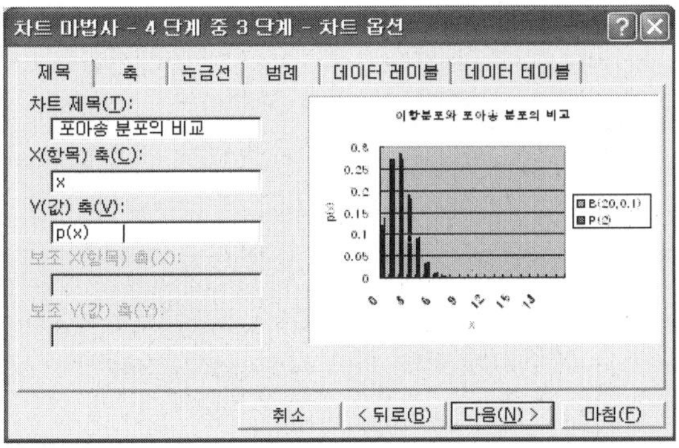

6. [마침(F)]을 클릭하면 다음과 같은 결과 화면이 나타난다.

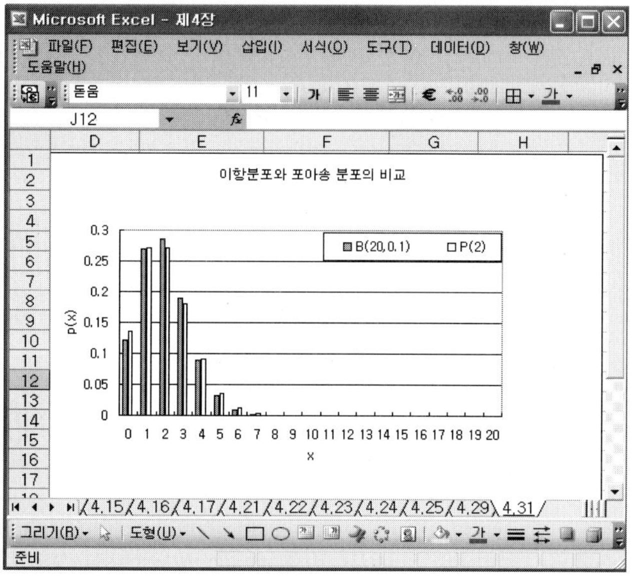

연습문제 (A)

1. 다음의 예들이 이산형인지 연속형인지 설명하라.

(1) 어느 공정에서 불량품의 개수
(2) 10명의 조원이 있는 분임조에서 어느 안건에 대한 찬성자수
(3) H 회사에서 만든 프로펠러의 수명시간
(4) 어떤 수리공이 고장난 부품을 교체하는데 걸리는 시간
(5) 어떤 가전제품 1대당 결점수

2. H 제품에 대하여 치수불량이 3%, 무게불량이 1%, 치수 및 무게불량이 0.3%였다. 이 제품의 불량률은 얼마인가?

3. 한 개의 동전을 세 번 던지는 확률실험에서 확률변수 X를 앞면의 수라 할 때

(1) X의 확률분포함수를 구하고, 그래프를 그려라.
(2) X에 대한 기대값 $E(X)$와 분산 $V(X)$를 구하라.

4. 다음 각 경우 확률분포를 구하라.

(1) 2개의 동전을 던질 때 나타나는 앞면의 수
(2) 2개의 주사위를 던질 때 나타나는 숫자의 합
(3) 흰 공 3개, 검은 공 2개가 들어 있는 주머니에서 3개를 꺼낼 때 검은 공의 개수

5. 확률변수 X의 기대치가 10이고 분산이 3, 확률변수 Y의 기대치가 14이고 분산이 2일 때, $Z=3X-5Y+3$이라 할 때

(1) $E(Z)$를 구하라.

(2) $V(Z)$를 구하라. 단 X와 Y는 독립이다

6. 확률변수 X의 평균이 25, 표준편차가 5일 때 $E(2X^2+3X+4)$의 값은?

7. 확률변수 X, Y의 각각의 분산은 $V(X)=5$, $V(Y)=7$이고, 공분산이 $Cov(X, Y)=3$일 때, $V(X+Y)$을 구하라.

8. 다음의 확률그래프에 대해 물음에 답하라.

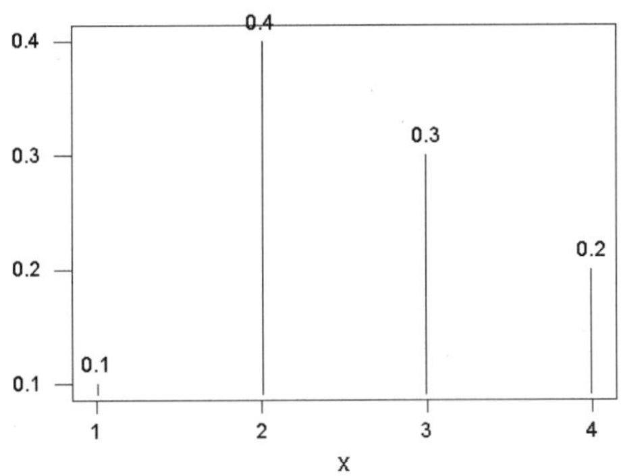

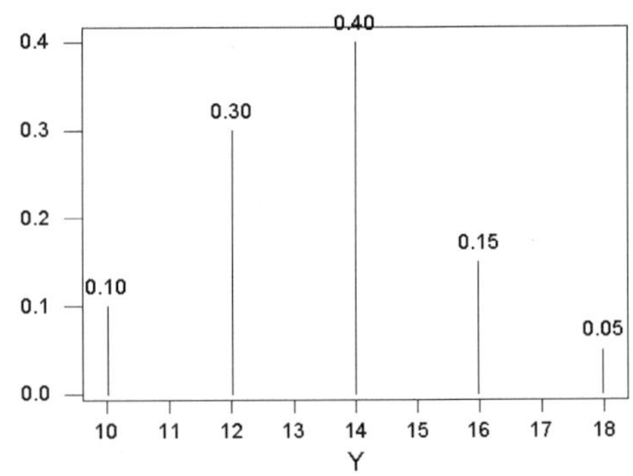

(1) 각각의 확률그래프의 기대값을 구하라.

(2) 각각의 확률그래프의 분산과 표준편차를 구하라.

(3) $P(X=1)$

(4) $P(X>2)$

(5) $P(12\leq Y<16)$

9. 연속형 확률변수 X가 다음과 같은 확률밀도함수를 가질 때 X의 평균과 분산을 구하라.

$$f(x)=\frac{1}{2}x \qquad 0\leq x\leq 2$$

10. 확률변수 X의 확률분포가 다음과 같다.

X	-1	0	1
$p(x)$	$\frac{1}{4}$	$\frac{1}{2}$	$\frac{1}{4}$

(1) 위의 확률분포표를 확률그래프로 그려라.

(2) 평균과 분산을 구하라.

11. 어느 공장의 설비 투자에서 1000만원의 수익을 올릴 확률은 0.6, 500만원의 수익을 올릴 확률은 0.2, 200만원의 수익을 올릴 확률은 0.2라 한다. 설비투자의 기대수익은 얼마인가?

12. 이항분포표를 이용하여 다음의 확률을 구하라.

(1) $p=0.3$일 때 12번의 시행 중 4번 성공할 확률

(2) $p=0.7$일 때 12번의 시행 중 3번 이상 10번 이하 성공할 확률

(3) $n=8$이고. $p=0.1, 0.2, 0.3, 0.4, 0.5$인 이항분포에서 3번 이하 성공할 확률

13. 성공률 p가 0.1인 20회의 베르누이 시행에서 성공횟수를 X라 할 때

(1) $P(2\leq X\leq 5)$을 구하라.

(2) (1)의 확률을 정규분포의 근사식을 이용하여 구하고 비교하라.

14. 제품이 $N=10$개로 구성되어 있고, 불량률이 $p=0.2$인 로트에서

(1) 복원추출에 의하여 3개를 랜덤하게 채취할 때, 그 중 하나만이 불량일 확률은?

(2) 비복원추출에 의하여 3개를 랜덤하게 채취할 때, 그 중 하나만이 불량일 확률은?

15. 불량률이 $p=0.08$인 공정에서 시료 $n=100$개를 임의로 취할 때

(1) 불량개수가 5개에서 10개 사이에 있을 확률을 구하라.

(2) 불량개수가 12개 이상이면 공정의 불량률이 높다고 판단한다면 공정의 불량률이 높다고 판단될 확률을 구하라.

연습문제 (B)

1. 포아송분포를 따르는 확률변수 X에 대하여 다음의 확률을 구하라.

(1) $m=3$일 때 $P(X \leq 3)$, $P(X=5)$

(2) $m=4$일 때 $P(3 \leq X \leq 7)$

(3) $m=0.5$일 때 $P(X=0)$

2. 한 달 평균 4건의 사고가 발생하는 공장이 있다. 이 공장에서 한 달에 8건의 사고가 발생할 확률은?

3. H 공장에서 생산되고 있는 항목 중 3%가 불량이다. 25개 항목들이 조사를 위해 뽑혀졌다. 이항분포와 포아송분포를 이용하여 다음 물음에 답하라.

(1) 4개의 불량품이 발견될 확률은

(2) 3개 이상의 불량품이 발견될 확률은

4. 어떤 집단의 사람들에 대해 조사해 본 결과 40%가 할부로 구입할 경우 주로 신용카드를 이용하는 것으로 나타났다. 이 조사가 옳다고 했을 때, 25명을 이 집단으로부터 추출하여 질문을 한다.

(1) 신용카드로 할부 구입하는 사람 수가 5명 미만일 확률은

(2) 10명에서 15명 사이에 있을 확률은

(3) 15명 이상일 확률은

5. 예방주사를 맞아서 부작용이 일어날 확률이 0.001이라고 한다. 2000명이 예방 접종을 했다한다. 부작용이 일어난 환자의 수를 확률변수 X라 할 때, 물음에 답하라.

(1) X의 평균과 분산을 구하라.
(2) 정확히 3명이 부작용을 일으킬 확률은
(3) 2명 이상이 부작용을 일으킬 확률은

6. 표준정규분포를 갖는 확률변수 Z에 대하여 다음의 확률을 구하라.

(1) $P(Z \le 0.42)$ (2) $P(Z < -0.42)$
(3) $P(-1.2 < Z < 2.1)$ (4) $P(Z > -1.69)$
(5) $P(Z \ge 2.4 \ or \ Z \le -2.4)$ (6) $P(-1.0 \le Z \le 0.0)$

7. 확률변수 Z는 표준정규분포를 한다. 다음 확률조건을 만족하는 z을 구하라.

(1) $P(Z < z) = 0.1$ (2) $P(-0.6 < Z < z) = 0.5$
(3) $P(|Z| \le z) = 0.95$ (4) $P(-z \le Z \le 0) = 0.341$

8. 평균이 80이고 표준편차가 4인 정규분포에서 다음의 확률을 구하라.

(1) $P(X < 75)$ (2) $P(X > 86)$
(3) $P(72 \le X \le 88)$ (4) $P(82 < X < 85)$

9. $X \sim N(10, 4)$일 때 다음의 확률을 구하라.

(1) $P(8 < X < 12)$ (2) $P(12 > X)$
(3) $P(X \ge 13)$ (4) $P(X < 9 \ or \ 11 < X)$

10. X는 평균이 150이고 표준편차는 5인 정규분포를 할 때 다음 확률을 갖는 x를 구하라.

(1) $P(X \leq x) = 0.5$ (2) $P(-x \leq X \leq x) = 0.4$

(3) $P(X < x) = 0.975$ (4) $P(X > x) = 0.025$

11. 어느 공정에서 생산되는 전구의 수명은 평균수명이 900시간이고 표준편차는 40시간인 정규분포를 한다고 알려졌다. 1,000개의 전구 중에서 940시간 이하의 수명을 가진 전구는 몇 개인가 답하라.

12. 위 문제에서 100개의 전구를 뽑아서 전구의 평균수명을 측정하였을 때 905시간 이상일 확률은 얼마인가?

13. 어느 생산 관리자가 근로자가 평균적으로 10분 안에 한 작업이 끝난다고 한다. 작업 완성에 소요되는 시간이 대략 표준편차가 3인 정규분포를 따른다고 한다. 다음 물음에 답하라.

(1) 근로자가 4분 안에 작업을 끝낼 확률은

(2) 작업을 끝내는데 5분 이상 걸릴 확률은

14. 어느 회사에서 생산된 양철 캔 뚜껑의 지름이 평균이 4이고, 표준편차가 0.012인 정규분포를 따른다고 한다. 뚜껑의 지름이 3.97과 4.03 사이에 있을 확률을 구하라.

15. 확률변수 X가 이항분포 $B(100, 0.4)$를 따를 때 다음의 확률을 구하라.

(1) $P(X \geq 40)$ (2) $P(30 \leq X \leq 40)$

5

표본분포

제5장에서는 추측통계의 기본이 되는 표본분포를 알아본다.

— 표본평균의 분포와 중심극한정리

— 표본분산의 표본분포와 카이제곱분포

— 표본비율의 표본분포

— 표본분산의 비에 의한 표본분포

통계조사의 목적은 모집단에 대한 정보를 알아내고자 하는 일이다. 여기서 모집단에 대한 정보란 일반적으로 모집단의 평균, 분산 등과 같은 모집단의 특성 즉, 모수(parameter)를 말한다. 모집단의 특성값은 모집단 전체를 조사해야만 알 수 있다. 그러나 대부분의 연구에서는 모집단 전체를 조사한다는 것은 불가능하므로 일반적으로 모수는 미지의 수가 된다. 이러한 경우 모집단으로부터 표본을 뽑고 표본으로부터 계산되는 표본의 평균 또는 표본의 분산과 같은 표본의 특성값 즉, 통계량(statistic)을 이용하여 모수를 추정하게 된다. 일반적으로 모수의 추정에 사용되는 통계량은 어떤 표본이 뽑히느냐에 따라 그 값이 달라지고 그 값에 의해 하나의 분포를 이루게 된다. 이 때 통계량의 분포를 표본분포(sampling distribution)라고 한다. 본 장에서는 이러한 표본분포에 대한 개념을 살펴본다.

여기에 소개되는 통계량의 분포인 표본분포는 모집단은 정규분포 $N(\mu,\ \sigma^2)$ 이며 무한모집단이고 또 무작위추출을 가정한 것이다.

표본평균의 분포와 중심극한정리

$X_1,\ X_2,\ \cdots,\ X_n$을 평균이 μ 표준편차가 σ 인 모집단에서 취한 확률표본이라 하자. 표본으로부터 표본평균 $\overline{X}$ 는 평균이 μ 이고, 분산이 $\frac{\sigma^2}{n}$ 인 정규분포를 한다. 즉

$$E(\overline{X}) = \mu, \quad V(\overline{X}) = \frac{\sigma^2}{n}$$

만약 무한모집단이 아니고 크기 N 인 유한모집단인 경우라면 $\overline{X}$ 의 평균과 분산은 다음과 같다.

$$E(\overline{X}) = \mu, \quad V(\overline{X}) = \frac{N-n}{N-1}\,\frac{\sigma^2}{n}$$

윗식에서 $\frac{N-n}{N-1}$은 유한모집단의 경우에만 붙는 계수로 유한모집단 수정계수(finite population correction factor)라고 한다.

참고하세요!

$X_1, X_2, \cdots, X_n$을 평균이 μ 표준편차가 σ인 모집단에서 취한 확률표본이라 하면 표본평균 $\overline{X} = \frac{\sum_{i=1}^{n} X_i}{n}$의 기대값과 분산은 다음과 같이 유도할 수 있다.

$$E(\overline{X}) = E\left(\frac{\sum_{i=1}^{n} X_i}{n}\right) = \frac{1}{n}\,E(X_1 + X_2 + \cdots + X_n) = \frac{1}{n}\,n\mu = \mu$$

$X_1, X_2, \cdots, X_n$들은 서로 독립이므로

$$\begin{aligned} V(\overline{X}) = V\left(\frac{\sum_{i=1}^{n} X_i}{n}\right) &= \frac{1}{n^2}\,V(X_1 + X_2 + \cdots + X_n) \\ &= \frac{1}{n^2}\,[\,V(X_1) + V(X_{2)}) + \cdots + V(X_n)] = \frac{1}{n^2}\,n\sigma^2 \\ &= \frac{\sigma^2}{n} \end{aligned}$$

표본의 크기 n이 충분히 클 때는 모집단이 어떤 분포이든 표본평균의 분포는 정규분포에 근사한다. 이를 중심극한정리(central limit theorem)라 하며 이를 정리하면 다음과 같다.

> 평균이 μ이고 분산이 σ^2인 무한모집단에서 표본 크기가 n인 확률표본 $X_1, X_2, \cdots, X_n$을 취할 때 표본평균 $\overline{X}$는 n이 클 때
>
> $$\overline{X} \sim N\left(\mu,\ \frac{\sigma^2}{n}\right) \qquad \text{즉,}\quad Z = \frac{\overline{X}-\mu}{\frac{\sigma}{\sqrt{n}}} \sim N(0,\ 1)$$
>
> 을 따른다.

예제 5.1

- 균등(일양)분포 $\overline{X} \sim U(0,10)$을 하는 모집단으로부터 표본 크기 $n=5$인 표본 추출을 50회 반복 추출하여 표본 각각에 대해 표본평균 $\overline{X}$를 계산한 결과가 다음과 같다. $\overline{X}$에 대한 히스토그램을 그려보고 중심극한정리를 설명할 수 있는가 살펴보라.

표본번호	x_1	x_2	x_3	x_4	x_5	$\overline{X}$	표본번호	x_1	x_2	x_3	x_4	x_5	$\overline{X}$
1	8.5	5.4	2.7	5.5	8.5	**6.11**	26	2.1	7.1	5.2	1.8	6.0	**4.43**
2	9.6	8.8	5.6	3.4	7.2	**6.92**	27	0.7	9.4	1.8	7.4	4.8	**4.80**
3	5.5	3.4	3.9	4.3	7.6	**4.93**	28	8.7	7.1	1.2	4.9	7.7	**5.92**
4	4.6	6.6	8.5	8.1	8.7	**7.31**	29	1.6	7.9	7.1	0.1	8.9	**5.12**
5	7.7	5.1	3.5	2.8	1.0	**4.02**	30	0.7	0.2	4.1	2.6	8.5	**3.20**
6	0.6	1.9	4.6	2.0	0.8	**1.98**	31	3.8	0.8	3.1	3.6	6.7	**3.62**
7	6.8	1.8	8.4	5.0	2.2	**4.84**	32	4.3	9.6	4.1	0.3	5.1	**4.69**
8	9.0	7.2	5.1	2.6	7.6	**6.30**	33	6.1	5.3	5.8	6.0	2.6	**5.15**
9	5.2	8.5	5.0	3.4	2.8	**4.99**	34	4.4	1.8	6.8	5.6	4.1	**4.53**
10	6.1	4.2	4.9	9.3	3.3	**5.56**	35	2.4	9.2	9.7	5.6	5.0	**6.37**
11	2.6	1.2	5.0	2.6	5.4	**3.35**	36	9.5	5.7	8.6	2.2	2.8	**5.76**
12	9.2	0.8	9.9	1.6	5.5	**5.39**	37	4.2	1.7	0.7	1.5	5.6	**2.76**
13	8.2	7.8	3.9	0.4	0.6	**4.19**	38	0.4	2.5	5.9	2.0	0.7	**2.31**
14	1.3	5.9	7.2	0.7	3.7	**3.78**	39	7.0	0.2	3.9	0.6	6.6	**3.67**
15	9.3	2.5	3.6	4.4	7.3	**5.40**	40	1.3	3.8	9.0	3.2	3.0	**4.04**
16	9.4	6.7	4.1	4.5	3.4	**5.61**	41	2.1	0.1	9.8	5.5	5.6	**4.61**
17	4.0	2.1	3.1	8.8	5.6	**4.72**	42	2.5	1.4	3.1	9.7	3.3	**3.99**
18	1.5	8.9	0.6	8.5	3.2	**4.54**	43	3.1	6.6	2.9	2.5	9.9	**5.00**
19	5.5	0.9	1.2	1.2	9.6	**3.68**	44	3.1	7.7	4.7	0.3	8.0	**4.76**
20	7.2	3.7	2.3	0.2	6.3	**3.93**	45	5.9	7.2	2.1	5.2	8.3	**5.72**
21	9.9	9.4	1.9	3.7	1.2	**5.23**	46	0.5	4.8	8.4	7.5	5.7	**5.40**
22	8.5	0.3	9.3	2.9	4.8	**5.16**	47	9.2	1.1	6.8	1.6	3.0	**4.33**
23	9.9	4.2	4.5	8.4	3.0	**6.00**	48	9.3	4.5	8.3	3.3	8.5	**6.77**
24	9.7	8.3	3.0	7.9	3.1	**6.40**	49	8.1	3.5	8.0	0.7	8.2	**5.70**
25	8.8	7.8	0.2	2.0	4.7	**4.70**	50	0.3	0.8	0.9	8.1	4.1	**2.83**

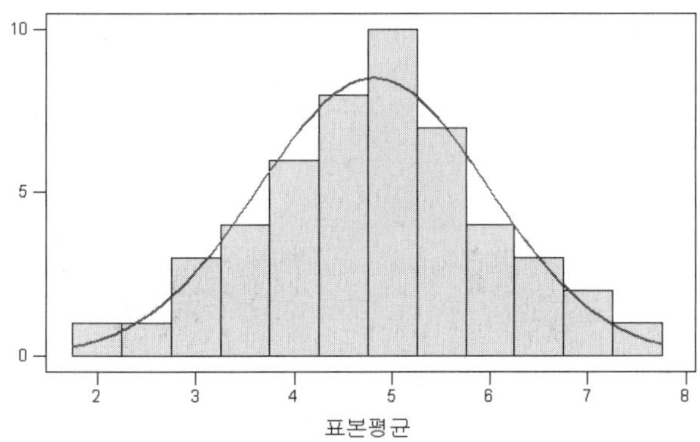

[해석] 균등분포를 하는 모집단으로부터 표본의 크기 n이 5밖에 되지 않는 경우 조차 표본평균의 분포가 정규분포에 가까움을 알 수 있다. 표본의 크기가 커지면 커질수록 좀 더 정규분포에 가까워질 것이다. 여기서 표본평균이 이루는 히스토그램은 표본분포임을 알 수 있다.

예제 5.2

- 전교생이 3,000명인 어느 고등학교에서 학생들의 모의고사를 실시한 결과 평균 성적 μ 는 102이고, 표준편차 σ 는 16이었다. 성적의 분포는 정규분포를 한다.

  (1) 성적이 90이하인 학생은 전교생에 몇 %인가?

  (2) 임의로 5명씩 표본을 추출할 때 표본의 평균 $\overline{X}$는 어떤 분포를 하는가?

$$\begin{aligned} P(X \leq 90) &= P\left(Z \leq \frac{90-102}{16}\right) \\ &= P(Z \leq -0.75) \\ &= 0.2266 \quad \text{(부록의 정규분포표를 이용)} \end{aligned}$$

$\mu = 102, \sigma = 16$이고, 정규분포를 이루는 모집단에서 $n=5$인 $\overline{X}$분포는

$$\mu_{\overline{X}} = \mu = 102$$

$$\sigma_{\overline{X}} = \frac{\sigma}{\sqrt{n}} = \frac{16}{\sqrt{5}} = 7.155$$

인 정규분포를 이룬다.

2 표본분산의 분포와 χ^2분포

확률변수 $Z_1, \cdots, Z_k$ 가 각각 표준정규분포 $N(0,1)$을 따르고 서로 독립일 때

$$Z_1^2 + \cdots + Z_k^2$$

의 분포를 자유도가 k인 카이제곱분포라고 하며 $\chi^2(k)$ 으로 나타내고 평균은 자유도인 k이고 분산은 $2k$가 됨이 알려져 있다.

카이제곱분포의 곡선은 자유도 k가 작은 경우는 왼쪽으로 치우쳐 있고 증가할수록 급속히 대칭형에 가깝게 되고 k가 10인 경우에는 거의 대칭형을 이루며 100 이상인 경우는 거의 정규분포의 형태와 같다.

참고하세요!

- $\chi^2(1)$

  확률변수 X가 표준정규분포 $N(0,1)$을 따른다면 확률변수 X^2의 분포는 $\chi^2(1)$ 을 따른다.

  즉, $X \sim N(\mu, \sigma^2)$일 때 $Z = \frac{X-\mu}{\sigma} \sim N(0,1)$이며 따라서 $Z^2 = \left(\frac{X-\mu}{\sigma}\right)^2 \sim \chi^2(1)$ 가 된다.

정규모집단 $N(\mu, \sigma^2)$로 부터 확률표본 $X_1, X_2, \cdots, X_n$을 추출하여 표본평균 $\overline{X}$와 표본분산 $S^2 = \frac{1}{n-1}\Sigma(X_i - \overline{X})^2$ 을 구하여 다음의 분포를 고찰하자. 일반적

으로 $\frac{\Sigma(X_i-\mu)^2}{\sigma^2}$은 자유도 n인 χ^2분포를 따르며 다음 관계식을 만족한다.

$$\frac{\sum(X_i-\mu)^2}{\sigma^2} = \frac{\sum(X_i-\overline{X})^2}{\sigma^2} + \frac{n(\overline{X}-\mu)^2}{\sigma^2}$$
$$= \frac{(n-1)S^2}{\sigma^2} + \left(\frac{\overline{X}-\mu}{\sigma/\sqrt{n}}\right)^2$$

따라서 $\chi^2 = \frac{(n-1)S^2}{\sigma^2} = \frac{\sum(X_i-\overline{X})^2}{\sigma^2}$은 자유도 $n-1$인 χ^2분포를 따른다. 이 관계에서 평균과 표준편차를 구하면 다음과 같다.

$$E(S^2)=\sigma^2, \qquad S.D(S^2)=\sqrt{\frac{2}{n-1}}\,\sigma^2$$

참고하세요!

- 카이제곱분포 가법성의 성질

$v_1=\chi^2(k_1)$, $v_2=\chi^2(k_2)$ 이고 v_1과 v_2가 서로 독립이면
$v_1+v_2\sim\chi^2(k_1+k_2)$ 이 성립한다.

예제 5.3

- 자유도가 3, 9, 15인 χ^2 분포의 그래프를 그리고 설명하라.

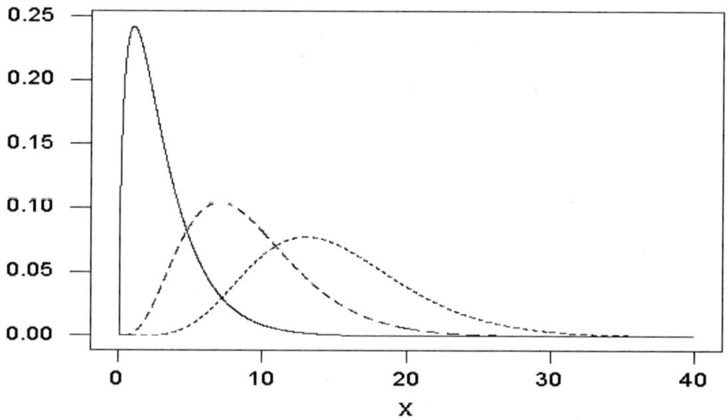

[해석] 위 그래프로부터 χ^2 분포는 자유도가 커짐에 따라 우측으로 이동되며 완만해짐을 알 수 있다. 여기서 좌측 그래프는 자유도가 3인 χ^2 분포, 중앙은 자유도가 9인 χ^2 분포, 우측은 자유도가 15인 χ^2 분포이다.

예제 5.4

- 정규분포 $X \sim N(50, 1)$를 하는 모집단으로부터 표본 크기 $n = 5$인 표본 추출을 50회 반복 추출하여 표본 각각에 대해 표본표준편차 s와 통계량 $\chi^2 = \dfrac{(n-1)\,S^2}{\sigma^2}$을 계산한 결과가 다음과 같다. 통계량 χ^2에 대한 히스토그램을 그려보라. 분포의 모양이 어떠한가 살펴보자.

표본 번호	x_1	x_2	x_3	x_4	x_5	s 표준편차	χ^2	표본 번호	x_1	x_2	x_3	x_4	x_5	s 표준편차	χ^2
1	60.3	59.4	59.5	59.7	59.8	0.35	**0.49**	26	58.7	59.2	60.3	59.8	59.3	0.61	**1.49**
2	58.8	59.4	59.4	57.2	60.1	1.10	**4.84**	27	59.1	59.3	60.8	60.1	59.8	0.68	**1.85**
3	60.5	60.0	59.5	58.9	59.5	0.60	**1.44**	28	59.8	59.0	58.8	60.9	60.6	0.93	**3.46**
4	60.9	59.5	62.3	59.7	60.2	1.13	**5.11**	29	58.6	59.8	58.3	59.3	60.0	0.74	**2.19**
5	60.2	58.6	59.8	61.3	60.9	1.05	**4.41**	30	59.6	61.1	59.9	59.0	60.2	0.78	**2.43**
6	60.2	59.8	62.5	61.1	60.0	1.11	**4.93**	31	59.9	61.2	60.0	58.8	60.0	0.85	**2.89**
7	58.4	60.3	61.1	60.4	60.6	1.03	**4.24**	32	58.9	61.5	60.2	60.1	60.7	0.95	**3.61**
8	60.9	60.2	60.2	61.0	61.6	0.59	**1.39**	33	59.4	60.9	60.0	61.3	59.6	0.83	**2.76**
9	61.7	61.7	59.5	61.0	61.7	0.95	**3.61**	34	61.4	60.1	60.6	59.0	59.2	0.99	**3.92**
10	58.9	60.0	59.6	60.4	59.9	0.56	**1.25**	35	60.6	59.5	59.5	60.3	60.5	0.54	**1.17**
11	59.4	60.3	61.0	61.0	59.1	0.88	**3.10**	36	60.4	61.3	59.8	59.0	59.8	0.85	**2.89**
12	59.4	58.4	59.8	60.4	61.8	1.26	**6.35**	37	59.7	60.2	60.0	59.5	60.5	0.40	**0.64**
13	61.5	59.3	57.9	59.5	59.6	1.28	**6.55**	38	58.9	60.5	60.1	60.5	60.3	0.67	**1.80**
14	60.9	58.2	58.5	60.9	60.9	1.40	**7.84**	39	59.9	57.7	59.8	60.1	62.1	1.56	**9.73**
15	60.1	62.1	60.9	60.7	59.7	0.92	**3.39**	40	61.0	59.1	58.5	60.9	60.7	1.16	**5.38**
16	61.2	57.8	58.6	60.9	60.6	1.52	**9.24**	41	58.8	60.3	59.9	59.1	59.7	0.61	**1.49**
17	60.8	59.1	59.9	59.1	57.5	1.22	**5.95**	42	59.1	60.6	60.9	58.6	61.7	1.29	**6.66**
18	58.7	59.6	60.1	61.9	59.0	1.26	**6.35**	43	59.4	59.1	61.2	58.8	61.0	1.12	**5.02**
19	58.2	60.1	59.2	60.5	58.9	0.93	**3.46**	44	58.9	62.1	58.4	60.0	62.1	1.74	**12.11**
20	60.5	59.4	59.7	60.8	59.1	0.72	**2.07**	45	60.9	59.6	61.2	59.1	59.4	0.94	**3.53**
21	61.2	59.5	61.6	59.1	61.8	1.25	**6.25**	46	60.2	61.1	59.9	59.4	59.8	0.64	**1.64**
22	60.5	61.7	61.6	59.1	59.2	1.25	**6.25**	47	60.7	59.6	60.1	59.8	59.9	0.42	**0.71**
23	59.7	59.4	60.4	60.0	59.9	0.37	**0.55**	48	60.2	59.8	59.6	60.5	59.3	0.48	**0.92**
24	60.4	58.7	60.8	60.6	61.6	1.06	**4.49**	49	59.9	59.9	60.4	60.3	59.3	0.43	**0.74**
25	61.2	58.5	59.5	59.4	59.2	1.00	**4.00**	50	61.4	58.2	60.6	62.1	61.6	1.54	**9.49**

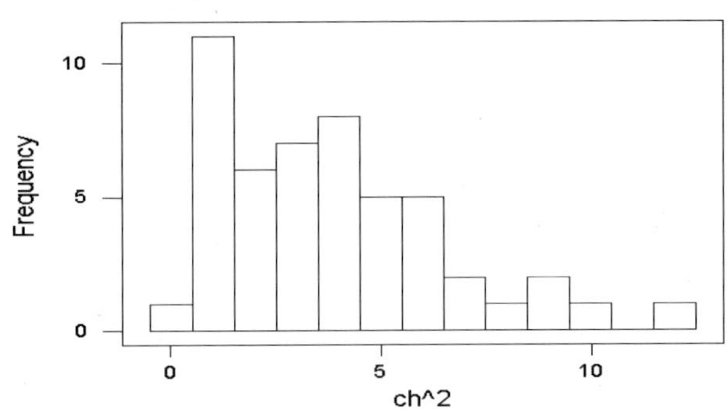

[해석] 정규분포를 하는 모집단으로부터 표본의 크기 n 이 5, 즉 자유도가 4인 경우, 통계량 $\chi^2 = \frac{(n-1)S^2}{\sigma^2}$ 이 이루는 히스토그램은 이론적인 χ^2 분포 모양에 근접되어 있음을 알 수 있다. 여기서 χ^2 분포는 통계량이 이루는 분포로 표본분포임을 알 수 있다.

부록의 표에는 여러 자유도에 대한 χ^2분포표가 주어져있다. 이를 이용하여 χ^2분포에 관한 여러 가지 분위수를 구할 수 있다. 다음은 χ^2분포의 백분위수 그림이다.

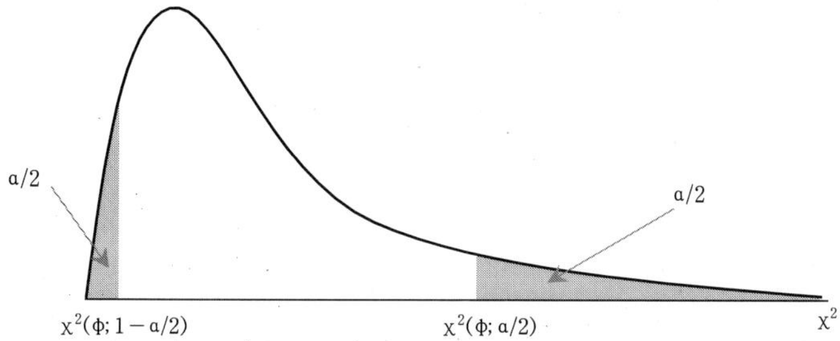

〈그림 5.1〉 부록 χ^2분포 그래프

확률변수 X의 분포가 $\chi^2(\phi)$를 따를 때, 즉 $X \sim \chi^2(\phi)$일 때, $P(X \geq x) = \alpha$ 를 만족시키는 x를 통상 $\chi^2(\alpha, \phi)$로 표시한다.

부록의 표에는 위쪽 행에 $\alpha = 0.995, 0.99, 0.975, 0.95, 0.90, 0.1, 0.05, 0.025, 0.01, 0.005$ 그리고 제일 왼쪽 열에 자유도 $\phi = 1, 2, \cdots, 100$이 나타나 있으며 자유도 ϕ와 α의 값이 주어졌을 때 서로 마주치는 값이 $\chi^2(\alpha, \phi)$의 값이다.

예제 5.5

- 정규분포를 하는 모집단으로부터 15개의 표본을 추출하여 통계량 $\chi^2 = \frac{(n-1)S^2}{\sigma^2}$을 구했다. 다음을 구하라.

(1) $P(\chi^2 > 5.629)$

(2) $P(4.07 < \chi^2 < 5.629)$

(3) $P(\chi^2 > \chi^2(14;0.025)) = 0.025$에서 $\chi^2(14;0.025)$의 값

(1) 자유도 14이므로, 부록의 표로부터 $P(\chi^2 > 5.629) = 0.975$

(2) $P(4.07 < \chi^2 < 5.629) = 0.995 - 0.975 = 0.02$

(3) $P(\chi^2 > \chi^2(14;0.025)) = 0.025$, 따라서 $\chi^2(14;0.025) = 26.12$

3 표본비율의 분포

모비율에 대한 추정량으로 표본비율을 사용한다. 예를 들어 어느 공정에서 불량률(모비율) p을 추정한다 하자. 이를 위하여 임의로 n개를 추출하고, 그 중 불량품의 개수를 X라 하면, p에 대한 추정량인 표본불량률(표본비율)은

$$\hat{p} = \frac{X}{n}$$

가 된다. 여기서 X는 이항분포 $B(n, p)$을 따르므로 $\hat{p}$에 대한 기대값과 분산은

이항분포의 성질에 의해 다음과 같다.

$$E(\hat{p}) = E\left(\frac{X}{n}\right) = \frac{E(X)}{n} = p$$

$$V(\hat{p}) = V\left(\frac{X}{n}\right) = \frac{V(X)}{n^2} = \frac{p(1-p)}{n}$$

따라서 표본불량률(표본비율) $\hat{p}$의 분포는 n이 충분히 클 때 중심극한정리에 의해 정규분포에 근사된다.

$$\hat{p} \sim N\left(p, \frac{p(1-p)}{n}\right)$$

한편 위의 $\hat{p}$을 표준화 시키면 다음과 같다.

$$Z = \frac{\hat{p}-p}{\sqrt{\frac{p(1-p)}{n}}} \sim N(0\ ,\ 1)$$

예제 5.6

- 불량률 p=0.2인 공정(모집단)으로부터 표본크기가 n=20인 표본을 추출하는 일을 50회 반복 시행하여 표본 불량률 $\hat{p}$를 구한 결과가 다음과 같다. $\hat{p}$에 대한 히스토그램을 그리고 분포의 모양을 확인하라.

표본번호	x	n	$\hat{p}$	표본번호	x	n	$\hat{p}$	표본번호	x	n	$\hat{p}$
1	4	20	**0.20**	18	5	20	**0.25**	35	5	20	**0.25**
2	3	20	**0.15**	19	3	20	**0.15**	36	4	20	**0.20**
3	3	20	**0.15**	20	4	20	**0.20**	37	3	20	**0.15**
4	4	20	**0.20**	21	2	20	**0.10**	38	1	20	**0.05**
5	7	20	**0.35**	22	3	20	**0.15**	39	4	20	**0.20**
6	4	20	**0.20**	23	2	20	**0.10**	40	6	20	**0.30**
7	3	20	**0.15**	24	6	20	**0.30**	41	5	20	**0.25**
8	2	20	**0.10**	25	8	20	**0.40**	42	3	20	**0.15**
9	5	20	**0.25**	26	1	20	**0.05**	43	7	20	**0.35**
10	4	20	**0.20**	27	3	20	**0.15**	44	5	20	**0.25**
11	5	20	**0.25**	28	4	20	**0.20**	45	3	20	**0.15**
12	3	20	**0.15**	29	5	20	**0.25**	46	1	20	**0.05**
13	4	20	**0.20**	30	4	20	**0.20**	47	5	20	**0.25**
14	3	20	**0.15**	31	4	20	**0.20**	48	2	20	**0.10**
15	0	20	**0.00**	32	2	20	**0.10**	49	3	20	**0.15**
16	5	20	**0.25**	33	4	20	**0.20**	50	5	20	**0.25**
17	4	20	**0.20**	34	6	20	**0.30**				

Histogram of hatp, with Normal Curve

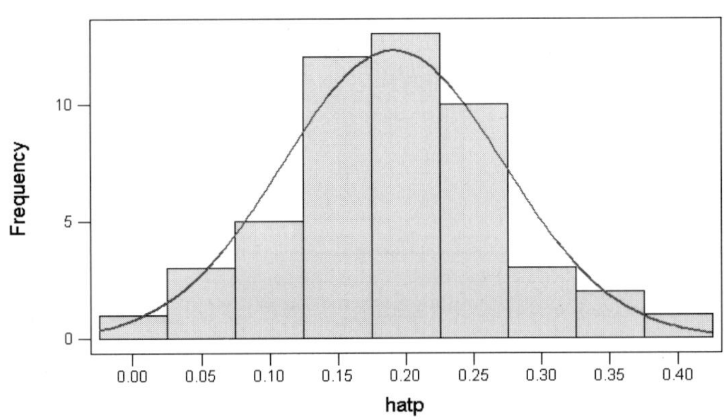

[해석] 불량률이 $p=0.2$인 공정(모집단)으로부터 $n=20$인 표본 추출을 50회 반복하여, 각각의 표본불량률 $\hat{p}$를 구해 히스토그램을 그려본 결과, 분포의 모양은 정규분포에 근사함을 알 수 있다. 따라서 $\hat{p}$의 히스토그램은 표본분포임을 알 수 있다.

4 t분포

확률변수 Z가 표준정규분포 $N(0,1)$을 하고, 확률변수 χ^2가 $\chi^2(\phi)$를 하며 Z와 χ^2가 서로 독립일 때

$$T = \frac{Z}{\sqrt{\frac{\chi^2}{\phi}}}$$

는 자유도 ϕ인 t분포를 한다. t분포는 〈그림 4.2〉에서처럼 $t=0$을 중심으로 좌우대칭이며 표준정규분포에 비해 꼬리가 두텁다. 자유도가 증가함에 따라 표준정규분포에 가까워진다. 추론에 자주 이용되는 통계량

$$t = \frac{\overline{X} - \mu}{\frac{s}{\sqrt{n}}}$$

은 위의 정의로부터 자유도 $n-1$인 t분포를 한다.

참고하세요!

독립인 두 확률변수들 Z와 U의 분포가 각각 $N(0,1)$과 $\chi^2(\phi)$를 따른다면 확률변수 $T=\frac{Z}{\sqrt{U/\phi}}$의 분포는 자유도가 ϕ인 t 분포를 따른다.

$\overline{X}$와 S^2이 독립이 됨이 알려져 있으므로 다음 확률변수들은 독립이 된다.

$$Z = \frac{\overline{X}-\mu}{\sigma/\sqrt{n}} \sim N(0,1), \quad U = \frac{(n-1)S^2}{\sigma^2} \sim \chi^2(n-1)$$

$$\text{즉, } T = \frac{Z}{\sqrt{U/\phi}} = \frac{\frac{\overline{X}-\mu}{\sigma/\sqrt{n}}}{\sqrt{\frac{(n-1)S^2}{\sigma^2}/(n-1)}} = \frac{\overline{X}-\mu}{S/\sqrt{n}} \sim t(n-1)$$

아래 그림은 자유도 $\phi=n-1$인 t분포이다.

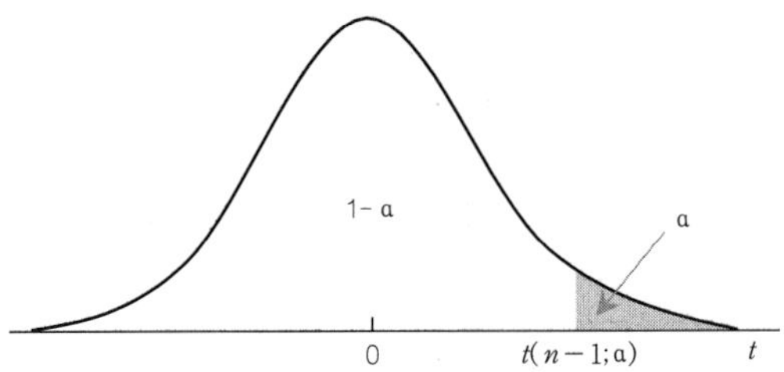

〈그림 4.2〉 t 분포

확률변수 X의 분포가 $t(\phi)$를 따를 때 즉, $X \sim t(\phi)$일 때 $P(X \geq x)=\alpha$를 만족시키는 x를 통상 $t(\alpha, \phi)$로 표시한다.

부록의 표에는 위쪽 행에 $\alpha=0.10$, 0.05, 0.025, 0.01, 0.005, 0.0005 그리고 제일 왼쪽 열에 자유도 $\phi=1, 2, \cdots, 60, 120, \infty$가 나타나 있으며 자유도 ϕ와 α의 값이 주어졌을 때 서로 마주치는 값이 $t(\alpha, \phi)$의 값이다.

이 부록의 표에서 주어진 α값들에 따른 $t(1-\alpha, \phi)$값들이 주어져 있지 않다. 그러나 t분포는 $x=0$에 대하여 완전 대칭이므로 $t(1-\alpha, \phi)=-t(\alpha, \phi)$분포가 된다. 이 관계를 이용하여 $t(1-\alpha, \phi)$의 값들을 결정할 수 있다.

예제 5.7

- 정규분포 $X \sim N(50, 1)$을 하는 모집단(예를 들면 공정)으로부터 표본크기가 $n=5$인 표본을 추출하는 일을 50회 반복 시행하여 이로부터 통계량 $t=\frac{\overline{X}-\mu}{s/\sqrt{n}}$를 계산한 결과가 다음과 같다. $t=\frac{\overline{X}-\mu}{s/\sqrt{n}}$에 대한 히스토그램을 그려라. 분포의 모양은 어떠한가 살펴보자.

표본번호	x_1	x_2	x_3	x_4	x_5	$\bar{x}$	s 표준편차	t	표본번호	x_1	x_2	x_3	x_4	x_5	$\bar{x}$	s 표준편차	t
1	60.3	59.4	59.5	59.7	59.8	59.74	0.35	-1.66	26	58.7	59.2	60.3	59.8	59.3	59.46	0.61	-1.98
2	58.8	59.4	59.4	57.2	60.1	58.98	1.10	-2.07	27	59.1	59.3	60.8	60.1	59.8	59.82	0.68	-0.59
3	60.5	60.0	59.5	58.9	59.5	59.68	0.60	-1.19	28	59.8	59.0	58.8	60.9	60.6	59.82	0.93	-0.43
4	60.9	59.5	62.3	59.7	60.2	60.52	1.13	1.03	29	58.6	59.8	58.3	59.3	60.0	59.20	0.74	-2.42
5	60.2	58.6	59.8	61.3	60.9	60.16	1.05	0.34	30	59.6	61.1	59.9	59.0	60.2	59.96	0.78	-0.11
6	60.2	59.8	62.5	61.1	60.0	60.72	1.11	1.45	31	59.9	61.2	60.0	58.8	60.0	59.98	0.85	-0.05
7	58.4	60.3	61.1	60.4	60.6	60.16	1.03	0.35	32	58.9	61.5	60.2	60.1	60.7	60.28	0.95	0.66
8	60.9	60.2	60.2	61.0	61.6	60.78	0.59	2.96	33	59.4	60.9	60.0	61.3	59.6	60.24	0.83	0.65
9	61.7	61.7	59.5	61.0	61.7	61.12	0.95	2.64	34	61.4	60.1	60.6	59.0	59.2	60.06	0.99	0.14
10	58.9	60.0	59.6	60.4	59.9	59.76	0.56	-0.96	35	60.6	59.5	59.5	60.3	60.5	60.08	0.54	0.33
11	59.4	60.3	61.0	61.0	59.1	60.16	0.88	0.41	36	60.4	61.3	59.8	59.0	59.8	60.06	0.85	0.16
12	59.4	58.4	59.8	60.4	61.8	59.96	1.26	-0.07	37	59.7	60.2	60.0	59.5	60.5	59.98	0.40	-0.11
13	61.5	59.3	57.9	59.5	59.6	59.56	1.28	-0.77	38	58.9	60.5	60.1	60.5	60.3	60.06	0.67	0.20
14	60.9	58.2	58.5	60.9	60.9	59.88	1.40	-0.19	39	59.9	57.7	59.8	60.1	62.1	59.92	1.56	-0.11
15	60.1	62.1	60.9	60.7	59.7	60.70	0.92	1.70	40	61.0	59.1	58.5	60.9	60.7	60.04	1.16	0.08
16	61.2	57.8	58.6	60.9	60.6	59.82	1.52	-0.26	41	58.8	60.3	59.9	59.1	59.7	59.56	0.61	-1.61
17	60.8	59.1	59.9	59.1	57.5	59.28	1.22	-1.32	42	59.1	60.6	60.9	58.6	61.7	60.18	1.29	0.31
18	58.7	59.6	60.1	61.9	59.0	59.86	1.26	-0.25	43	59.4	59.1	61.2	58.8	61.0	59.90	1.12	-0.20
19	58.2	60.1	59.2	60.5	58.9	59.38	0.93	-1.49	44	58.9	62.1	58.4	60.0	62.1	60.30	1.74	0.39
20	60.5	59.4	59.7	60.8	59.1	59.90	0.72	-0.31	45	60.9	59.6	61.2	59.1	59.4	60.04	0.94	0.10
21	61.2	59.5	61.6	59.1	61.8	60.64	1.25	1.14	46	60.2	61.1	59.9	59.4	59.8	60.08	0.64	0.28
22	60.5	61.7	61.6	59.1	59.2	60.42	1.25	0.75	47	60.7	59.6	60.1	59.8	59.9	60.02	0.42	0.11
23	59.7	59.4	60.4	60.0	59.9	59.88	0.37	-0.73	48	60.2	59.8	59.6	60.5	59.3	59.88	0.48	-0.56
24	60.4	58.7	60.8	60.6	61.6	60.42	1.06	0.89	49	59.9	59.9	60.4	60.3	59.3	59.96	0.43	-0.21
25	61.2	58.5	59.5	59.4	59.2	59.56	1.00	-0.98	50	61.4	58.2	60.6	62.1	61.6	60.78	1.54	1.13

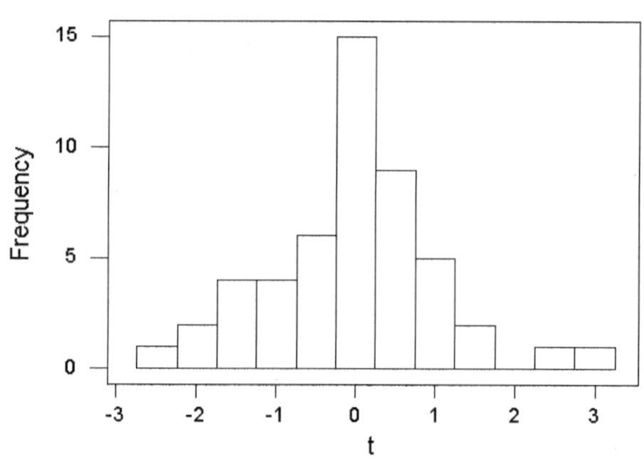

[해석] 정규분포를 하는 모집단으로부터 표본 $n=5$씩 50회 반복 추출하여 각각의 통계량 t를 구하여 히스토그램을 그려 본 바, 통계량 t의 분포가 $t=0$을 중심으로 대칭을 이루며, 이론적인 t분포의 모양과 비슷함을 알 수 있다. 따라서 통계량 t가 이루는 히스토그램은 표본분포임을 알 수 있다.

예제 5.8

- 정규모집단으로부터 $n=17$인 확률표본을 추출하여 통계량 $t=\dfrac{\overline{X}-\mu}{s/\sqrt{n}}$로부터 다음 물음에 답하라.

  (1) $P(t\le 2.1199)$의 확률값
  (2) $P(t\le t(16\,;0.025))=0.975$ 을 만족하는 $t(16\,;0.025)$의 값

(1) 자유도 16이므로 부록의 표로부터

$$P(t\le 2.1199)=1-P(t\ge 2.1199)=1-0.025=0.975$$

(2) $P(t\le t(16\,;0.025))=0.975$, 따라서 $t(16\,;0.025)=2.1199$

예제 5.9

- 다음 t분포의 그림을 보고 자유도(5, 25)가 증가함에 따라 표준정규분포에 근사함을 설명하라.

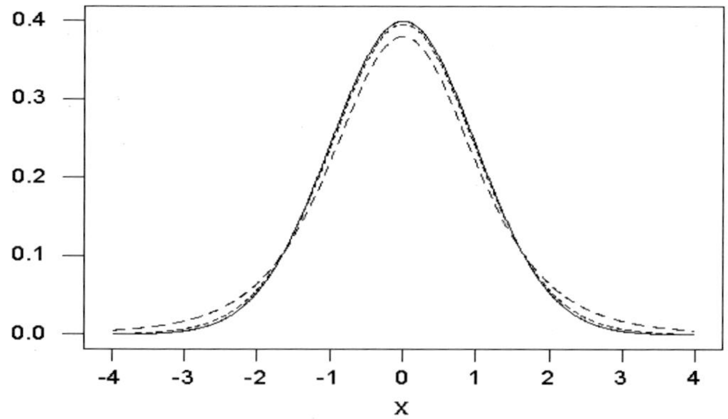

[해석] 위의 그래프로 알 수 있듯이 t분포는 자유도가 커짐에 따라 표준정규분포(위 그래프에서는 실선그래프임)에 가까워짐을 알 수 있다.

5 F분포

두 정규모집단의 분산의 비교에 대한 추론에 주로 사용되는 F분포에 대하여 알아보자. χ_1^2, χ_2^2은 각각 자유도 ϕ_1, ϕ_2인 카이제곱분포를 따르며 서로 독립인 확률변수들이라 할 때 통계량

$$F = \frac{\chi_1^2/\phi_1}{\chi_2^2/\phi_2}$$

은 자유도 (ϕ_1, ϕ_2)인 F분포를 따른다 한다. F분포 역시 자유도에 따라 분포의 형태가 변한다. 기호로는 $F \sim F(\phi_1, \phi_2)$로 나타낸다.

이제 두 정규모집단에서의 표본분산들의 비율에 대한 분포인 F분포를 이용하여 다음을 고찰한다.

$X_1,\ X_2,\ \cdots,X_{n_1}$과 $Y_1,\ Y_2,\ \cdots,Y_{n_2}$를 각각 두 정규모집단 $N(\mu_1, \sigma_1^2)$, $N(\mu_2, \sigma_2^2)$에서의 서로 독립인 확률표본이라 하고, S_1^2과 S_2^2을 각각 두 확률표본에서의 표본분산이라 정의하면

$$U=\frac{(n_1-1)S_1^2}{\sigma_1^2}\sim\chi_1^2(n_1-1),\quad V=\frac{(n_2-1)S_2^2}{\sigma_2^2}\sim\chi_2^2(n_2-1)$$

이고 각각 서로 독립이므로

$$F=\frac{U/\phi_1}{V/\phi_2}=\frac{\sigma_2^2}{\sigma_1^2}\frac{S_1^2}{S_2^2}\sim F(n_1-1,\ n_2-1)$$

가 성립한다. 만약 $\sigma_1^2=\sigma_2^2$이면 $F=\frac{S_1^2}{S_2^2}\sim F(n_1-1,\ n_2-1)$가 되므로 F분포를 분산비 분포라고도 한다.

F분포는 자유도에 따라 그 모양이 다르다. 다음 그림은 자유도가 (ϕ_1,ϕ_2)인 F분포의 분위수를 $F(\phi_1,\phi_2,\alpha)$로 나타냈다.

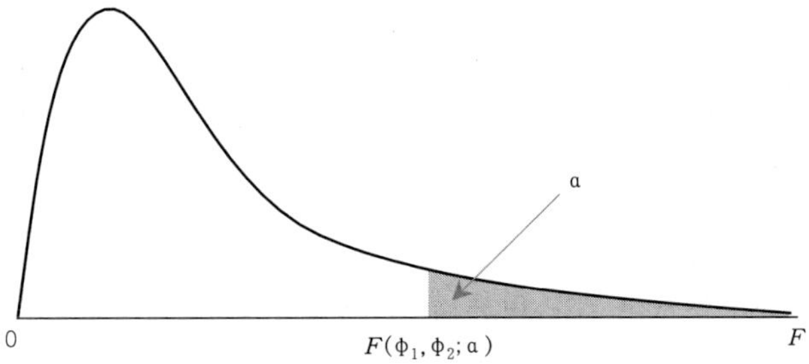

〈그림 5.3〉 $F(\phi_1,\phi_2;\alpha)$ 분포

확률변수 X의 분포가 $F(\phi_{1,}\phi_2)$를 따를 때 즉, $X \sim F(\phi_{1,}\phi_2)$일 때, F분포의 형태는 2개의 자유도 ϕ_1, ϕ_2의 값들에 따라 결정되며 $P(X \geq x) = \alpha$를 만족시키는 x를 통상 $F(\alpha, \phi_{1,}\phi_2)$로 표시한다.

부록의 표에는 $\alpha = 0.10,\ 0.05,\ 0.025,\ 0.01$에 대해 각각 ϕ_1과 ϕ_2의 크기에 따라 $F(\alpha, \phi_{1,}\phi_2)$값들이 결정된다.

F분포는 다음과 같은 성질이 있다.

(1) 확률변수 T가 자유도 ϕ인 t분포를 따를 때

$$T^2 \sim F(1,\ \phi)$$

(2) $F(\phi_1,\ \phi_2; \alpha) = \dfrac{1}{F(\phi_2,\ \phi_1; 1-\alpha)}$

예제 5.10

• 다음의 확률을 F분포표를 이용하여 구하라.

① $F(8, 3; 0.95)$ ② $F(8, 3; 0.99)$

(1) $F(8, 3; 0.95) = \dfrac{1}{F(3, 8; 0.05)} = \dfrac{1}{4.07} = 0.246$

(2) $F(8, 3; 0.99) = \dfrac{1}{F(3, 8; 0.01)} = \dfrac{1}{7.59} = 0.132$

예제 5.11

- 확률변수 F가 $F(n_1-1, n_2-1)$일 때 다음을 계산하라.

(1) $n_1=8$, $n_2=9$일 때 $P(F<4.53)$의 확률값

(2) $n_1=8$, $n_2=9$일 때 $P(F<F(7,8;\ 0.025))=0.975$에서 $F(7,8;\ 0.025)$의 값

(1) 자유도 7, 8이므로 부록의 표로부터

$$P(F<4.53)=1-P(F\geq 4.53)=1-0.025=0.975$$

(2) $P(F<F(7,8;0.025))=0.975$, 따라서 $F(7,8;0.025)=4.53$

예제 5.12

- 정규분포 $X\sim N(60,4)$를 하는 모집단으로부터 표본크기가 $n=5$인 표본을 추출하는 일을 40회, 정규분포 $Y\sim N(80,4)$를 하는 모집단으로부터 표본크기가 $n=5$인 표본을 추출하는 일을 40회 반복 시행하여 각각의 표본에 대해 표본분산 S_1^2, S_2^2을 각각 계산하고, 이로부터 통계량 $F=S_1^2/S_2^2$을 계산한 결과가 다음과 같다. $F=S_1^2/S_2^2$에 대한 히스토그램을 그려라. 분포의 모양은 어떠한가 살펴보자.

표본번호	x_1	x_2	x_3	x_4	x_5	S_1^2	y_1	y_2	y_3	y_4	y_5	S_2^2	F
1	60.6	59.8	59.9	58.8	61.8	1.2	78.3	77.6	78.2	78.6	76.8	0.5	**2.40**
2	60.0	56.9	60.6	60.0	58.2	2.3	82.1	83.0	81.2	79.9	78.9	2.7	**0.85**
3	57.9	61.4	59.8	59.5	60.1	1.6	83.7	79.1	79.5	82.0	78.0	5.3	**0.30**
4	60.8	57.4	60.1	61.6	57.4	3.8	81.5	81.1	79.5	81.7	79.9	0.9	**4.22**
5	60.4	59.0	55.8	63.1	61.0	7.5	76.4	80.9	73.1	80.3	76.9	10.0	**0.75**
6	59.7	60.7	59.6	64.6	60.9	4.2	80.5	76.7	77.9	84.1	81.4	8.7	**0.48**
7	57.2	59.0	56.1	59.7	61.2	4.1	79.0	77.9	79.7	84.0	81.6	5.9	**0.69**
8	61.4	58.7	60.2	61.5	60.6	1.3	80.4	79.3	82.1	82.1	80.7	1.5	**0.87**
9	58.0	61.1	59.9	56.2	60.6	4.1	84.4	81.2	78.1	84.7	83.7	7.7	**0.53**
10	60.2	55.8	62.9	58.0	63.2	10.1	80.1	80.7	83.1	81.6	76.6	5.9	**1.71**
11	60.8	61.2	59.0	59.2	59.1	1.1	77.8	81.2	79.7	77.3	78.8	2.4	**0.46**
12	62.7	57.7	61.1	58.2	63.2	6.4	81.0	77.5	79.1	81.1	76.9	3.8	**1.68**
13	60.8	65.0	61.6	62.1	63.1	2.7	77.8	79.6	78.4	78.6	82.6	3.6	**0.75**
14	59.8	60.5	61.2	56.3	60.7	3.8	78.3	82.6	83.8	81.1	80.4	4.5	**0.84**
15	60.0	60.3	59.7	58.8	60.2	0.4	82.6	81.1	80.5	79.8	80.5	1.1	**0.36**
16	57.3	58.0	57.1	60.5	60.6	3.0	80.9	82.3	80.4	79.9	81.1	0.9	**3.33**
17	61.7	55.6	58.7	58.5	60.0	5.0	79.7	76.6	81.3	80.2	80.0	3.1	**1.61**
18	59.8	62.3	58.8	58.4	58.7	2.5	81.4	81.0	82.9	79.9	77.1	4.6	**0.54**
19	64.1	56.6	58.6	63.2	58.6	10.5	80.2	80.6	79.9	81.9	78.2	1.8	**5.83**
20	58.3	58.6	60.6	59.6	58.2	1.1	79.3	80.1	78.2	78.5	77.9	0.8	**1.38**
21	61.4	60.7	59.1	59.6	58.9	1.2	80.2	80.5	80.7	80.4	77.3	1.9	**0.63**
22	62.0	62.2	58.2	58.5	58.9	3.9	83.6	79.3	81.6	78.8	80.6	3.7	**1.05**
23	60.2	59.0	55.8	57.4	57.3	3.0	80.1	81.7	80.4	76.8	80.0	3.3	**0.91**
24	58.6	60.1	56.3	59.1	61.0	3.1	79.8	84.1	78.6	80.3	84.6	7.3	**0.42**
25	60.8	60.1	60.9	58.5	60.6	1.0	83.2	78.4	81.4	79.4	79.8	3.5	**0.29**
26	60.8	61.2	61.9	57.6	57.0	5.1	82.4	78.1	83.6	81.9	77.6	7.2	**0.71**
27	60.0	61.4	57.8	59.7	62.7	3.4	82.9	80.5	80.9	81.9	79.9	1.4	**2.43**
28	59.2	61.8	61.4	62.5	62.2	1.7	78.0	81.2	75.8	79.0	76.7	4.4	**0.39**
29	61.1	59.2	58.3	62.4	61.3	2.8	81.6	79.6	83.7	84.6	79.9	5.0	**0.56**
30	60.5	59.7	60.3	58.5	60.6	0.8	86.0	81.0	78.4	79.9	81.6	8.2	**0.10**
31	58.3	59.3	59.8	62.9	56.3	5.8	77.6	79.1	77.5	78.0	80.1	1.2	**4.83**
32	60.5	57.7	62.6	58.2	59.0	3.9	81.8	80.8	78.5	79.0	77.5	3.1	**1.26**
33	63.0	64.2	57.8	57.3	60.8	9.3	78.2	85.1	83.4	81.9	77.1	11.7	**0.79**
34	61.7	59.3	57.1	61.7	58.8	3.9	79.8	78.3	80.6	77.5	78.2	1.7	**2.29**
35	59.8	60.8	59.2	61.9	59.3	1.3	77.2	79.9	80.7	80.5	78.5	2.1	**0.62**
36	64.3	59.9	60.8	60.5	58.2	5.1	79.0	79.7	78.2	79.1	80.3	0.6	**8.50**
37	62.6	57.8	60.2	59.2	61.3	3.4	82.1	81.2	81.0	80.8	79.1	1.2	**2.83**
38	62.5	64.7	61.8	60.1	58.9	4.9	82.2	84.1	82.0	77.7	79.5	6.4	**0.77**
39	63.0	64.2	57.8	57.3	60.8	9.3	78.2	85.1	83.4	81.9	77.1	11.7	**0.79**
40	59.9	63.3	61.3	57.4	57.2	6.8	75.7	82.9	78.0	77.1	78.8	7.5	**0.91**

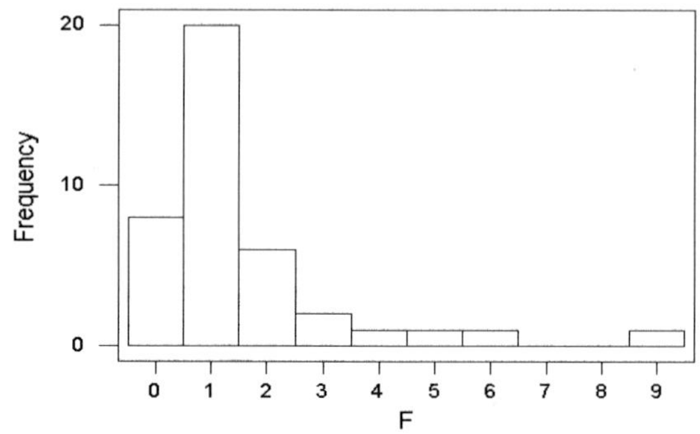

[해석] 정규분포를 하는 모집단 $X \sim N(60, 4)$ 와 $X \sim N(80, 4)$ 으로부터 각각의 표본분산 S^2_1, S^2_2 을 통해 통계량 F의 그래프를 구한 결과 이론적인 F분포의 모양을 하고 있음을 알 수 있다. 따라서 통계량 F의 히스토그램은 표본분포임을 알 수 있다.

예제 5.13

- $F(5, 10)$ 및 $F(20, 30)$의 그래프를 그리면 다음과 같다. 그림의 의미를 설명하여라.

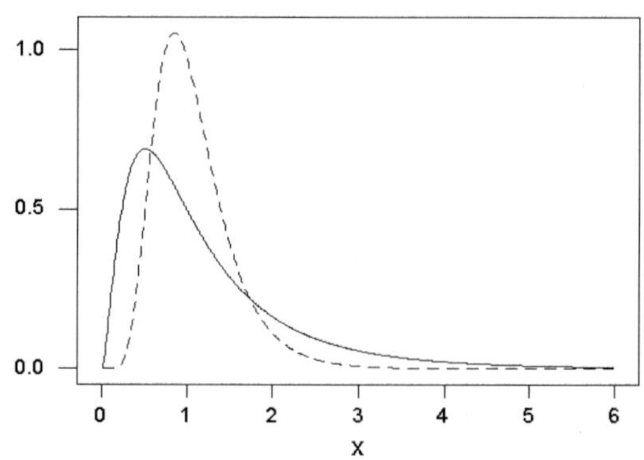

[해석] F분포 역시 자유도에 따라 그래프의 모양이 변화됨을 알 수 있다. 위의 실선 그래프는 자유도가 5,10인 F분포이다.

엑셀활용

실습: 일양분포 난수 발생 (예제 5.1)

1. [도구] → [데이터 분석(D)]을 선택하고 나타난 [통계 데이터 분석] 대화상자에서 난수생성을 선택하고 [확인] 버튼을 클릭한다.

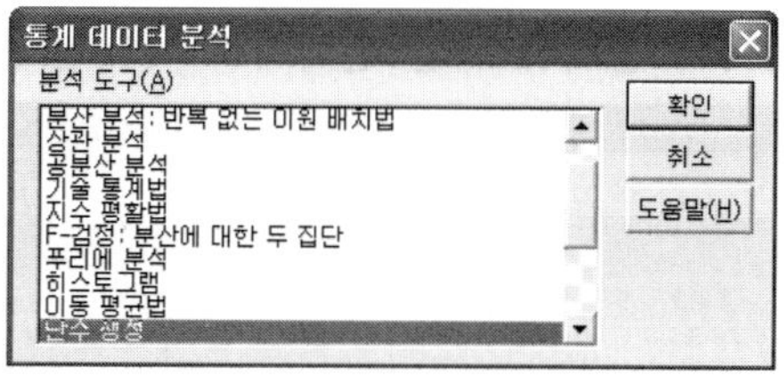

2. [난수생성] 대화상자가 나타나면 변수의 개수를 “50”, 난수의 개수를 “5”, 분포를 “일양분포”를 선택한다. 그리고 모수입력란에 시작과 종료를“0”, “10”으로 수정하고, 출력범위를 “A2”로 선택한 후 [확인] 버튼을 클릭한다.

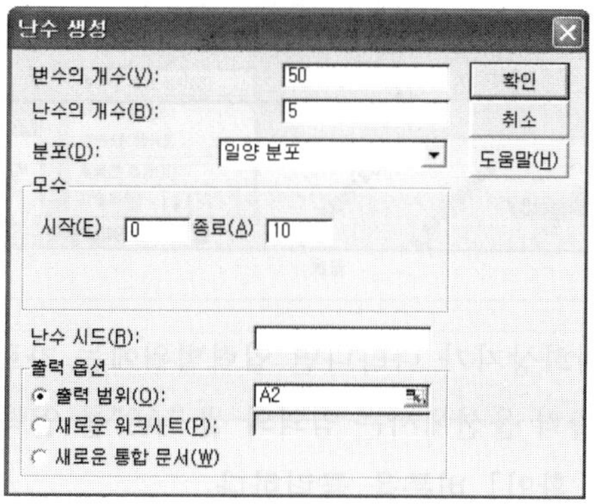

실습: 정규분포 계산 (예제 5.2)

1. B4에 ="NORMDIST(90, 102, 16, TRUE)"를 기입하고, Enter↵를 누른다.

2. B6에 ="16/(SQRT(5))"를 기입하고 Enter↵를 누른다.

[결과]

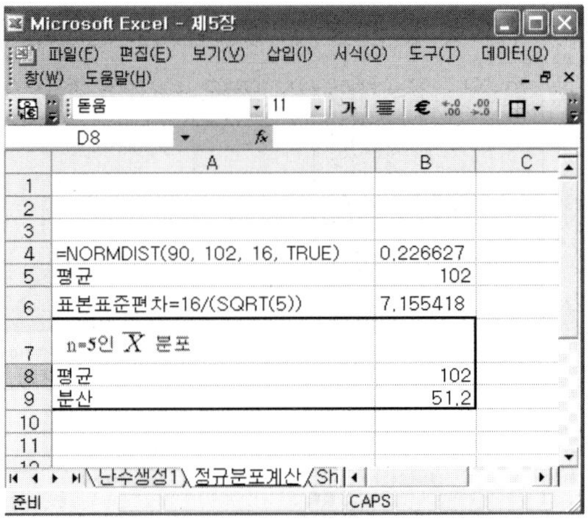

실습: 카이제곱분포 난수 발생 (예제 5.4)

1. [도구] → [데이터 분석(D)]을 선택하고 나타난 [통계 데이터 분석] 대화상자에서 난수생성을 선택하고 [확인] 버튼을 클릭한다.

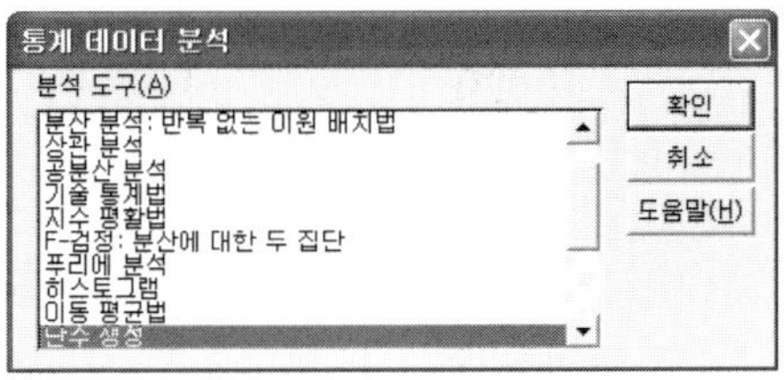

2. [난수생성] 대화상자가 나타나면 변수의 개수를 "50", 난수의 개수를 "5", 분포를 "정규분포"를 선택한다. 그리고 모수입력란에 시작과 종료를 "50", "1"로 수정하고 출력범위를 "A2"로 선택한 후 [확인] 버튼을 클릭한다.

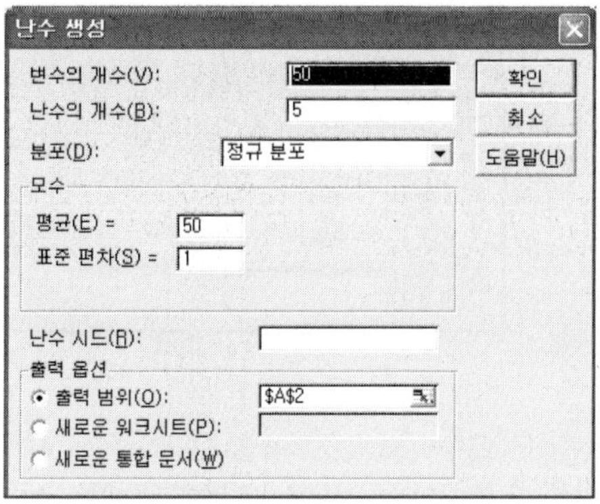

3. A7셀에 "=STDEV(A2:A6)", A8셀에 "=(4*A7^2)/1"을 입력하고 자동채우기 기능을 이용하기 위하여 AX열까지 드래그 한다.

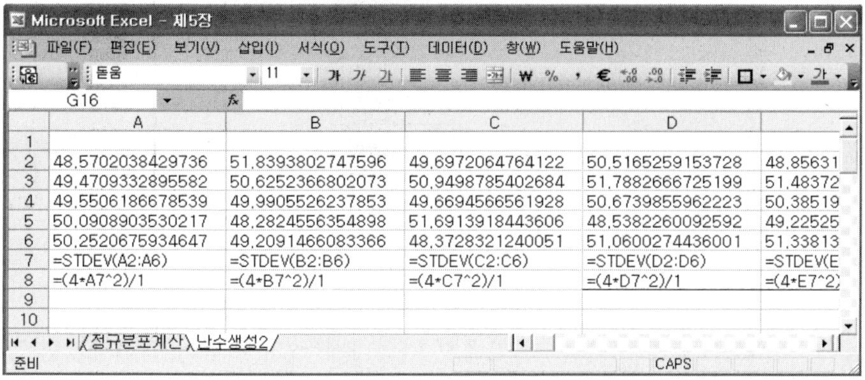

4. [도구] → [데이터 분석(D)]을 선택하고 나타난 [통계 데이터 분석] 대화상자에서 히스토그램을 선택하고 [확인] 버튼을 클릭한다.

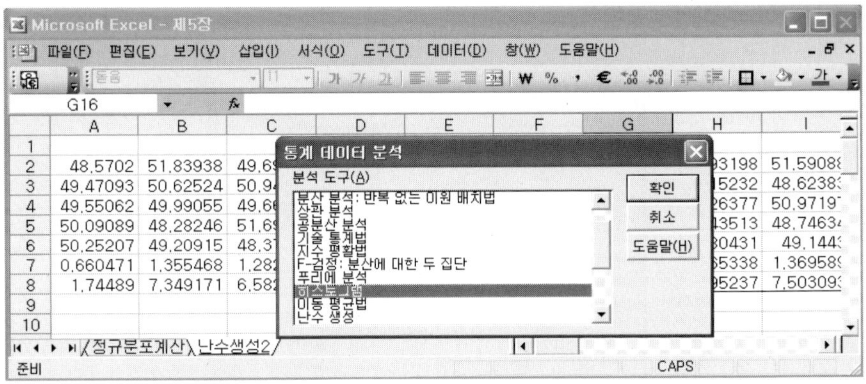

5. 히스토그램 대화상자가 나타나면 입력범위에는 자료들의 범위 "A7:AX7"을 지정하고 출력 옵션에서는 임의의 셀 "A9"를 입력한 후 차트 출력항목을 체크한 다음 [확인] 버튼을 클릭한다.

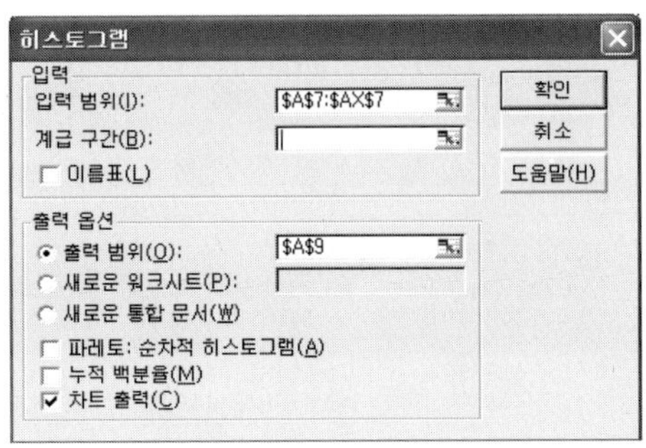

6. 히스토그램의 모습을 더 자세히 나타나게 하기 위하여 히스토그램 그림을 클릭하여 편집상태를 만들어 그림을 크게 하고 난 다음 임의의 막대그래프를 클릭하고 나타난 점을 클릭한다. 나타난 메뉴 중에서 [데이터 계열 서식]을 선택한다.

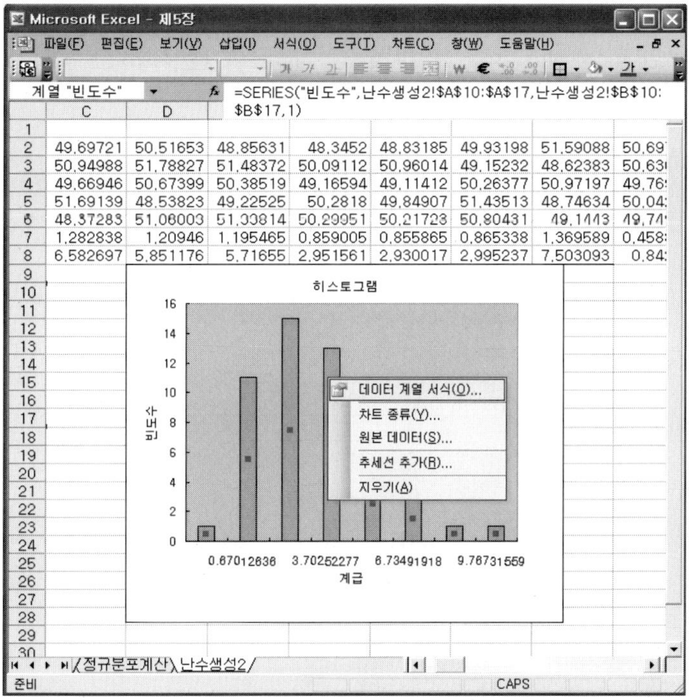

7. 데이터 계열 서식 대화상자에서 [옵션] 메뉴를 선택한다. 간격너비를 "0"으로 수정하고 [확인]버튼을 클릭한다.

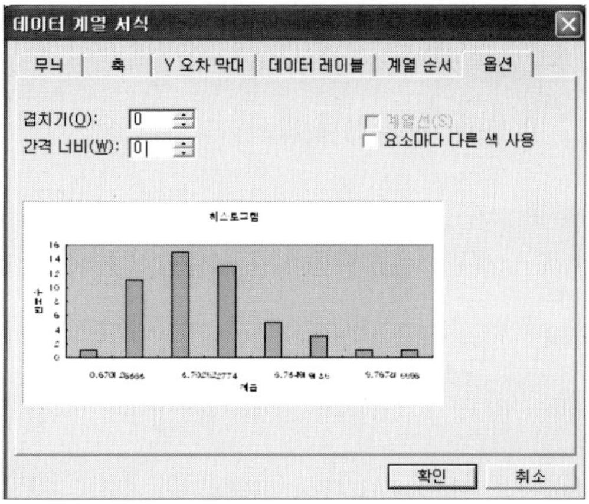

8. 다음과 같은 간격너비가 "0"인 히스토그램이 그려진다. 그리고 임의의 막대그래프 상에 마우스를 클릭하고 나타난 메뉴에서 [추세선 추가] 메뉴를 선택하고 [확인] 버튼을 클릭한다.

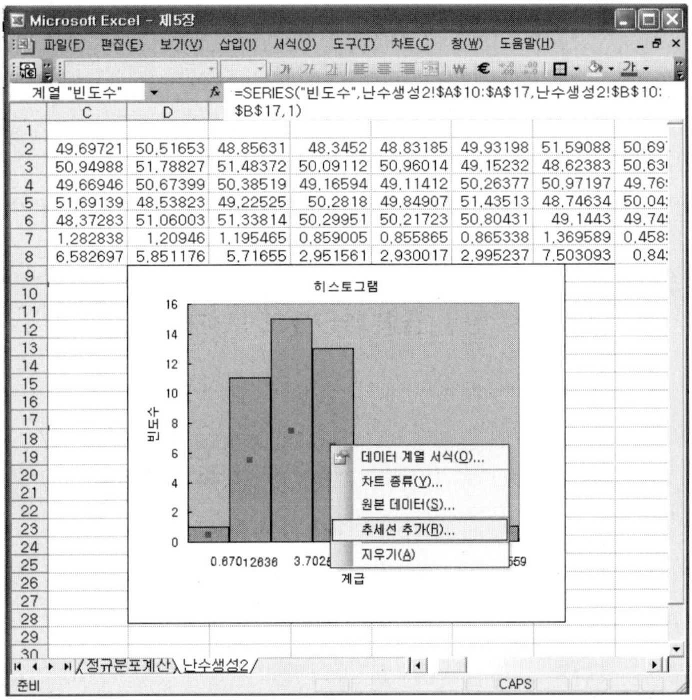

9. [추세선 서식] 대화상자가 나타나면 [다항식] 옵션과 차수를 "5"로 수정하고 [확인] 버튼을 클릭한다.

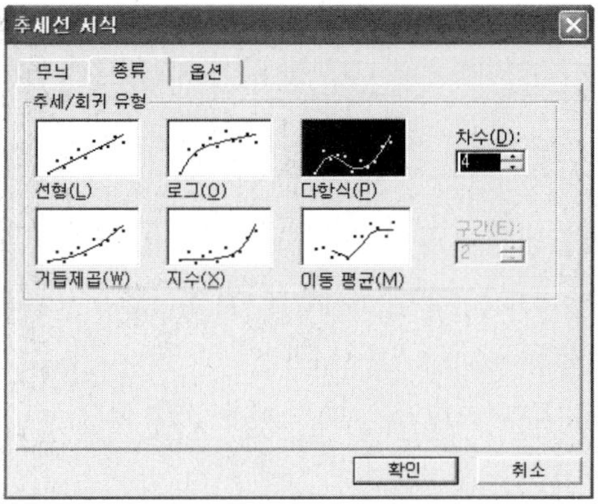

10. 다음과 같은 결과 화면이 나타난다.

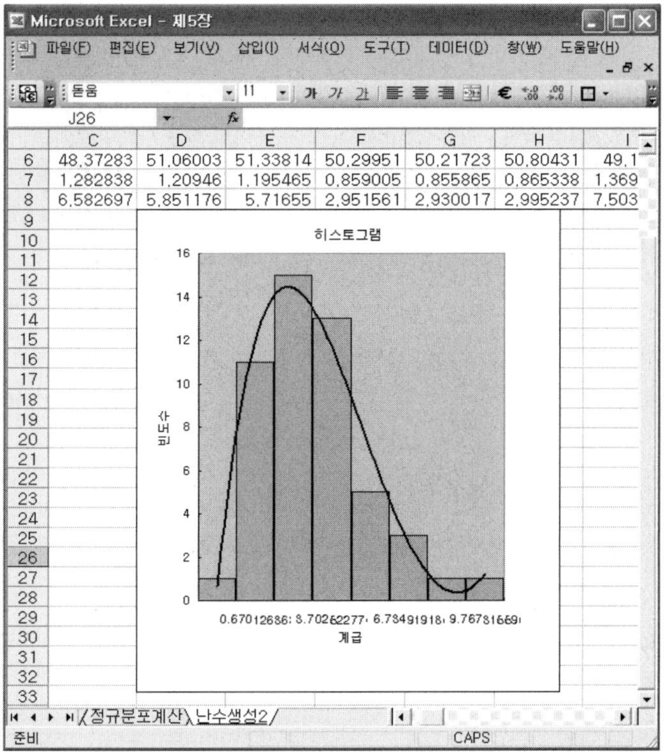

실습: 표본분포(카이제곱, t, F) 확률 계산 (예제 5.5, 예제 5.8, 예제 5.11)

• 카이제곱분포확률계산

— $\chi^2(k)$를 따르는 X에 대하여 누적확률 $p(X \geq x) = CHIDIST(x, k)$
(k는 자유도)

— $\chi^2(k)$를 따르는 X에 대하여 $p(X \geq x) = p$인 x값 $= CHIINV(p, k)$
(p는 상위확률인 0과 1 사이의 값)

• t 분포확률계산

— $t(k)$를 따르는 T에 대하여
$p(T \geq x) = TDIST(x, k, 1)$(단측확률)
$p(|T| \geq x) = 2p(T \geq x) = TDIST(x, k, 2)$(양측확률)
(k는 자유도, x는 상위확률을 구할 때 사용되는 경계값)

— $t(k)$를 따르는 T에 대하여 $p(|T| \geq x) = 2p(T \geq x) = p$ 인 x값 계산
$= TINV(p, k)$ (p는 양측확률, $p(|T| \geq x) = 2p(T \geq x)$)

• F 분포확률계산

— $F(k_1, k_2)$를 따르는 F에 대하여
$p(F \geq x) = FDIST(x, k_1, k_2)$
(k_1는 분자의 자유도, k_2는 분모의 자유도, x는 상위확률을 구할 때 사용되는 경계값)

— $F(k_1, k_2)$를 따르는 F에 대하여 $p(F \geq x) = p$ 인 x값 계산
$= FINV(p, k_1, k_2)$(p는 0과 1 사이에 존재하는 상위확률)

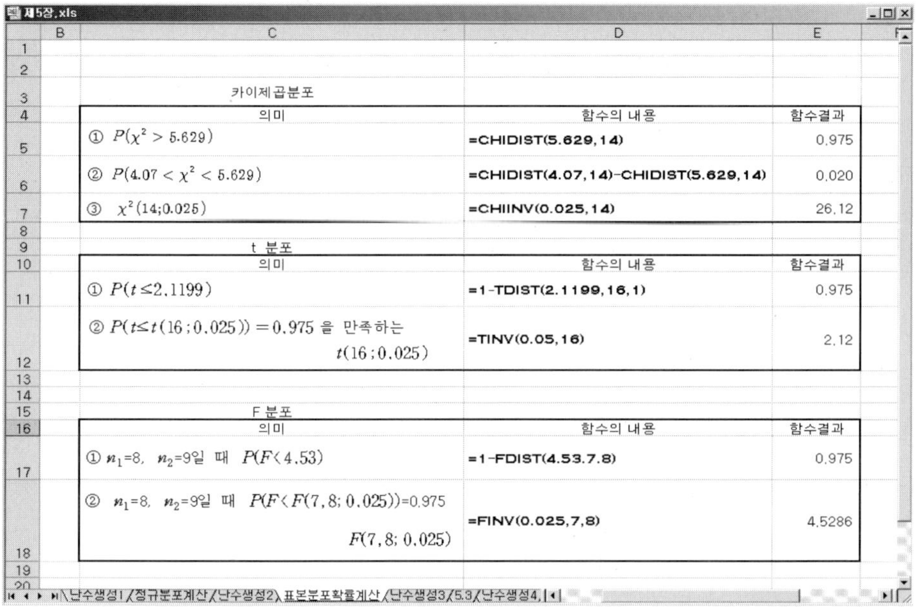

카이제곱분포

의미	함수의 내용	함수결과
① $P(\chi^2 > 5.629)$	=CHIDIST(5.629,14)	0.975
② $P(4.07 < \chi^2 < 5.629)$	=CHIDIST(4.07,14)-CHIDIST(5.629,14)	0.020
③ $\chi^2(14;0.025)$	=CHIINV(0.025,14)	26.12

t 분포

의미	함수의 내용	함수결과
① $P(t \le 2.1199)$	=1-TDIST(2.1199,16,1)	0.975
② $P(t \le t(16;0.025)) = 0.975$ 을 만족하는 $t(16;0.025)$	=TINV(0.05,16)	2.12

F 분포

의미	함수의 내용	함수결과
① n_1=8, n_2=9일 때 $P(F<4.53)$	=1-FDIST(4.53,7,8)	0.975
② n_1=8, n_2=9일 때 $P(F<F(7,8;0.025))$=0.975 $F(7,8;0.025)$	=FINV(0.025,7,8)	4.5286

실습: 표본비율의 분포(이항 난수 발생) (예제 5.6)

1. [도구] → [데이터 분석(D)]을 선택하고 나타난 [통계 데이터 분석] 대화상자에서 난수 생성을 선택하고 [확인] 버튼을 클릭한다.

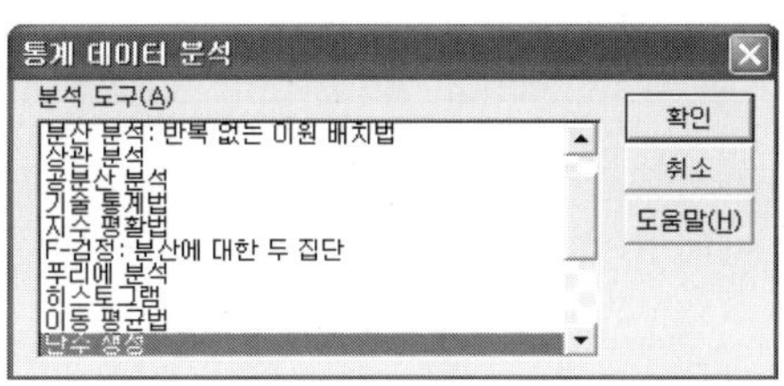

2. [난수생성] 대화상자가 나타나면 변수의 개수를 "50", 난수의 개수를 "1", 분포를 "이항분포"를 선택한다. 그리고 모수입력란에 성공률과 시행 횟수를 "50", "1"로 수정하고 출력범위를 "A2"로 선택한 후 [확인] 버튼을 클릭한다.

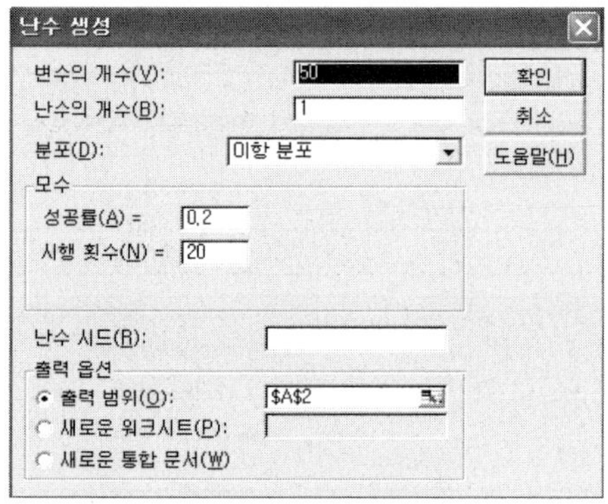

3. A3셀에 "=A2/20"을 입력하고 자동채우기 기능을 이용하기 위하여 AX 열까지 드래그 한다.

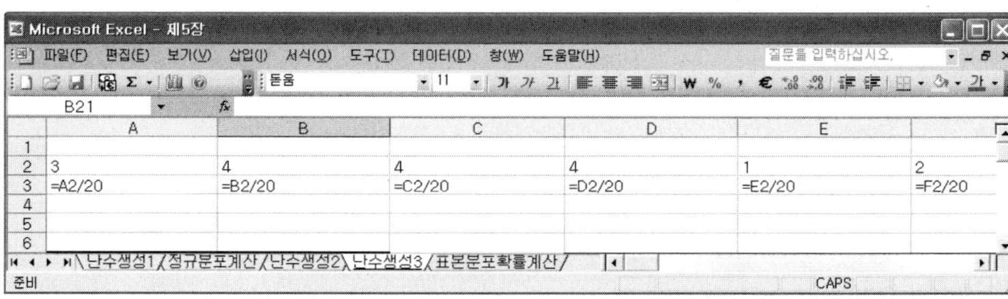

4. [도구] → [데이터 분석(D)]을 선택하고 나타난 [통계 데이터 분석] 대화상자에서 히스토그램을 선택하고 [확인] 버튼을 클릭한다.

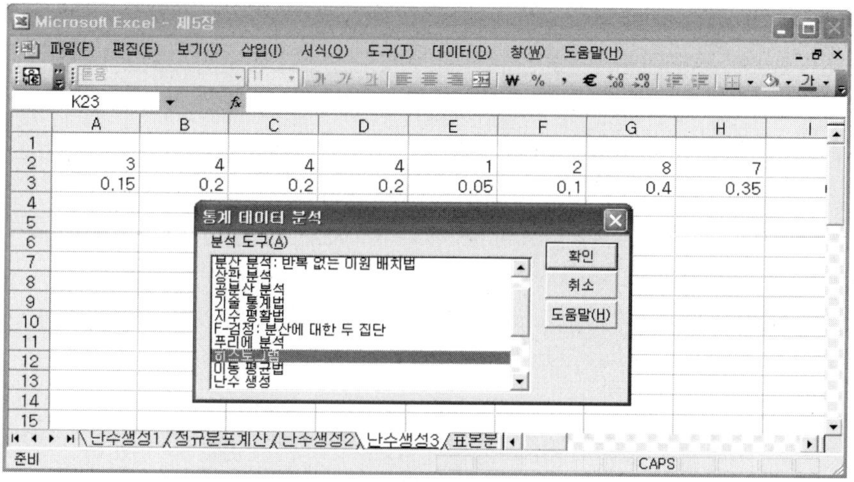

5. 히스토그램 대화상자가 나타나면 입력범위에는 자료들의 범위 “A7:AX7”을 지정하고 출력 옵션에서는 임의의 셀 “A7”를 입력한 후 차트 출력항목을 체크한 다음 [확인] 버튼을 클릭한다.

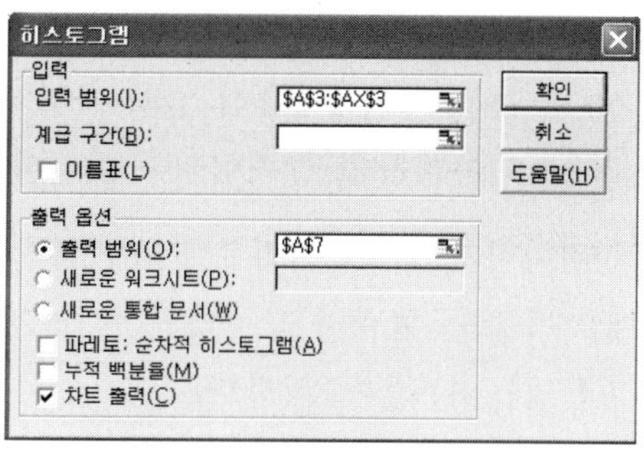

6. 히스토그램의 모습을 더 자세히 나타나게 하기 위하여 히스토그램 그림을 클릭하여 편집 상태를 만들어 그림을 크게 하고 난 다음 임의의 막대그래프를 클릭하고 나타난 점을 클릭한다. 나타난 메뉴 중에서 [데이터 계열 서식]을 선택한다.

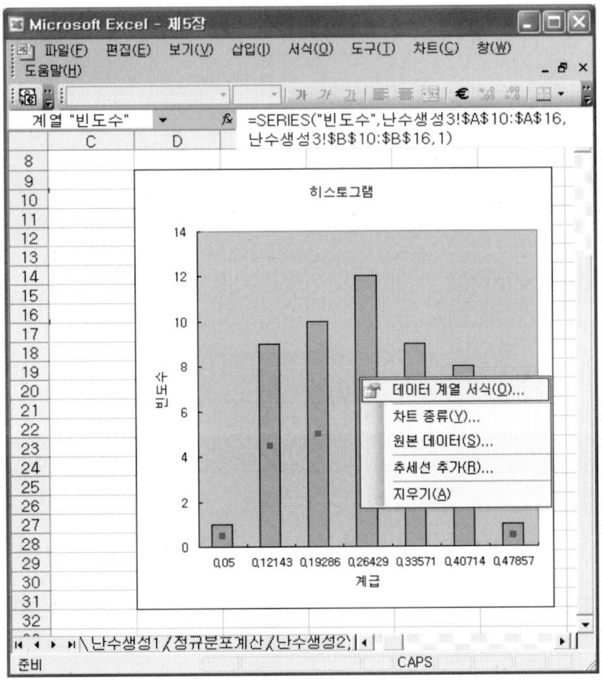

7. 데이터 계열 서식 대화상자에서 [옵션] 메뉴를 선택한다. 간격너비를 "0"으로 수정하고 [확인] 버튼을 클릭한다.

8. 다음과 같은 간격너비가 "0"인 히스토그램이 그려진다. 그리고 임의의 막대그래프 상에 마우스를 클릭하고 나타난 메뉴에서 [추세선 추가] 메뉴를 선택하고 [확인] 버튼을 클릭한다.

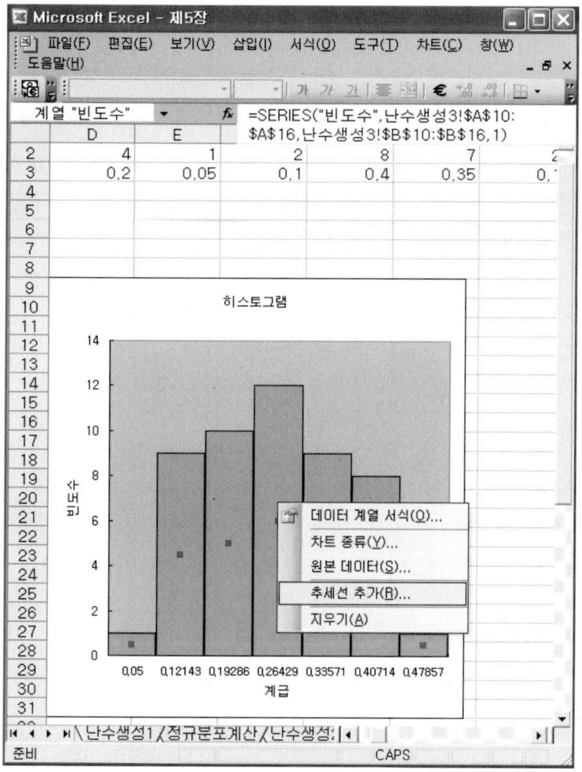

9. [추세선 서식] 대화상자가 나타나면 [다항식] 옵션과 차수를 "3"으로 수정하고 [확인] 버튼을 클릭한다.

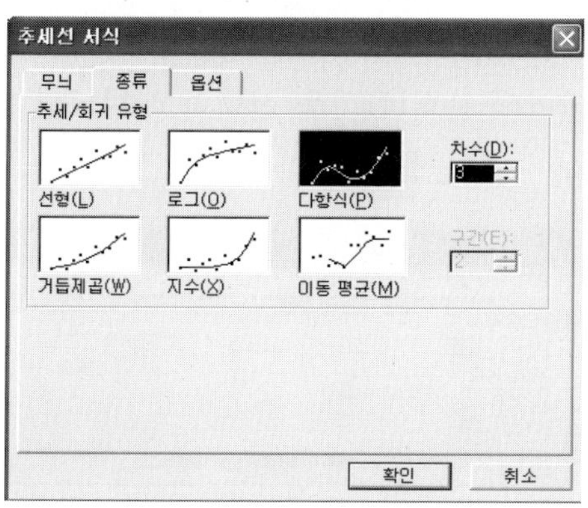

10. 다음과 같은 결과 화면이 나타난다.

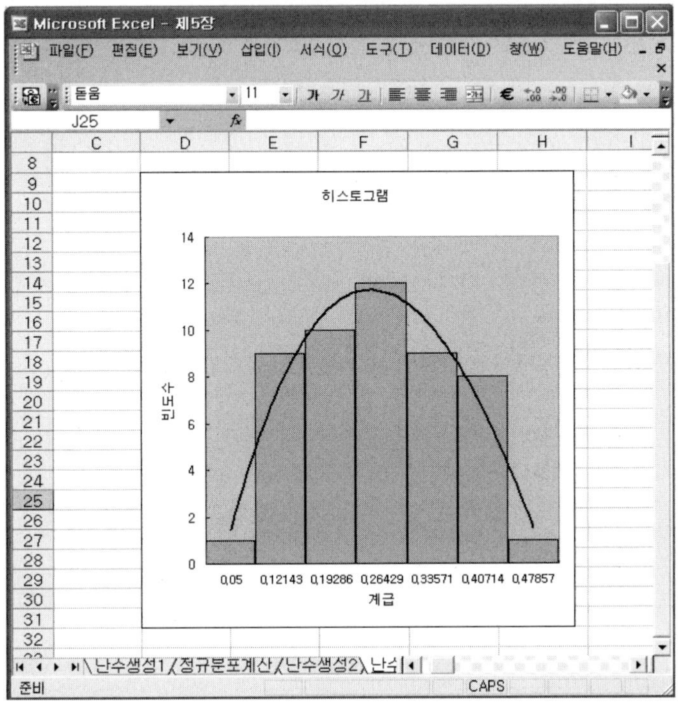

실습: t 분포 난수 발생 (예제 5.7)

1. [도구] → [데이터 분석(D)]을 선택하고 나타난 [통계 데이터 분석] 대화상자에서 난수 생성을 선택하고 [확인] 버튼을 클릭한다.

2. [난수생성] 대화상자가 나타나면 변수의 개수를 "50", 난수의 개수를 "5", 분포를 "정규분포"를 선택한다. 그리고 모수입력란에 시작과 종료를 "50", "1"로 수정하고 출력범위를 "A2"로 선택한 후 [확인] 버튼을 클릭한다.

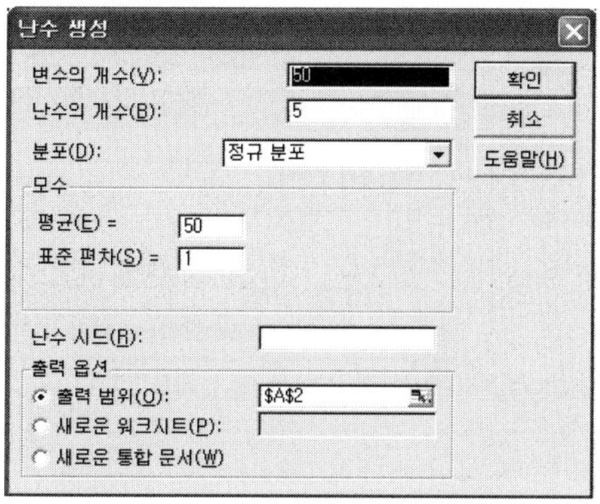

3. A7셀에 "=AVERAGE(A2:A6)", A8셀에 "=STDEV(A2:A6)", A9셀에 "=(A7-50)/(A8/SQRT(5))"을 입력하고, 자동채우기 기능을 이용하기 위하여 AX열까지 드래그 한다.

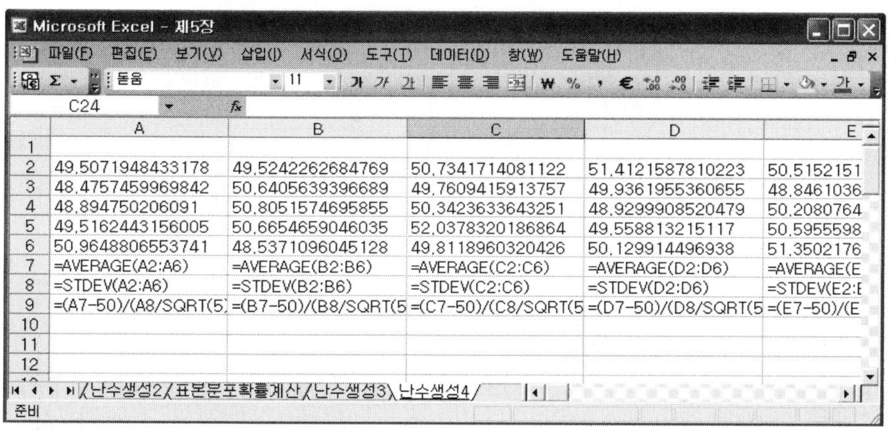

4. [도구] → [데이터 분석(D)]을 선택하고 나타난 [통계 데이터 분석] 대화상자에서 히스토그램을 선택하고 [확인] 버튼을 클릭한다.

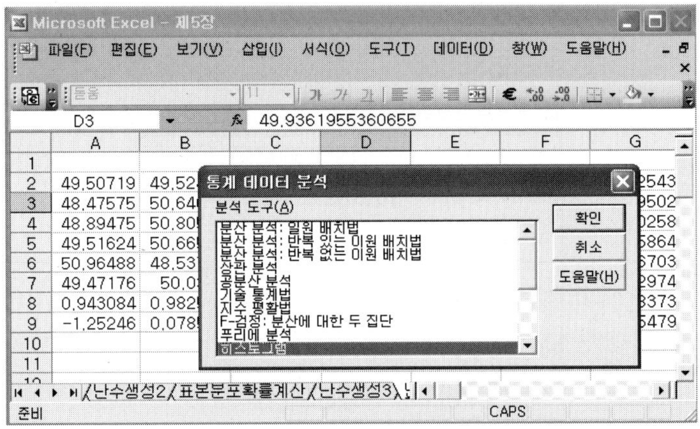

5. 히스토그램 대화상자가 나타나면 입력범위에는 자료들의 범위 "A9:AX9"를 지정하고 출력 옵션에서는 임의의 셀 "A11"을 입력한 후 차트 출력항목을 체크한 다음 [확인] 버튼을 클릭한다.

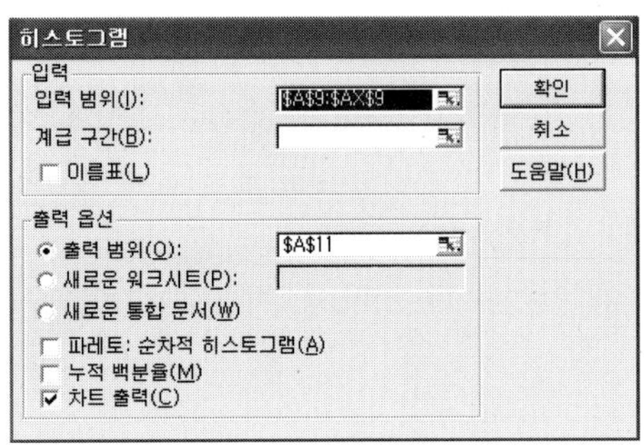

6. 히스토그램의 모습을 더 자세히 나타나게 하기 위하여 히스토그램 그림을 클릭하여 편집상태를 만들어 그림을 크게 하고 난 다음 임의의 막대그래프를 클릭하고 나타난 점을 클릭한다. 나타난 메뉴 중에서 [데이터 계열 서식]을 선택한다.

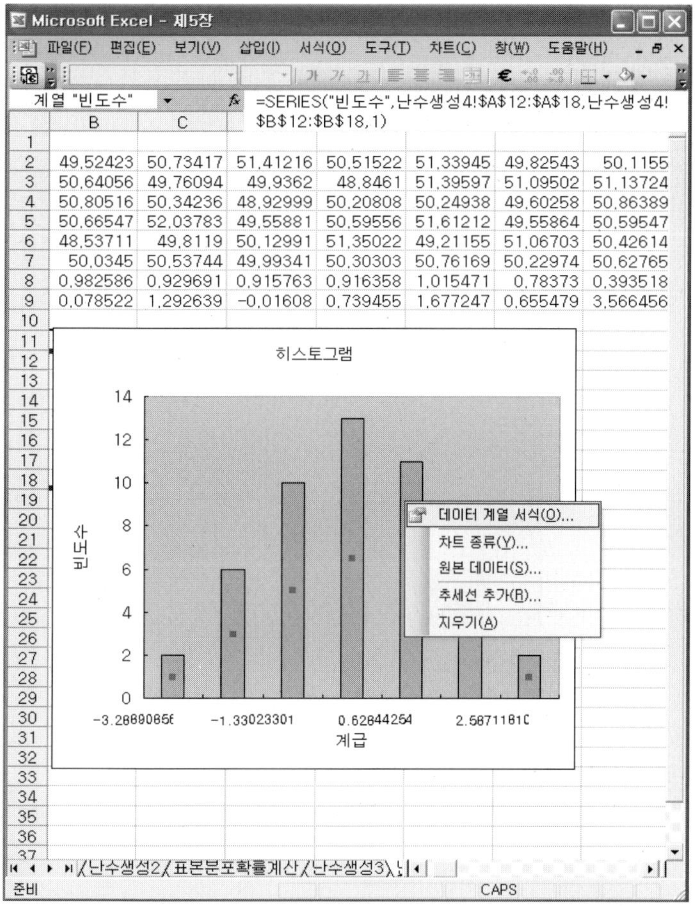

7. 데이터 계열 서식 대화 상자에서 [옵션] 메뉴를 선택한다. 간격너비를 "0"으로 수정하고 [확인] 버튼을 클릭한다.

8. 다음과 같은 간격너비가 "0"인 히스토그램이 그려진다. 그리고 임의의 막대그래프 상에 마우스를 클릭하고 나타난 메뉴에서 [추세선 추가] 메뉴를 선택하고 [확인] 버튼을 클릭한다.

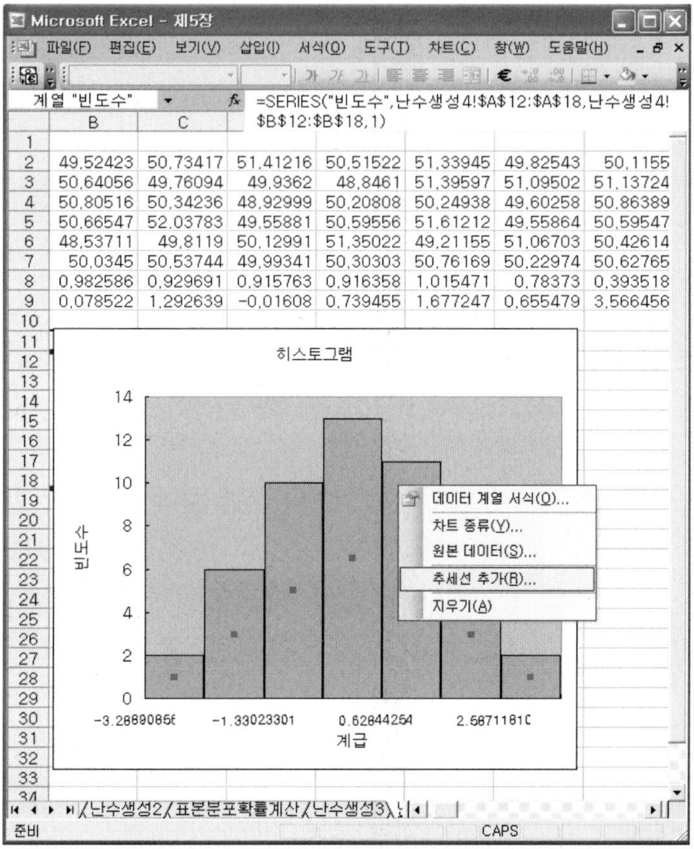

9. [추세선 서식] 대화상자가 나타나면 [다항식] 옵션과 차수를 "4"로 수정하고 [확인] 버튼을 클릭하고 [확인] 버튼을 클릭한다.

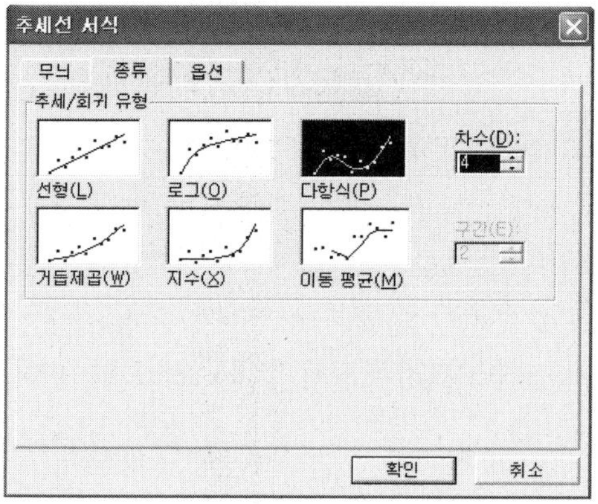

10. 다음과 같은 결과 화면이 나타난다.

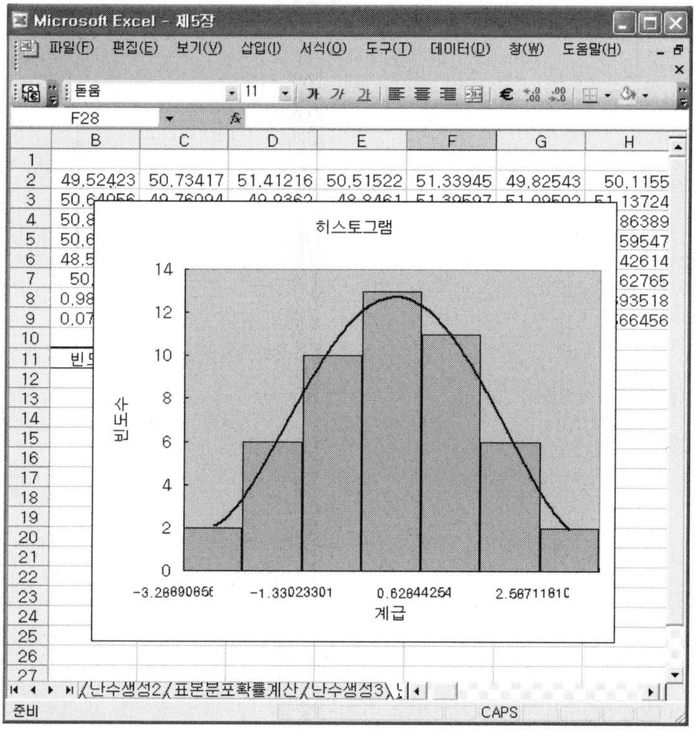

연습문제

1. 확률변수 T가 다음의 자유도를 갖는 t분포를 따를 때 다음을 답하라.

(1) $P(T<2.179)$ 자유도 12

(2) $P(-1.345<T<2.624)$ 자유도 14

(3) $P(|T|\geq 2.228)$ 자유도 10

(4) $P(-1.753<T<2.602)$ 자유도 15

2. 확률변수 T가 t분포를 따를 때 다음을 만족하는 a값을 구하라. 여기서 표본 크기 $n=20$이다.

(1) $P(|T|\geq a)=0.05$

(2) $P(|T|\leq a)=0.95$

(3) $P(T\geq a)=0.025$

3. 정규모집단으로부터 크기 15인 확률표본을 취했다.
통계량 $\chi^2=\dfrac{(n-1)S^2}{\sigma^2}$로부터 다음을 구하라.

(1) $P(\chi^2>5.629)$

(2) $P(4.660<\chi^2<26.119)$

(3) $P(\chi^2>a)=0.01$인 a의 값

4. 확률변수 χ^2가 다음의 자유도를 갖는 χ^2분포를 따른다. 각각의 확률을 구하라.

(1) $P(\chi^2 > 3.245)$ 자유도 10

(2) $P(\chi^2 \le 6.262)$ 자유도 15

(3) $P(5.23 \le \chi^2 \le 21.026)$ 자유도 12

5. 사원들의 회사에 대한 만족도는 60%라 한다. 사원 100명을 임의로 뽑아 회사에 대한 만족율을 $\hat{p}$라고 할 때 다음의 확률을 구하라.

(1) $P(\hat{p} > 0.61) \Rightarrow P(\hat{p} \ge 0.61)$

(2) $P(0.57 \le \hat{p} \le 0.61)$

6. 어느 반도체 공장에서는 반도체의 불량률이 3%라 한다. 300개의 표본에서 표본불량률이 2%이상일 확률을 구하라.

7. F분포표에서 다음을 구하라.

(1) 자유도(3, 5), $\alpha = 0.1$일 때 $F(3, 5, 0.1)$

(2) 자유도(7, 24), $\alpha = 0.05$일 때 $F(7, 24, 0.05)$

(3) 자유도(5, 20), $\alpha = 0.05$일 때 $F(5, 20, 0.05)$

8. 확률변수 $F \sim F(\phi_1, \phi_2)$일 때 다음의 확률을 구하라.

(1) 자유도 $(\phi_1, \phi_2) = (3, 9)$일 때 $P(F > 2.813)$

(2) 자유도 $(\phi_1, \phi_2) = (6, 20)$일 때 $P(2.091 < F < 2.599)$

9. 두 개의 정규모집단에서 각각 크기 $n_1 = 10$, $n_2 = 15$의 독립적인 표본이 추출되었다고 한다. 두 모집단의 분산이 같다면 분산 비 S_1^2/S_2^2가 4.03을 넘을 확률을 구하라.

10. 자유도가 8과 5인 F분포에서 오른쪽 꼬리의 면적이 0.95인 점 $F(8,5;0.95)$의 값을 구하라.

11. 평균이 20이고 분산이 25인 모집단에서 크기가 100인 표본을 뽑았을 때 다음 물음에 답하라.

(1) 표본평균 $\overline{X}$의 분포를 구하라.

(2) 표본평균 $\overline{X}$가 18이상 21이하일 확률을 구하라.

12. 어느 회사에서 생산되는 건전지의 수명은 평균이 4,600시간이고, 표준편차는 850시간이라 한다. 이 회사에서 생산되는 건전지 35개를 임의로 추출했을 때, 건전지의 평균수명이 4,800시간 이상일 확률과 4,000시간 이상 5,200시간 이하일 확률을 구하라.

13. 어느 납품 회사에서는 정규분포 평균이 100이고 표준편차 2를 하는 공정으로부터 하루에 표본 10개씩을 추출하여 표본평균을 구하여 공정을 관리한다 한다. 한달 동안 표본평균 30개를 구해 히스토그램을 그려보고 중심극한 정리와 표본분포의 의미를 설명하라.(여기서 데이터 추출은 엑셀의 정규분포 난수를 발생시켜 이용하라)

14. [예제 5.12]에 있는 F 통계량을 이용하여 히스토그램을 그려서 분포의 모양을 확인하라(엑셀 이용)

6

추정

제6장에서는 표본의 통계량으로 모수를 추정하는 방법을 살펴본다.

— 추정량의 바람직한 성질

— 모수에 대한 점추정과 구간추정

— 모평균에 대한 추정

— 모비율에 대한 추정

— 모분산에 대한 추정

모수란 모집단의 특성을 나타내는 측도로 모평균, 모분산, 모표준편차, 모비율 등이 있다. 모집단의 특성을 나타내는 모수는 모르는 값으로 이를 파악하기 위해서는 모집단 전체를 조사해야 하나 시간과 비용 등으로 현실적으로 어렵다. 이에 따라 모집단으로부터 표본을 추출하여 이를 통해 모수를 추론하게 된다. 이를 추정(estimation) 이라 한다. 모수와 대응되는 개념으로 통계량이 있다. 통계량은 확률표본의 함수이다. 따라서 통계량은 확률변수며 적당한 분포를 갖게 된다. 대표적인 통계량으로는 표본평균, 표본분산, 표본표준편차, 표본비율 등이 있다. 이런 통계량이 모수를 추정하는데 사용되면 이를 추정량(estimator)이라 하며, 실제로 측정해서 추정량의 값을 얻게 될 때 이를 추정치(estimate)라 한다.

추정하는 방법에는 두 가지가 있다. 하나는 모수를 하나의 값으로 추정하는 점추정(point estimation)이며 다른 하나는 모수가 포함되리라고 기대하는 범위를 구하는 구간추정(interval estimation)이다. 본 장에서는 추정량이 갖추어야 바람직한 성질과 모수를 추정하는 절차를 살펴본다.

1 점추정

1.1 점추정량의 성질

어떤 모수θ에 대한 점추정량 $\hat{\theta}$은 여러 가지가 있다. 예를 들면 다음과 같다.

모수 θ	점추정량 $\hat{\theta}$
모평균 μ	$\overline{X}$, median
모분산 σ^2	s^2, R
모표준편차 σ	s
모비율 p	$\hat{p}$

모수 θ의 추정량 $\hat{\theta}$에 대하여 $E(\hat{\theta})=\theta$가 성립하면 $\hat{\theta}$를 θ의 불편추정량이라 한다. 예를 들면 $E(\overline{X})=\mu$, $E(V)=\sigma^2$이 되면 $\overline{X}$, S^2은 각각 μ, σ^2의 불편추정량이 된다. 또 추정량 $\hat{\theta}$의 분산 $V(\hat{\theta})=E[\hat{\theta}-E(\hat{\theta})]^2$이 모든 다른 추정량 θ^*의 분산 $V(\theta^*)=E[\theta^*-E(\theta^*)]^2$과 비교하여 $V(\hat{\theta})\leq V(\theta^*)$이 성립하면 $\hat{\theta}$를 θ의 최소분산추정량(minimum variance estimator)이라고 한다. 일반적으로 추정량은 불편성을 가지면서 분산이 작은 것이 좋다. 이처럼 불편추정량이면서 분산이 가장 작은 추정량을 최소분산불편추정량 혹은 유효추정량(efficient estimator)이라 한다.

참고하세요!

모수 θ의 추정량 $\hat{\theta}$은 모수 θ의 값을 추정하기 위하여 이용되는 통계량을 의미하고 추출된 특정 표본값에 의해서 계산된 추정량 $\hat{\theta}$을 추정값이라고 말하며 일반적으로 $\hat{\theta}$으로 표기한다. 즉, 확률변수인 추정량 $\hat{\theta}$은 실수치 함수이고 $\hat{\theta}$은 표본값 $x_1, x_2, \cdots, x_n$에 따라 변하게 되는 값을 의미한다.

여기에서 $E[(\hat{\theta}-\theta)^2]$을 평균제곱오차라고 하며 $MSE(\hat{\theta})$ 라고 표기하여 사용한다. 예를 들면 어떤 확률변수 X의 평균을 μ 라고 할 때, 이 확률변수의 분산 $V(x)=E[(X-\mu)^2]$와 같다.

예제 6.1

- 연구개발부서는 길이가 200mm인 부품을 개발했다 한다. 양산 전 시제품에 대하여 임의로 부품 100개를 추출하여 길이를 측정했다 한다. 4가지 점그래프에 대해 추정량의 성질을 설명하라.

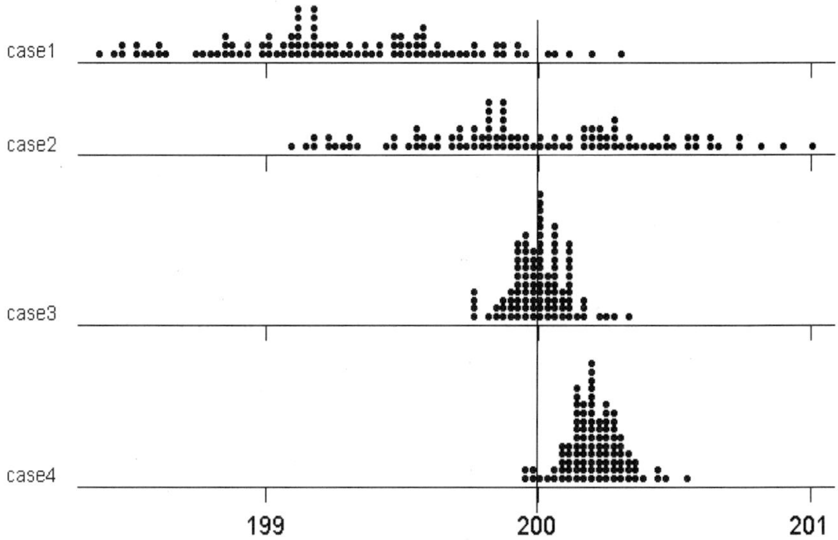

[해석]
- case1은 불편성도 아니고 분산도 크다. 따라서 바람직한 추정량은 아니다. 관측치와 참값(여기서는 모수이며 200mm를 의미)과의 차, 즉 오차가 크게 관측 될 가능성이 높다.
- case2는 추정량은 불편성은 만족하나(왜냐하면 측정치들이 대체적으로 모수 200mm를 중심으로 분포를 이루고 있으므로) 역시 분산은 크다. 따라서 바람직한 추정량은 아니다. case1보다는 조금 나은 편이다. 이 역시 오차가 크게 관측될 가능성이 높다.

- case3은 추정량은 불편성을 가지고 있으며 분산도 작다. 따라서 바람직한 추정량으로 관측치와 참값과의 차, 즉 오차는 작게 관측될 가능성이 제일 높다. 모수를 알고자 할 때 case3의 추정량을 사용하는 것이 바람직하다. 이런 바람직한 추정량을 최소분산불편추정량이라 한다. 이 경우를 정확(불편성)하고 정밀(최소분산)하다고 한다.
- case4는 추정량은 불편성은 아니나 분산은 작다. 따라서 바람직한 추정량이라 할 수 없다. 이 경우는 편의의 문제, 즉 정확성의 문제로 대표치 관리가 요망된다.

(1) 모평균에 대한 추정량

추정량은 여러 가지 형식으로 정의할 수 있다. 예를 들면 모평균 μ인 어떤 확률분포로부터 확률표본 $X_1, X_2, \cdot\cdot, X_n$을 표본추출했다 할 때 모평균 μ의 추정량으로 생각할 수 있는 추정량은 무수히 많다. 예를 들면 표본평균, 중위수, 최소값, 최대값, (최소값+최대값)/2 등이 있다. 이러한 추정량은 확률표본의 함수로 확률변수가 되며, 따라서 확률분포를 갖게 된다. 모수에 대한 가장 바람직한 추정량은 추정량의 분포에서 분포의 중심이 추정하고자 하는 모수 즉, 불편성의 성질을 만족해야 한다. 또 분포의 흩어짐이 가장 작은 추정량 즉, 최소분산추정량이 되어야 한다. 이러한 두 조건을 만족하는 추정량을 최소분산불편추정량이라 한다. 모평균 μ에 대한 추정에 있어서 이러한 성질을 만족하는 추정량은 표본평균 $\overline{X}$로 알려져 있다. 여기서는 수리적인 증명을 피하고, 예제로 대신한다.

참고하세요!

- 점추정량의 바람직한 성질 : 충분성(sufficiency)과 일치성(consistency)

표본에 내포되어 있는 모수 θ에 관한 모든 정보를 이용하는 추정량 $\hat{\theta}$을 모수 θ의 충분추정량이라고 말한다. 예를 들어 모평균 μ에 대한 추정량으로 표본평균과 $\bar{x}$ 와 중위수를 고려해보면 표본평균 $\bar{x}$는 표본 $x_1, x_2, \cdots, x_n$ 전체를 이용하여 계산되지만 중위수는 이러한 표본의 순위만을 이용하게 된다. 따라서 $\bar{x}$는 모평균 μ의 충분통계량은 되지만 중위수는 충분통계량이 아니다. 모수 θ의 추정량 $\hat{\theta}$가 다음을 만족하면 추정량 $\hat{\theta}$는 모수 θ의 일치추정량이라고 한다.

$$\lim_{n\to\infty} p[|\Theta - \Theta| \le \varepsilon] = 1$$

일치성은 표본의 크기 n이 충분히 클 때 추정량 $\hat{\theta}$의 값이 모수 θ와 같게 됨을 의미한다.

예제 6.2

- 평균 μ가 60이고 분산 σ^2이 1인 정규분포를 하는 공정(모집단 $X \sim N(60,1)$)으로부터 표본 크기 n=5인 확률표본 X_1, X_2, X_3, X_4, X_5을 50회 반복 추출하여 다음과 같은 데이터를 얻었다 하자. 각각의 표본에 대해, 모평균 μ에 대한 추정량인 표본평균 $\overline{X}$, 중위수, 최소값(min), 최대값(max), (최소값+최대값)/2 등을 계산하고, 이로부터 점그래프를 그리고, 추정량들의 의미를 파악하라. 또 표본평균 $\overline{X}$가 최소분산불편추정량 임을 확인하라.(다음 표는 정규분포 모평균 μ=60, 분산 σ^2=1 ($X \sim N(60,1)$)을 따르는 난수)

표본 번호	x_1	x_2	x_3	x_4	x_5	$\bar{x}$	중위수	min	max	(min+max)/2	표본 번호	x_1	x_2	x_3	x_4	x_5	$\bar{x}$	중위수	min	max	(min+max)/2
1	60.3	59.4	59.5	59.7	59.8	59.7	59.7	59.4	60.3	59.8	26	58.7	59.2	60.3	59.8	59.3	59.5	59.3	58.7	60.3	59.5
2	58.8	59.4	59.4	57.2	60.1	59.0	59.4	57.2	60.1	58.7	27	59.1	59.3	60.8	60.1	59.8	59.8	59.8	59.1	60.8	60.0
3	60.5	60.0	59.5	58.9	59.5	59.7	59.5	58.9	60.5	59.7	28	59.8	59.0	58.8	60.9	60.6	59.8	59.8	58.8	60.9	59.8
4	60.9	59.5	62.3	59.7	60.2	60.5	60.2	59.5	62.3	60.9	29	58.6	59.8	58.3	59.3	60.0	59.2	59.3	58.3	60.0	59.1
5	60.2	58.6	59.8	61.3	60.9	60.2	60.2	58.6	61.3	60.0	30	59.6	61.1	59.9	59.0	60.2	60.0	59.9	59.0	61.1	60.0
6	60.2	59.8	62.5	61.1	60.0	60.7	60.2	59.8	62.5	61.1	31	59.9	61.2	60.0	58.8	60.0	60.0	60.0	58.8	61.2	60.0
7	58.4	60.3	61.1	60.4	60.6	60.2	60.4	58.4	61.1	59.8	32	58.9	61.5	60.2	60.1	60.7	60.3	60.2	58.9	61.5	60.2
8	60.9	60.2	60.2	61.0	61.6	60.8	60.9	60.2	61.6	60.9	33	59.4	60.9	60.0	61.3	59.6	60.2	60.0	59.4	61.3	60.3
9	60.7	60.7	59.5	61.0	60.7	60.5	61.7	59.5	61.7	60.6	34	61.4	60.1	60.6	59.0	59.2	60.1	60.1	59.0	61.4	60.2
10	58.9	60.0	59.6	60.4	59.9	59.8	59.9	58.9	60.4	59.6	35	60.6	59.5	59.5	60.3	60.5	60.1	60.3	59.5	60.6	60.0
11	59.4	60.3	61.0	61.0	59.1	60.2	60.3	59.1	61.0	60.0	36	60.4	61.3	59.8	59.0	59.8	60.1	59.8	59.0	61.3	60.1
12	59.4	58.4	59.8	60.4	61.8	60.0	59.8	58.4	61.8	60.1	37	59.7	60.2	60.0	59.5	60.5	60.0	60.0	59.5	60.5	60.0
13	61.5	59.3	57.9	59.5	59.6	59.6	59.5	57.9	61.5	59.7	38	58.9	60.5	60.1	60.5	60.3	60.1	60.3	58.9	60.5	59.7
14	60.9	58.2	58.5	60.9	60.9	59.9	60.9	58.2	60.9	59.5	39	59.9	57.7	59.8	60.1	62.1	59.9	59.9	57.7	62.1	59.9
15	60.1	62.1	60.9	60.7	59.7	60.7	60.7	59.7	62.1	60.9	40	61.0	59.1	58.5	60.9	60.7	60.0	60.7	58.5	61.0	59.8
16	61.2	57.8	58.6	60.9	60.6	59.8	60.6	57.8	61.2	59.5	41	58.8	60.3	59.9	59.1	59.7	59.6	59.7	58.8	60.3	59.5
17	60.8	59.1	59.9	59.1	57.5	59.3	59.1	57.5	60.8	59.1	42	59.1	60.6	60.9	58.6	61.7	60.2	60.6	58.6	61.7	60.2
18	58.7	59.6	60.1	61.9	59.0	59.9	59.6	58.7	61.9	60.3	43	59.4	59.1	61.2	58.8	61.0	59.9	59.4	58.8	61.2	60.0
19	58.2	60.1	59.2	60.5	58.9	59.4	59.2	58.2	60.5	59.4	44	58.9	62.1	58.4	60.0	62.1	60.3	60.0	58.4	62.1	60.3
20	60.5	59.4	59.7	60.8	59.1	59.9	59.7	59.1	60.8	60.0	45	60.9	59.6	61.2	59.1	59.4	60.0	59.6	59.1	61.2	60.2
21	61.2	59.5	61.6	59.1	61.8	60.6	61.2	59.1	61.8	60.5	46	60.2	61.1	59.9	59.4	59.8	60.1	59.9	59.4	61.1	60.3
22	60.5	61.7	61.6	59.1	59.2	60.4	60.5	59.1	61.7	60.4	47	60.7	59.6	60.1	59.8	59.9	60.0	59.9	59.6	60.7	60.2
23	59.7	59.4	60.4	60.0	59.9	59.9	59.9	59.4	60.4	59.9	48	60.2	59.8	59.6	60.5	59.3	59.9	59.8	59.3	60.5	59.9
24	60.4	58.7	60.8	60.6	61.6	60.4	60.6	58.7	61.6	60.2	49	59.9	59.9	60.4	60.3	59.3	60.0	59.9	59.3	60.4	59.8
25	61.2	58.5	59.5	59.4	59.2	59.6	59.4	58.5	61.2	59.9	50	61.4	58.2	60.6	62.1	61.6	60.8	61.4	58.2	62.1	60.2

〈표 6.1〉 표본크기 $n=5$의 표본추출을 반복 50회 실시

[해석] 위 표에 주어진 바와 같이 크기 5인 표본 50개에 근거한 추정량들의 분포에서 각각의 추정량의 평균과 분산을 계산하면 다음과 같다.

표본평균 $\overline{X}$의 평균은 $\frac{1}{50}(59.7+59.0+..+60.8)=60.002$이며, 표본평균 $\overline{X}$의 분산은 $\frac{1}{50-1}((59.7-60.002)^2+(59.0-60.002)^2+..+(60.8-60.002)^2)=0.1585$이다.

같은 방법으로 추정량들의 평균과 분산을 각각 계산하면 다음 표와 같이 얻어진다.

추정량(통계량)	평 균	분 산	추정량 성질	
			불편성	최소분산
표본평균 ($\bar{x}$)	60.002	0.1585	좋다	좋다
중위수	60.054	0.3172	좋다	나쁘다
최소값	58.858	0.3723	나쁘다	나쁘다
최대값	61.136	0.3937	나쁘다	나쁘다
(최소값+최대값)/2	59.992	0.2098	보통	보통

추정량의 정확한 비교는 모든 가능한 표본에 근거한 추정량의 분포를 이용해야 하므로 현실적으로 어려운 일이다. 그러나 위의 시뮬레이션의 계산 결과와 점그래프는 표본평균 $\overline{X}$ 가 다른 추정량에 비해 평균이 모수에 가깝고 분산이 상대적으로 작음을 다음의 점그래프와 함께 확인할 수 있다. μ 에 대한 추정량으로 $\overline{X}$ 을 많이 사용하는 이유가 여기에 있음을 주목하자. 실제로 표본평균 $\overline{X}$ 는 μ 에 대한 최소분산불편추정량임이 이론적으로 증명되었다. 여기서는 본 책의 수준을 넘으므로 다른 수리통계학 참고문헌을 참고하기 바란다.

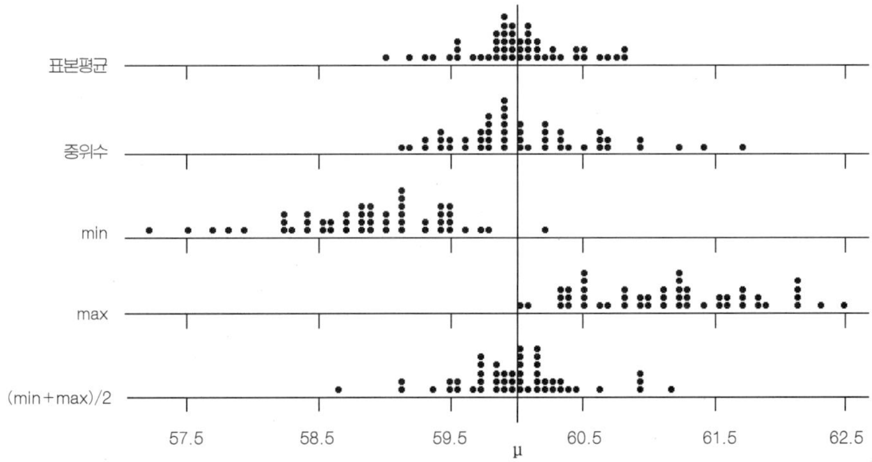

(2) 모분산에 대한 추정량

앞에서 모평균에 대한 추정량에는 표본평균이 가장 좋은 추정량임을 예제로 확인하였다. 같은 방법으로 모분산에 대한 추정량을 살펴보자. 모평균 μ 과 모분산 σ^2 을 갖는 모집단으로부터 확률표본 $X_1, X_2, \cdot\cdot, X_n$ 을 표본추출 했다고 할 때 모분산 σ^2 의 추정량은 $S^2 = \frac{1}{n-1}\sum_{i=1}^{n}(X_i - \overline{X})^2$ 이다. 통계이론에서는 표본분산 S^2 은 σ^2 의 불편추정량이라고 알려졌다. 위의 예제의 데이터로 모분산 σ^2 에 대한 추정량 S^2 의 성질을 살펴보자. 먼저 모분산 σ^2 에 대한 추정량인 표본분산 S^2 와 범위 R에 대해 다음과 같이 추정량을 계산한다.

위의 〈표 6.1〉에 주어진 표본번호 1은 관측값이 (60.3 59.4 59.5 59.7 59.8)으로부터 추정치는 표본분산은 $S^2=0.123$, 범위는 $R=0.9$이다.

표본번호 2는 관측값이 (58.8 59.4 59.4 57.2 60.1)으로 표본분산은 $S^2=1.202$, 범위 $R=2.9$이다. 같은 방법으로 표본번호 50까지 각각의 표본분산 S^2과 범위 R를 구하여 50개의 S^2와 R에 대해 각각의 점그래프를 그리면 다음과 같다.

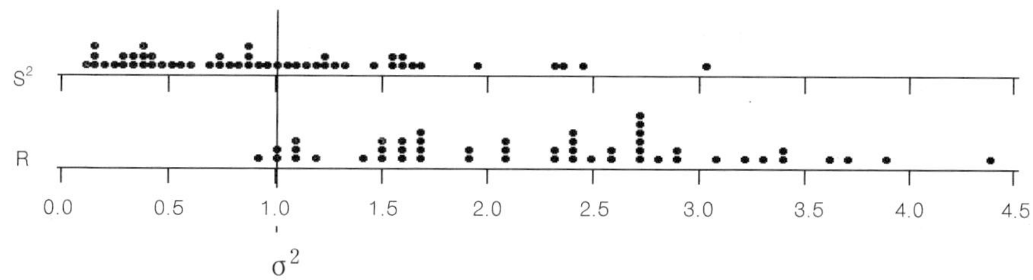

여기서 표본분산 S^2은 범위 R에 비해 모분산 σ^2를 중심으로(불편성) 추정치가 몰려있음(최소분산)을 위의 점그래프를 통해 확인할 수 있다. 따라서 표본분산 S^2은 모분산 σ^2에 대해 바람직한 추정량으로 통계에서 표본분산을 모분산의 추정량으로 중요하게 취급되는 이유는 여기에 있다. 그러나 추정량을 선택할 때는 반드시 최소분산불편추정량만을 선택할 수는 없다. 경우에 따라서는 추정량으로 계산이 간편한 범위를 사용하곤 한다. 특히 현장의 품질관리에서는 표본이 작으며, 쉽고 간편하게 사용할 수 있다는 이유로 범위 R 등을 많이 사용한다.

1.2 모평균의 추정

모평균은 가장 관심이 있고 많이 사용되는 모수이다. μ를 추정하는 방법은 여러 가지가 있다. 그 중 대표적이고 제일 좋은 방법이 표본평균 $\overline{X}$이다. 왜냐하면 앞

표본비율 $\hat{p}$는 다음과 같다.

$$\hat{p} = \frac{X}{n}$$

여기서 X는 이항분표 $B(n, p)$를 따르며, 이항분포의 성질로부터 표본비율 $\hat{p}$에 대하여 다음이 성립된다.

$$E(\hat{p}) = E\left(\frac{X}{n}\right) = \frac{E(X)}{n} = \frac{np}{n} = p$$

$$V(\hat{p}) = V\left(\frac{X}{n}\right) = \frac{V(X)}{n^2} = \frac{np(1-p)}{n^2} = \frac{p(1-p)}{n}$$

따라서 표본비율 $\hat{p}$ 는 모비율 p 에 대해 바람직한 추정량의 조건 즉, 불편성과 최소분산의 성질을 모두 만족하고 있으므로 모비율 p 에 대한 추정으로 표본비율 $\hat{p}$를 사용한다. 이상의 내용을 정리하면 다음과 같다.

p에 대한 추정

점추정량 : $\hat{p}$

$\hat{p}$의 표준오차 $SE(\hat{p})$: $\sqrt{\frac{\hat{p}(1-\hat{p})}{n}}$

예제 6.5

- 노사문제에 대한 여론을 조사하기 위해 전국의 사업장에서 조합원 1200명을 임의로 추출하여 찬반을 조사하였다. 조사결과는 960명이 찬성하였다. 찬성률에 대한 추정값을 구하고 표준오차를 계산하라.

찬성률의 추정값은 $\hat{p} = \frac{X}{n} = \frac{960}{1200} = 0.80$

표준오차는 $SE(\hat{p}) = \sqrt{\frac{\hat{p}(1-\hat{p})}{n}} = \sqrt{\frac{0.800(1-0.800)}{1200}} = 0.0115$

2 구간추정

구간추정(interval estimation)은 하나의 값으로 추정하는 점추정과는 달리 구간에 의해 모수를 추정하는 것이다. 따라서 구간추정은 구간의 하한과 상한 값을 결정하는 두 개의 추정량으로 구성된다. 구간추정이란 모수에 대한 구간 추정치와 모수를 포함시킬 확률을 구한다는 것이다. 어떤 구간이 모수를 포함시킬 확률이란 신뢰수준을 의미하며 이 구간을 신뢰구간(confidence interval)이라 한다. 예를 들어 신뢰수준이 95%라 하면 신뢰구간이 모수를 포함시킬 확률이 0.95라는 뜻이다.

2.1 모평균의 신뢰구간

모평균에 대한 구간추정은 모집단의 표준편차를 알고 있는 경우와 모르는 경우로 나누어 설명한다.

(1) 모집단의 표준편차를 알고 있는 경우

모집단이 정규분포를 하고 평균이 μ 표준편차가 σ인 경우 n개의 표본에서 표본평균을 $\overline{X}$로 하면 중심극한정리에 의해 $\overline{X}$는 평균이 μ이고 표준편차가 $\frac{\sigma}{\sqrt{n}}$인 정규분포를 한다. 따라서 모집단의 평균 μ에 대한 95%의 신뢰구간은 다음과 같이 유도된다.

$$P\left(-1.96 \le \frac{\overline{X}-\mu}{\frac{\sigma}{\sqrt{n}}} \le 1.96\right) = 0.95$$

$$P\left(-1.96\frac{\sigma}{\sqrt{n}} \le \overline{X}-\mu \le 1.96\frac{\sigma}{\sqrt{n}}\right) = 0.95$$

$$P\left(\overline{X}-1.96\frac{\sigma}{\sqrt{n}} \le \mu \le \overline{X}+1.96\frac{\sigma}{\sqrt{n}}\right) = 0.95$$

따라서 모집단의 평균 μ에 대한 95%의 신뢰구간은

$$\left(\overline{X}-1.96\frac{\sigma}{\sqrt{n}},\ \overline{X}+1.96\frac{\sigma}{\sqrt{n}}\right)$$

이 된다. 이 의미는 신뢰구간이 모평균 μ를 포함시킬 확률이 0.95라는 뜻이다. 즉 반복해서 100번의 신뢰구간을 구했다고 하면 모평균 μ를 포함시키는 신뢰구간이 95개 된다는 뜻이다. 같은 방법으로 모집단의 평균 μ에 대한 100(1-α)%의 신뢰구간은 다음과 같다.

$$\left[\ \overline{X} - z_{\alpha/2}\frac{\sigma}{\sqrt{n}}\ ,\quad \overline{X} + z_{\alpha/2}\frac{\sigma}{\sqrt{n}}\ \right]$$

여기서 $100(1-\alpha)\%$의 오차한계는 $z_{\alpha/2}\frac{\sigma}{\sqrt{n}}$ 이다.

예제 6.6

- 모표준편차가 $\sigma=10$인 정규모집단에서 $n=25$인 표본을 추출하여 $\overline{x}=40$ 을 얻었다. 90%의 오차한계와 90%의 신뢰구간을 구하라.

90%의 오차한계는

$$z_{\alpha/2}\frac{\sigma}{\sqrt{n}} = 1.645, \quad \frac{10}{\sqrt{25}} = 3.29$$

따라서 μ에 대한 90%의 신뢰구간은

$$\left(40 - 1.645\frac{10}{\sqrt{25}}\ , 40 + 1.645\frac{10}{\sqrt{25}}\ \right) = (36.71, 43.29)$$

예제 6.7

- 표준편차 σ 가 400인 정규모집단에서 크기 $n=4$ 인 표본으로부터 $\overline{x}=500$을 얻고 크기 $n=16$ 인 표본으로부터 $\overline{x}=500$ 을 얻었다. 또 크기 $n=100$ 인 표본으로부터 $\overline{x}=500$ 이었다면 이때 각각의 90%의 신뢰구간을 구하라.

모집단의 표준편차를 알고 있는 경우로 위 신뢰구간의 공식으로부터 다음을 구한다.

$n=4$인 경우, $\left(500-1.645\frac{400}{\sqrt{4}},\ 500+1.645\frac{400}{\sqrt{4}}\right)=(171, 829)$

$n=16$인 경우, $\left(500-1.645\frac{400}{\sqrt{16}},\ 500+1.645\frac{400}{\sqrt{16}}\right)=(336, 664)$

$n=100$인 경우, $\left(500-1.645\frac{400}{\sqrt{100}},\ 500+1.645\frac{400}{\sqrt{100}}\right)=(434, 566)$

위의 〈예제 6.7〉로부터 표본의 크기 n이 증가함에 따라 신뢰구간의 길이가 짧아지는 것을 알 수 있다. 따라서 표본 n을 증가시키면 추정 정도가 높아 좋으나 표본 추출에 따르는 비용의 증가로 바람직하지 않다. 따라서 추정에서 요구되는 신뢰구간의 길이를 미리 정하여 놓고 이를 만족하는 적당한 표본의 크기 n을 결정하는 일이 중요하다. 이상으로부터 표준편차를 아는 경우 μ에 대한 $100(1-\alpha)\%$ 오차한계로부터 오차한계가 d이내이도록 하고자 할 때 표본크기 n은 오차한계 $z_{\alpha/2}\frac{\sigma}{\sqrt{n}}=d$이며 이를 n에 대해 풀면 표본의 크기는 다음과 같다.

$$n=\left(\frac{z_{\alpha/2}\sigma}{d}\right)^2$$

예제 6.8

- 어느 공장에서 생산되는 전구수명의 표준편차가 100시간이라 한다. 전구의 평균 수명을 95%의 신뢰수준으로 추정하려고 한다. 오차의 한계가 20시간 이내가 되기 위한 표본의 크기를 구하라.

$n=\left(z_{\alpha/2}\frac{\sigma}{d}\right)^2=\left(1.96\ \frac{100}{20}\right)^2=96.04$ 따라서 필요한 표본의 크기는 97개이다.

예제 6.9

- 출납계원의 고객 한 사람 당 평균 서비스 시간(단위: 분)을 알아보기 위해 고객 서비스 담당자는 15명의 고객을 관찰하여 고객에 대한 소모된 서비스 시간을 측정하였다. 서비스 시간은 정규분포를 하며 표준편차는 1.4분이라 한다. 평균 서비스 시간 μ에 대한 95%의 신뢰구간을 구하라.

2.0 3.7 3.3 3.2 2.9 2.7 2.6 2.1 1.7 4.5 2.5 2.6 2.3 0.6 2.1

$\bar{x}=2.587$, $\sigma=1.4$, $z_{0.025}=1.96$ 따라서 μ에 대한 95%의 신뢰구간은

$$\left(\bar{x}-z_{\alpha/2}\frac{\sigma}{\sqrt{n}},\ \bar{x}+z_{\alpha/2}\frac{\sigma}{\sqrt{n}}\right)$$
$$=\left(2.587-1.96\frac{1.4}{\sqrt{15}},\ 2.587+1.96\frac{1.4}{\sqrt{15}}\right)$$
$$=(1.878,3.295)$$

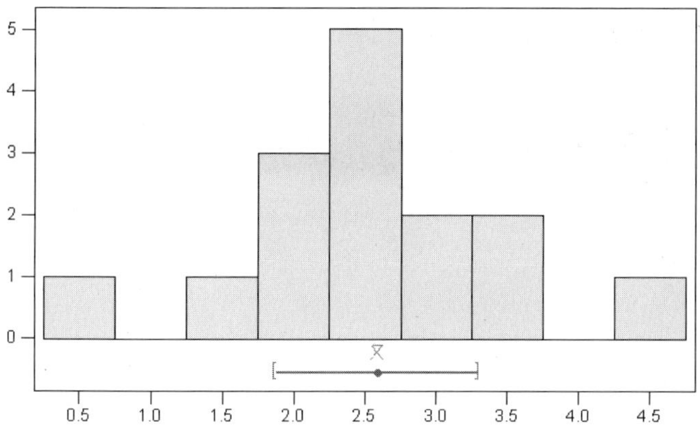

평균 서비스시간 μ에 대한 95%의 신뢰구간은 (1.878, 3.295)

(2) 모집단의 표준편차를 모르고, 표본 n이 작은 경우

모집단이 정규분포를 따르고, n이 작은 경우에는 어떻게 평균값을 추정하는 것일까?. 앞에서 보았듯이

$$t = \frac{\overline{X} - \mu}{\frac{s}{\sqrt{n}}}$$

는 자유도 $n-1$인 t분포를 한다. 이로부터 모집단의 분산을 모르는 경우에 표본크기가 비교적 작은 경우 t분포로부터 모평균에 대한 구간 추정은 다음과 같이 유도된다.

$$P\left(-t(n-1;\alpha/2) < \frac{\overline{X} - \mu}{\frac{s}{\sqrt{n}}} < t(n-1;\alpha/2)\right) = 1 - \alpha$$

$$P\left(\overline{X} - t(n-1;\alpha/2)\frac{s}{\sqrt{n}} < \mu < \overline{X} + t(n-1;\alpha/2)\frac{s}{\sqrt{n}}\right) = 1 - \alpha$$

따라서 μ에 대한 100(1- α)%의 신뢰구간은 다음과 같다.

$$\left[\ \overline{X} - t(n-1;\alpha/2)\frac{s}{\sqrt{n}},\quad \overline{X} + t(n-1;\alpha/2)\frac{s}{\sqrt{n}}\ \right]$$

예제 6.10

- 비누 공장에서 생산되는 특수한 비누의 무게는 정규분포를 한다고 알려져 있다. 모평균 μ을 구간추정하기 위해 크기 $n=9$ 인 표본을 다음과 같이 얻었다.(단위 : g) 95%의 신뢰구간을 구하여라.

9.0 9.1 8.8 9.1 9.0 9.4 9.2 8.8 8.6

$\overline{x}=9.0$, $s=0.239$, $t(8;0.025)=2.306$

따라서 μ에 대한 95%의 신뢰구간은

$$\left(\overline{x} - t(8;0.025)\frac{s}{\sqrt{n}}, \overline{x} + t(8;0.025)\frac{s}{\sqrt{n}}\right)$$

$$= \left(9.0 - 2.306\frac{0.239}{\sqrt{9}}, 9.0 + 2.306\frac{0.239}{\sqrt{9}}\right)$$

$$= (8.816, 9.184)$$

(3) 모집단의 표준편차를 모르고, 표본 n이 큰 경우

표본크기 n이 30정도 이상(대표본)이라면, s를 σ 대신 사용이 가능하다. 표본크기가 어느 정도 이상 크다면, 모집단의 표준편차를 모르더라도 표본표준편차 s를 모집단의 표준편차로 사용하여, 모집단의 구간추정을 하는 것이 가능하다. 따라서 μ에 대한 100(1-α)%의 신뢰구간은 다음과 같다.

$$\left[\overline{X} - z_{\alpha/2}\frac{s}{\sqrt{n}},\quad \overline{X} + z_{\alpha/2}\frac{s}{\sqrt{n}}\right]$$

예제 6.11

- 100명의 사람들에 대하여 혈중 콜레스테롤 수준을 측정한 결과 평균은 245.69이며, 표준편차는 46.02를 얻었다. 모집단의 콜레스테롤 수준의 평균에 대한 95%의 신뢰구간을 구하라.

표본평균 $\bar{x}=245.69$, 표본크기 $n=100$, 표본표준편차 $s=46.02$ $z_{0.025}=1.96$
따라서 μ에 대한 95%의 신뢰구간은

$$\left(\overline{X}-z_{\alpha/2}\frac{s}{\sqrt{n}},\ \overline{X}+z_{\alpha/2}\frac{s}{\sqrt{n}}\right)$$

$$=\left(245.69-1.96\frac{46.02}{\sqrt{100}},\ 245.69+1.96\frac{46.02}{\sqrt{100}}\right)$$

$$=(236.67,\ 254.71)$$

2.2 모비율의 신뢰구간

모비율 p의 추정량으로는 다음과 같이 정의된 표본비율을 사용한다.

$$\hat{p}=\frac{X}{n}$$

n이 클 때 중심극한정리에 의해 X의 분포는 $N(np,\ np(1-p))$을 따르고 표본비율 $\hat{p}$는 $N\left(p,\ \frac{p(1-p)}{n}\right)$에 근사한다. 따라서 표준화시킨 확률변수

$$Z=\frac{X-np}{\sqrt{n\hat{p}(1-\hat{p})}}=\frac{\hat{p}-p}{\sqrt{\frac{\hat{p}(1-\hat{p})}{n}}}$$

은 근사적으로 $N(0,1)$을 따른다. 이러한 사실로부터 모비율 p에 대한 $100(1-\alpha)\%$의 신뢰구간은 다음과 같다.

$$\left[\ \hat{p}-z_{\alpha/2}\sqrt{\frac{\hat{p}(1-\hat{p})}{n}}\ ,\quad \hat{p}+z_{\alpha/2}\sqrt{\frac{\hat{p}(1-\hat{p})}{n}}\ \right]$$

예제 6.12

● 임의의 로트로부터 100개의 표본을 추출하여 측정한 결과 12개의 불량품이 나왔다. 로트의 불량률 p에 대한 95%의 신뢰구간을 구하여라.

표본이 크므로 $P(|z|<1.96)=0.95$이고, $n=100$, $\hat{p}=\frac{12}{100}=0.12$이므로 p에 대한 95%의 신뢰구간은

$$\left(\hat{p}-1.96\sqrt{\frac{\hat{p}(1-\hat{p})}{n}}\ ,\ \hat{p}+1.96\sqrt{\frac{\hat{p}(1-\hat{p})}{n}}\ \right)$$

$$=(0.06,0.18)$$

2.3 모분산의 신뢰구간

통계량 $\frac{(n-1)S^2}{\sigma^2}$ 은 $\chi^2(n-1)$을 따른다고 알려졌다. χ^2 분포는 자유도에 따라 다르며 그림과 같이 오른쪽으로 비스듬하게 기울어져 있다. χ^2 분포에서 신뢰수준이 $(1-\alpha)$인 상한과 하한은 다음과 같이 설정된다.

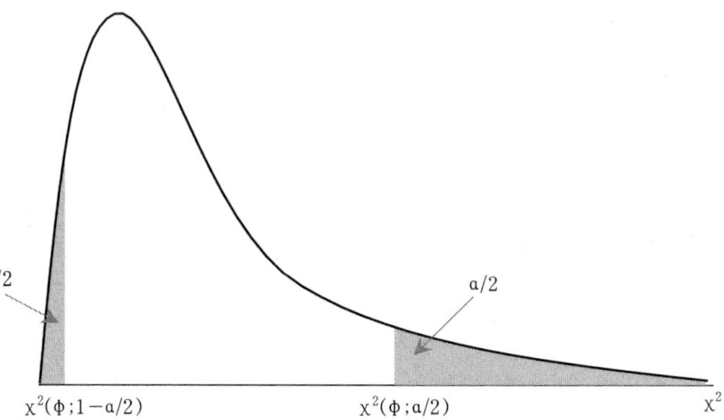

〈그림 6.1〉 χ^2분포

이상으로부터 다음과 같은 신뢰구간을 구할 수 있다.

$$P\left(\chi^2(n-1;1-\alpha/2) \le \frac{(n-1)S^2}{\sigma^2} \le \chi^2(n-1;\alpha/2) \right) = 1-\alpha$$

$$P\left(\frac{1}{\chi^2(n-1;\alpha/2)} \le \frac{\sigma^2}{(n-1)S^2} \le \frac{1}{\chi^2(n-1;1-\alpha/2)} \right) = 1-\alpha$$

$$P\left(\frac{(n-1)S^2}{\chi^2(n-1;\alpha/2)} \le \sigma^2 \le \frac{(n-1)S^2}{\chi^2(n-1;1-\alpha/2)} \right) = 1-\alpha$$

따라서 모분산 σ^2에 대한 $100(1-\alpha)\%$의 신뢰구간은 다음과 같다.

$$\left(\frac{(n-1)S^2}{\chi^2(n-1;\alpha/2)},\quad \frac{(n-1)S^2}{\chi^2(n-1;1-\alpha/2)} \right)$$

예제 6.13

- 저울의 정밀도를 알아보기 위해서 동일한 물체를 6번 측정하였더니 다음과 같은 결과가 나왔다. 측정치의 분포가 정규분포를 따른다고 가정할 때 σ^2에 대한 90%의 신뢰구간을 구하라.

351　353　349　346　354　357

$S^2 = 15.07$ 이고 부록의 표에서 $\chi^2(5;0.95) = 1.15$, $\chi^2(5;0.05) = 11.07$ 이므로 σ^2에 대한 90%의 신뢰구간은

$$\left(\frac{(5)15.07}{11.07},\ \frac{(5)15.07}{1.15}\right) = (6.81,\ 65.52)$$

2.4 모결점수의 신뢰구간

일정 단위에서의 모결점수, 사건수 등은 포아송분포를 따르는 경우가 많다. 본절에서는 이와 같은 경우의 신뢰구간을 알아본다. 표본 중에 나타나는 결점수를 X라 하고 모결점수를 m이라 하면 X는 모평균 m인 포아송분포를 따른다. 따라서 $E(X)=m$이고, $V(X)=m$이 된다. $m\geq 5$인 경우 $X\sim N(m, m)$에 근사하므로 모결점수 m에 대한 $100(1-\alpha)\%$의 신뢰구간은 다음과 같다.

$$\left(X - z_{\alpha/2}\sqrt{X},\quad X + z_{\alpha/2}\sqrt{X} \right)$$

위에서 $E(X)=m$으로 m의 추정량 $\widehat{m}= X$이며 $V(X)$의 추정량 $\widehat{V}(X)= \widehat{m}= X$이다.

2.5 모평균차에 대한 신뢰구간

(1) 모집단의 표준편차 σ_1, σ_2을 알고 있는 경우

각각 두 개의 독립된 모집단에서 추출된 표본을 통하여 모평균의 차에 대한 신뢰구간을 살펴보자. 두 모집단에서 각각 표본의 크기는 n_1, n_2이고, 이 표본으로부터 표본평균은 $\overline{X}$, $\overline{Y}$이고 표본분산은 S_1^2, S_2^2 라고 하자. 또 이 두 모집단의 평균을 각각 μ_1, μ_2라 하고 분산은 각각 σ_1^2, σ_2^2이라고 하면, 이때 통계량 $\overline{X}-\overline{Y}$은 중심극한정리에 의해 평균이 $\mu_1-\mu_2$이고 분산이 $\dfrac{\sigma_1^2}{n_1}+\dfrac{\sigma_2^2}{n_2}$인 정규분포를 한다.

$\overline{X}-\overline{Y}$를 표준화시킨 확률변수 Z

$$Z=\frac{(\overline{X}-\overline{Y})-(\mu_1-\mu_2)}{\sqrt{\dfrac{\sigma_1^2}{n_1}+\dfrac{\sigma_2^2}{n_2}}}$$

은 근사적으로 $N(0, 1)$을 따른다. 이러한 사실로부터 모평균의 차 $\mu_1-\mu_2$에 대한 $100(1-\alpha)\%$의 신뢰구간은 다음과 같다.

$$\left[(\overline{X}-\overline{Y})-z_{\alpha/2}\sqrt{\frac{\sigma_1^2}{n_1}+\frac{\sigma_2^2}{n_2}},\ (\overline{X}-\overline{Y})+z_{\alpha/2}\sqrt{\frac{\sigma_1^2}{n_1}+\frac{\sigma_2^2}{n_2}}\right]$$

(2) 모집단의 표준편차 σ_1, σ_2을 모르고, 표본 n_1, n_2가 작은 경우

두 모집단이 독립적으로 정규분포를 따르며 모분산은 같고 표본은 작은 경우 두 모평균의 차에 관한 신뢰구간을 구해보자.

먼저 확률변수 $\overline{X}-\overline{Y}$은 표준화시킨 확률변수 Z을 사용할 수 없으며 t분포를 이용하여 모평균에 대한 추정을 다루어야 한다. 두 모집단에서 각각 표본의 크기는 n_1, n_2이고 표본평균은 $\overline{X}$, $\overline{Y}$ 표본분산 S_1^2, S_2^2라고 하면, 두 모집단의 분산은 모르지만 같다고 가정했을 때 즉 $\sigma_1^2=\sigma_2^2$일 때, 공통분산의 추정은 다음의 합동추정량(pooled estimator)을 이용한다.

$$s_p^2 = \frac{(n_1-1)S_1^2 + (n_2-1)S_2^2}{n_1+n_2-2}$$

그러면 $s_p{}^2$을 이용하여 $\overline{X}-\overline{Y}$를 표준화시킨 확률변수

$$t = \frac{(\overline{X}-\overline{Y}) - (\mu_1-\mu_2)}{s_p\sqrt{\dfrac{1}{n_1}+\dfrac{1}{n_2}}}$$

는 자유도 n_1+n_2-2 인 t분포를 한다. 따라서 모평균의 차 $\mu_1-\mu_2$에 대한 $100(1-\alpha)\%$의 신뢰구간은 다음과 같다.

$$\left((\overline{X}-\overline{Y}) - t(n_1+n_2-2;\alpha/2)\, s_p\sqrt{\frac{1}{n_1}+\frac{1}{n_2}},\right.$$
$$\left. (\overline{X}-\overline{Y}) + t(n_1+n_2-2;\alpha/2)\, s_p\sqrt{\frac{1}{n_1}+\frac{1}{n_2}} \right)$$

예제 6.14

- 어떤 유기합성반응 온도를 70도로 하였을 경우와 60도로 하였을 경우로 하여 각각 6번을 합성하여 그 비중을 측정하여 다음의 데이터를 얻었다. 비중의 차에 대한 95%의 신뢰구간을 구하라. 비중의 측정치는 분산이 같은 정규분포를 한다.

60도에서의 비중 :	0.83	0.88	0.87	0.83	0.79	0.83
70도에서의 비중 :	0.80	0.85	0.83	0.80	0.76	0.81

$S_1^2 = 0.00106 \qquad S_2^2 = 0.00094$

$$s_p^2 = \frac{(6-1)0.00106 + (6-1)0.00094}{6+6-2} = 0.001, \quad s_p = 0.0316$$

따라서 비중의 차에 대한 95%의 신뢰구간은

$$\left[\,\overline{x} - \overline{y} - t(10;0.025)s_p\sqrt{\frac{1}{6}+\frac{1}{6}},\ \overline{x} - \overline{y} + t(10;0.025)s_p\sqrt{\frac{1}{6}+\frac{1}{6}}\,\right]$$

$$= (0.03 - 2.228 \times 0.0316 \times 0.577, 0.03 + 2.228 \times 0.0316 \times 0.577)$$

$$= (-0.0106, 0.0706)$$

(3) 모집단의 표준편차 σ_1, σ_2을 모르지만, 표본 n_1, n_2이 큰 경우

두 모집단에서 각각 표본의 크기는 n_1, n_2로 충분히 크고 이 표본으로부터 표본평균은 $\overline{X}, \overline{Y}$ 표본분산은 S_1^2, S_2^2 라고 할 때, 통계량 $\overline{X} - \overline{Y}$를 표준화시킨 확률변수 Z

$$Z=\frac{(\overline{X}-\overline{Y})-(\mu_1-\mu_2)}{\sqrt{\frac{S_1^2}{n_1}+\frac{S_2^2}{n_2}}}$$

은 근사적으로 $N(0,\ 1)$을 따른다. 이러한 사실로부터 두 모평균의 차 $\mu_1-\mu_2$에 대한 $100(1-\alpha)\%$의 신뢰구간은 다음과 같다.

$$\left((\overline{X}-\overline{Y})-z_{\alpha/2}\sqrt{\frac{S_1^2}{n_1}+\frac{S_2^2}{n_2}},\ (\overline{X}-\overline{Y})+z_{\alpha/2}\sqrt{\frac{S_1^2}{n_1}+\frac{S_2^2}{n_2}}\right)$$

2.6 쌍체표본인 경우의 신뢰구간

쌍체표본이란 동일한 집단의 특성을 서로 다른 두 지역이나 서로 다른 두 시점에서 측정한 값으로 표본을 구성할 때 이루어지는 경우로 자료형식은 두 집단의 표본과 동일하다. 예를 들어 통계학을 배우기 전과 후의 자료분석 능력의 차이라든가 피임약을 사용하기 전과 후의 혈압 차이를 분석하고자 할 때 등, 두 관찰값이 대응된 쌍을 이루기 때문에 다음과 같은 방법을 이용하여 모집단의 차에 대한 추정을 할 수 있다. 상체표본인 경우 자료의 형태와 평균 및 분산은 다음과 같다.

쌍	처리1	처리2	차이
1	X_1	Y_1	$D_1=X_1-Y_1$
2	X_2	Y_2	$D_2=X_2-Y_2$
⋮	⋮	⋮	⋮
n	X_n	Y_n	$D_n=X_n-Y_n$

확률표본 $D_1, D_2, \cdots, D_n$으로부터 표본평균과 표본분산은

$$\overline{D}=\frac{1}{n}\Sigma D_i \qquad S_D^2=\frac{1}{n-1}\Sigma(D_i-\overline{D})^2$$

이다. $\overline{D}$는 평균이 $\mu_1-\mu_2=\mu_D$인 정규분포를 따르므로 대표본인 경우 $\overline{D}$를 표준화 시켜 확률변수 Z를 이용하면 다음과 같다.

$$Z=\frac{\overline{D}-\mu_D}{\frac{s_D}{\sqrt{n}}} \sim N(0,1)$$

이를 이용하여 쌍체표본의 차에 대한 $100(1-\alpha)\%$의 신뢰구간은 다음과 같다.

$$\left(\overline{D}-z_{\alpha/2}\frac{s_D}{\sqrt{n}}\ ,\ \overline{D}+z_{\alpha/2}\frac{s_D}{\sqrt{n}}\right)$$

한편, 표본이 작고 모집단이 정규분포를 따른다면

$$t=\frac{\overline{D}-\mu_D}{\frac{s_D}{\sqrt{n}}}\sim t(n-1)$$

이 된다. 이를 이용하면 $\mu_1-\mu_2$에 대한 $100(1-\alpha)$의 신뢰구간은 다음과 같다.

$$\left(\overline{D}-t(n-1;\alpha/2)\frac{s_D}{\sqrt{n}},\ \overline{D}+t(n-1;\alpha/2)\frac{s_D}{\sqrt{n}}\right)$$

예제 6.15

- 운동의 효과를 측정하기 위하여 5명의 씨름선수를 임의로 추출하여 같은 사람을 운동 전과 운동 후로 체중을 조사한 결과 다음과 같은 자료를 얻었다. 체중의 차에 대한 95%의 신뢰구간을 구하라. (단위는 파운드)

운동전 :	168	195	155	183	169
운동후 :	160	197	150	180	163

$\overline{D}=4,\quad t(4;0.025)=2.776,\quad {s_D}^2 = 14.5.$

따라서 체중의 차에 대한 95%의 신뢰구간은

$$\left[\ \overline{D}-t(4;0.025)\frac{s_D}{\sqrt{5}},\quad \overline{D}+t(4;0.025)\frac{s_D}{\sqrt{5}}\ \right]$$

$$=\left((4-2.776\frac{\sqrt{14.5}}{\sqrt{5}},\quad 4+2.776\frac{\sqrt{14.5}}{\sqrt{5}})\right)$$

$$=(-0.72, 8.72)$$

2.7 모비율차에 대한 신뢰구간

예를 들어 두 제조공정의 불량률, 남녀의 실업률 등 두 모비율을 비교하는 경우가 흔히 있다. 이는 곧 두 모비율의 차 p_1-p_2에 관한 추정문제와 같다. 두 모집단의 표본의 크기가 각각 n_1, n_2이고, 표본비율도 각각 $\hat{p}_1=\dfrac{X}{n_1}$, $\hat{p}_2=\dfrac{Y}{n_2}$이라고 하면 $\hat{p}_1$, $\hat{p}_2$의 분산은 $V(\hat{p}_1)=\dfrac{p_1(1-p_1)}{n_1}$, $V(\hat{p}_2)=\dfrac{p_2(1-p_2)}{n_2}$이 되므로 대표본에서 두 모비율차의 추정량 $\hat{p}_1-\hat{p}_2$의 평균과 분산은

$$E(\hat{p}_1 - \hat{p}_2) = E(\hat{p}_1) - E(\hat{p}_2) = p_1 - p_2$$

$$V(\hat{p}_1 - \hat{p}_2) = \frac{p_1(1-p_1)}{n_1} + \frac{p_2(1-p_2)}{n_2}$$

이 된다. n이 충분히 클 때 추정량 $\hat{p}_1 - \hat{p}_2$은

$$Z = \frac{\hat{p}_1 - \hat{p}_2 - (p_1 - p_2)}{\sqrt{\dfrac{\hat{p}_1(1-\hat{p}_1)}{n_1} + \dfrac{\hat{p}_2(1-\hat{p}_2)}{n_2}}}$$

으로 근사적으로 $N(0,1)$을 따른다. 이러한 사실로부터 모비율의 차 $p_1 - p_2$에 대한 $100(1-\alpha)\%$의 신뢰구간은 다음과 같다.

$$\left(\hat{p}_1 - \hat{p}_2 - z_{\alpha/2}\sqrt{\frac{\hat{p}_1(1-\hat{p}_1)}{n_1} + \frac{\hat{p}_2(1-\hat{p}_2)}{n_2}},\right.$$
$$\left. \hat{p}_1 - \hat{p}_2 + z_{\alpha/2}\sqrt{\frac{\hat{p}_1(1-\hat{p}_1)}{n_1} + \frac{\hat{p}_2(1-\hat{p}_2)}{n_2}} \right)$$

예제 6.16

- 부품을 만드는 두 대의 기계가 있다. 두 대의 기계로 작업을 하는데, 그 기계의 성능을 비교하기 위하여 다음과 같은 데이터를 얻었다. 두 기계의 불량률의 차에 대한 95%의 신뢰구간을 구하라.

	표 본	불량품 수
A기계(x)	1000	90
B기계(y)	2000	140

$\hat{p}_1 = \frac{x}{n_1} = \frac{90}{1000} = 0.09 \qquad \hat{p}_2 = \frac{y}{n_2} = \frac{140}{2000} = 0.07$

따라서 $p_1 - p_2$에 대한 95%의 신뢰구간은

$$(\hat{p}_1 - \hat{p}_2) \pm z_{\alpha/2}\sqrt{\frac{\hat{p}_1(1-\hat{p}_1)}{n_1} + \frac{\hat{p}_2(1-\hat{p}_2)}{n_2}}$$

$$= (0.09 - 0.07) \pm 1.96\sqrt{\frac{0.09(1-0.09)}{1000} + \frac{0.07(1-0.07)}{2000}}$$

$$= (0.00,\ 0.041)$$

2.8 분산비에 대한 신뢰구간

두 모집단의 분산의 차이를 추정할 경우 분산비의 구간을 추정하여 두 모집단간의 분산의 차이를 비교할 수 있다. 분산비는 두 개의 χ^2분포의 비로 구성되는 F분포를 이용할 수 있다.

두 χ^2통계량 $\frac{(n_1-1)S_1^2}{\sigma_1^2}$, $\frac{(n_2-1)S_2^2}{\sigma_2^2}$은 각각 $\chi^2(n_1-1)$, $\chi^2(n_2-1)$을 따른다. 따라서 분산비를 추정하고자 할 경우 사용되는 통계량은 F분포를 따른다. 즉,

$$\frac{S_1^2 / \sigma_1^2}{S_2^2 / \sigma_2^2} \sim F(n_1 - 1,\ n_2 - 1).$$

따라서

$$P\left(F(n_1-1, n_2-1; 1-\alpha/2) \le \frac{S_1^2}{S_2^2}\ \frac{\sigma_2^2}{\sigma_1^2} \le F(n_1-1, n_2-1; \alpha/2)\right) = 1-\alpha$$

$$P\left(\frac{S_2^2}{S_1^2} F(n_1-1, n_2-1; 1-\alpha/2) \le \frac{\sigma_2^2}{\sigma_1^2} \le \frac{S_2^2}{S_1^2} F(n_1-1, n_2-1; \alpha/2)\right) = 1-\alpha$$

이상으로부터 분산비 $\frac{\sigma_2^2}{\sigma_1^2}$에 대한 $100(1-\alpha)\%$의 신뢰구간은 다음과 같다.

$$\left[\frac{S_2^2}{S_1^2}F(n_1-1\,,\,n_2-1\,;1-\alpha/2)\ ,\ \frac{S_2^2}{S_1^2}F(n_1-1\,,\,n_2-1\,;\alpha/2)\right]$$

예제 6.17

- 동일한 종류의 전구를 생산하는 두 공장이 있다. A공장에서 생산하는 전구 25개를 임의로 추출하여 수명을 조사한 결과 분산이 10시간이었고, B공장에서 생산되는 전구 16개를 임의 추출하여 조사한 결과 분산이 20시간이었다. 이 두 공장에서 생산되는 전구 수명에 대한 모분산비 $\frac{\sigma_2^2}{\sigma_1^2}$에 대한 95%의 신뢰구간을 구하라.

$\alpha=0.05$, A공장: $n_1=25$, $S_1^2=10$이며, B공장: $n_2=16$, $S_2^2=20$으로

$$\frac{S_1^2/\sigma_1^2}{S_2^2/\sigma_2^2}\sim F(25-1\,,\,16-1)$$

따라서 부록에 있는 F분포표를 이용하여 모분산비 $\frac{\sigma_2^2}{\sigma_1^2}$에 대한 95%의 신뢰구간은

$$\left(\frac{S_2^2}{S_1^2}F(n_1-1\,,\,n_2-1\,;1-\alpha/2),\ \frac{S_2^2}{S_1^2}F(n_1-1\,,\,n_2-1\,;\alpha/2)\right)$$
$$=(0.82\,,\,5.40)$$

엑셀활용

실습: 표준오차 계산(예제 6.3)

1. C3 셀에서부터 V5 셀까지 데이터를 입력한다.

2. 자료1에 대한 표본평균을 계산하기 위하여 G9 셀에 "=AVERAGE(C3:V3)"을 입력하고 Enter↵키를 누른다. 유사한 방법으로 G10, G11셀에 각각 다음과 같이 입력하여 계산한다.

   "=AVERAGE(C4:V4)", "=AVERAGE(C5:V5)"

3. 표준편차를 계산하기 위하여 I9, I10, I11 셀에 각각 다음과 같이 입력하고, Enter↵키를 눌러 계산한다.

   "=STDEV(C3:V3)", "=STDEV(C4:V4)" , "=STDEV(C5:V5)"

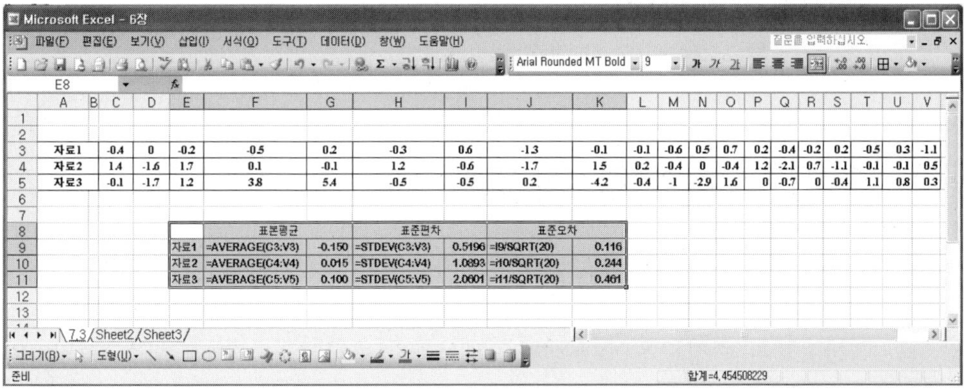

	C	D	E	F	G	H	I	J	K	L	M	N	O	P	Q	R	S	T	U	V
자료1	-0.4	0	-0.2	-0.5	0.2	-0.3	0.6	-1.3	-0.1	-0.1	-0.6	0.5	0.7	0.2	-0.4	-0.2	0.2	-0.5	0.3	-1.1
자료2	1.4	-1.6	1.7	0.1	-0.1	1.2	-0.6	-1.7	1.5	0.2	-0.4	0	-0.4	1.2	-2.1	0.7	-1.1	-0.1	-0.1	0.5
자료3	-0.1	-1.7	1.2	3.8	5.4	-0.5	-0.5	0.2	-4.2	-0.4	-1	-2.9	1.6	0	-0.7	0	-0.4	1.1	0.8	0.3

	표본평균		표준편차		표준오차	
자료1	=AVERAGE(C3:V3)	-0.150	=STDEV(C3:V3)	0.5196	=I9/SQRT(20)	0.116
자료2	=AVERAGE(C4:V4)	0.015	=STDEV(C4:V4)	1.0893	=i10/SQRT(20)	0.244
자료3	=AVERAGE(C5:V5)	0.100	=STDEV(C5:V5)	2.0601	=i11/SQRT(20)	0.461

4. 표준오차를 계산하기 위하여 K9, K0, K11 셀에 각각 다음과 같이 입력하고 Enter↵ 키를 눌러 계산한다.

"=I9/SQRT(20)", "=I10/SQRT(20)" , "=I11/SQRT(20)"

실습: 표모평균 및 모분산 추정(예제 6.4)

1. B3 셀에서부터 B12 셀까지 데이터를 입력한다.

2. 모평균, 표준편차, 분산을 추정하기 위하여 F4, F5, F6 셀에 다음과 같이 입력하여 계산한다.

"=AVERAGE(B3:B13)", "=VAR(B3:B13)", "=STDEV(B3:B13)"

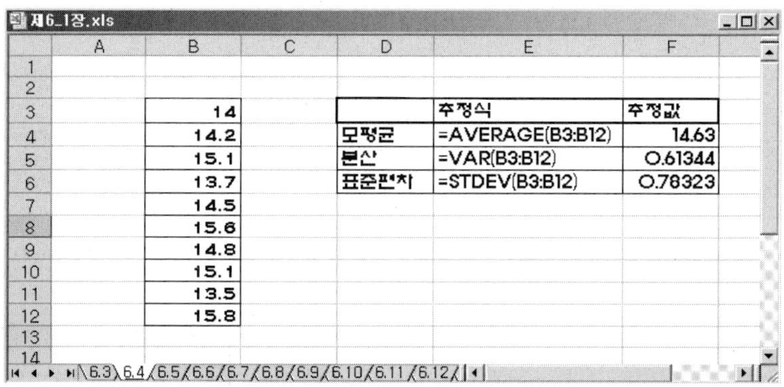

실습: 모비율 추정(예제 6.5)

1. F4와 F5 셀에 데이터 자료 "1200", "960"을 기입한다.

2. 찬성률의 추정값은 $\hat{p}=\frac{X}{n}$ 을 계산하기 위하여 F8셀에 "=F5/F4"을 입력하고 Enter↵ 키를 눌러 계산한다. 그리고 표준오차

$SE(\hat{p}) = \sqrt{\frac{\hat{p}(1-\hat{p})}{n}}$ 을 계산하기 위하여 F9 셀에 "=SQRT(F8*(1-F8)/F4)"을 입력하고 Enter↵ 키를 누르면 된다.

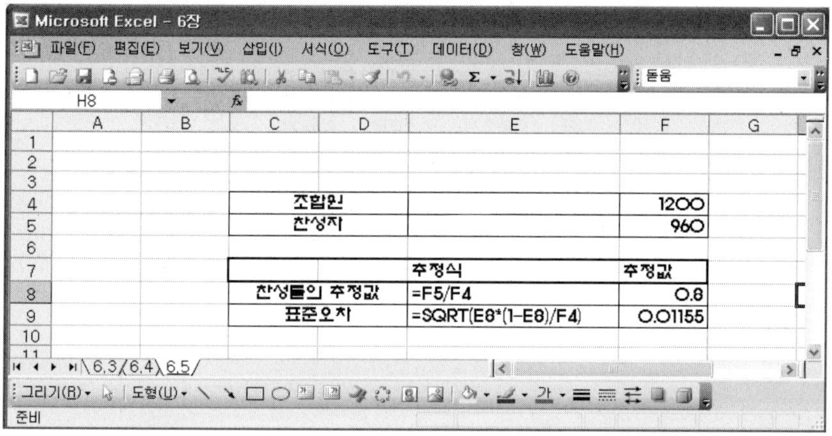

실습: 모평균에 대한 구간 추정(예제 6.6)

- $Z_{1-\alpha/2} = NORMSINV(1-\alpha/2)$ 계산

  $\alpha = 0.1$ 이면 $= NORMSINV(0.95) = 1.645$

  $\alpha = 0.05$ 이면 $= NORMSINV(0.975) = 1.96$

  $\alpha = 0.01$ 이면 $= NORMSINV(0.995) = 2.58$

1. 셀 A1에 "평균", B1에 "표준오차", C1에 "신뢰하한", D1에 "신뢰상한"이라고 입력한다.

2. A2 셀을 선택하고 "40"을 입력하고, B2 셀에 "=10/SQRT(25)"을 입력하고 Enter↵ 키를 눌러 계산한다.

3. C2와 D2 셀에 각각 다음과 같이 입력하여 계산하면 된다.

"= A2-B2*NORMSINV(0.95)", "= A2+B2*NORMSINV(0.95)"

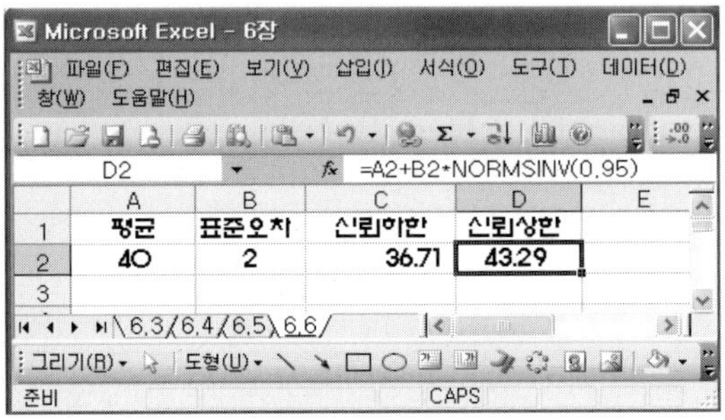

실습: 표본의 크기에 따른 신뢰구간 (예제 6.7)

1. 셀 A1에 "평균", B1에 "표준오차", C1에 "신뢰하한", D1에 "신뢰상한"이라고 입력한다.

2. A2에서 A4 셀까지 "500"을 입력하고 B2, B3, B4 셀에 각각 "=400/SQRT(4)", "=400/SQRT(16)", "=400/SQRT(100)"을 입력하고 Enter↵ 키를 눌러 계산한다.

3. C2와 D2 셀에 각각 다음과 같이 입력하여 계산하면 된다.

"= A2-B2*NORMSINV(0.95)", "= A2+B2*NORMSINV(0.95)"

4. 유사한 방법으로 C3와 D3 셀에 각각 다음과 같이 입력하여 계산하면 된다.

"= A3-B3*NORMSINV(0.95)", "= A3+B3*NORMSINV(0.95)"

5. C4와 D4 셀에 각각 다음과 같이 입력하여 계산하면 된다.

"= A4-B4*NORMSINV(0.95)", "= A4+B4*NORMSINV(0.95)"

실습: 표본의 크기 계산 (예제 6.8)

1. 셀 A1에 “오차의 한계”, B1에 “표준편차”, C1에 “표본의 크기”라고 입력한다.

2. A2와 B2 셀에 각각 “20”, “100”을 입력하고 C2 셀에 “=(NORMSINV(0.975)*B2/A2)^2” 입력하고 Enter↵키를 눌러 계산한다.

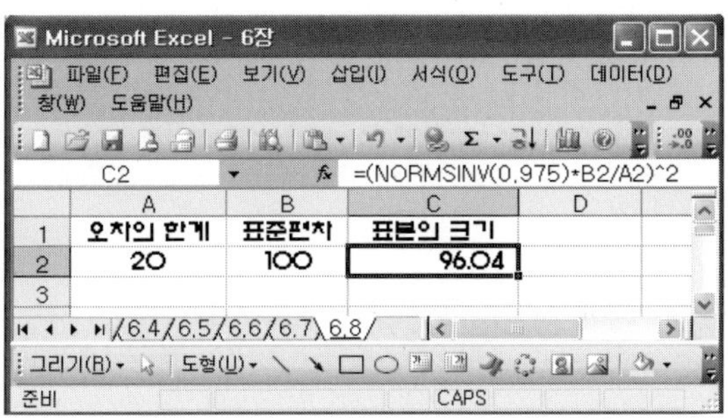

실습: 모평균에 대한 구간 추정(예제 6.9)

1. 셀 A1에서부터 A15셀까지 선택하여 자료를 입력하고 C1에 “평균”, D1

에 "표준편차", E1에 "표준오차", F1에 "신뢰하한", G1에 "신뢰상한"이라고 입력한다.

2. C2 셀을 선택하고 "=AVERAGE(A1:A15)"을 입력하고 D2 셀에 "1.4", E2 셀에 "=D2/SQRT(15)"을 입력하고 Enter↵ 키를 눌러 계산한다.

3. F2와 G2 셀에 각각 다음과 같이 입력하여 계산하면 된다.

"=C2-E2*NORMSINV(0.975)", "=C2+E2*NORMSINV(0.975)"

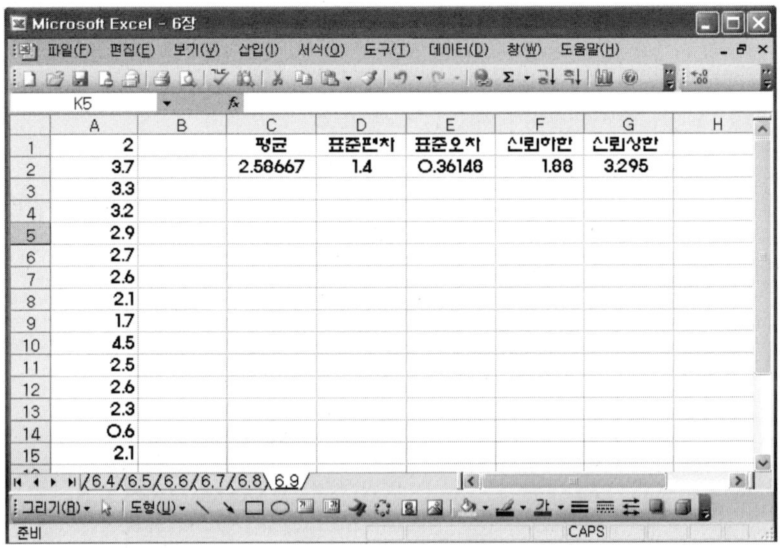

	A	B	C	D	E	F	G	H
1	2		평균	표준편차	표준오차	신뢰하한	신뢰상한	
2	3.7		2.58667	1.4	0.36148	1.88	3.295	
3	3.3							
4	3.2							
5	2.9							
6	2.7							
7	2.6							
8	2.1							
9	1.7							
10	4.5							
11	2.5							
12	2.6							
13	2.3							
14	0.6							
15	2.1							

실습: 모평균에 대한 구간 추정(예제 6.10)

- $t_{\alpha/2,\, n-1} = TINV(\alpha, n-1)$ 계산

  $\alpha = 0.1$ 이고 자유도가 8이면 $TINV(0.1, 8) = 1.859548$

  $\alpha = 0.05$ 이고 자유도가 8이면 $TINV(0.05, 8) = 2.306004$

  $\alpha = 0.01$ 이고 자유도가 8이면 $TINV(0.01, 8) = 3.355387$

1. 셀 A1에서부터 A9셀까지 선택하여 자료를 입력하고 C1에 “평균”, D1에 표준편차, E1에 “표준오차”, F1에 “신뢰하한”, G1에 “신뢰상한”이라고 입력한다.

2. C2 셀을 선택하고 “=AVERAGE(A1:A9)”을 입력하고 D2 셀에 “=STDEV(A1:A9)”, E2 셀에 “=D2/SQRT(9)”을 입력하고 Enter↵ 키를 눌러 계산한다.

3. F2와 G2 셀에 각각 다음과 같이 입력하여 계산하면 된다.

“=C2-E2*TINV(0.05,8)”, “=C2+E2*TINV(0.05,8)”

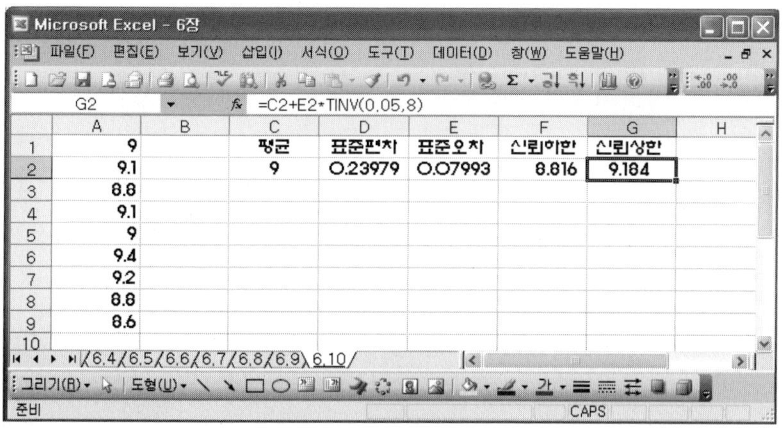

	A	B	C	D	E	F	G	H
1	9		평균	표준편차	표준오차	신뢰하한	신뢰상한	
2	9.1		9	0.23979	0.07993	8.816	9.184	
3	8.8							
4	9.1							
5	9							
6	9.4							
7	9.2							
8	8.8							
9	8.6							
10								

실습: 모본산을 모르고 표본이 큰 경우 구간추정(예제 6.11)

1. 셀 A1에 “표본평균”이라고 입력하고, B1 셀에 “표본크기”, C1에 “표본표준편차”, D1에 “표준오차”, E1에 “신뢰하한”, F1에 “신뢰상한”이라고 입력한다.

2. 셀 A2에 “245.69” 자료를 입력하고, B2 셀에 “100”, C2에 “46.02”, D2에 “=C2/SQRT(100)”이라고 입력하고 계산한다.

3. E2와 F2 셀에 각각 다음과 같이 입력하여 계산하면 된다.

"=A2-D2*NORMSINV(0.975)", "=A2+D2*NORMSINV(0.975)"

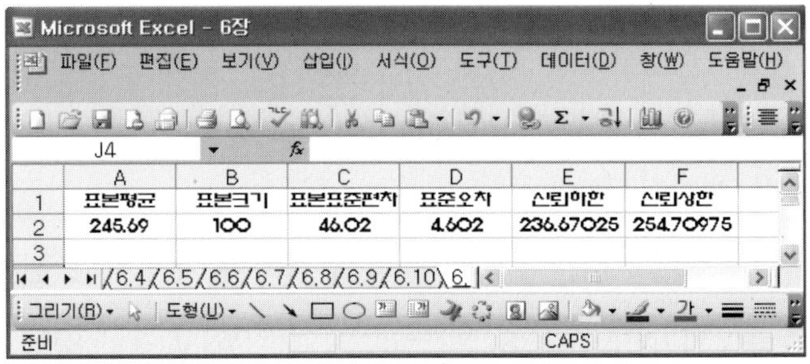

실습: 모비율의 신뢰구간 (예제 6.12)

1. 셀 A1에 "표본비율"이라고 입력하고, B1 셀에 "표본크기", C1에 "불량품의 수", D1에 "표준오차", E1에 "신뢰하한", F1에 "신뢰상한"이라고 입력한다.

2. 셀 A2에 "=12/100" 자료를 입력하고 B2 셀에 "100", C2에 "12", D2에 "=SQRT((A2*(1-A2)/100))"이라고 입력하고 계산한다.

3. E2와 F2 셀에 각각 다음과 같이 입력하여 계산하면 된다.

"=A2-D2*NORMSINV(0.975)", "=A2+D2*NORMSINV(0.975)"

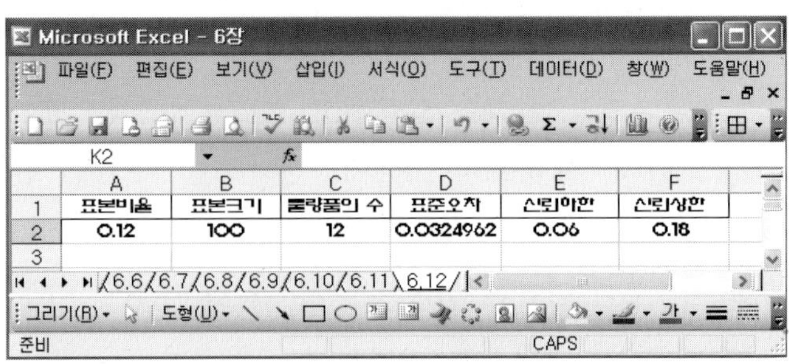

실습: 모분산의 신뢰구간 (예제 6.13)

1. 셀 A1에서 A6까지 선택하여 자료를 입력하고 B1 셀에 "표본분산", C1에 "표본 수", D1에 "신뢰하한", E1에 "신뢰상한"이라고 입력한다.
2. B2 셀에 "=VAR(A1:A6)", C2에 "6"이라고 입력한다.
3. D2와 E2 셀에 각각 다음과 같이 입력하여 계산하면 된다.

   "=(C2-1)*B2/CHIINV(0.05,5)", "=(C2-1)*B2/CHIINV(0.95,5)"

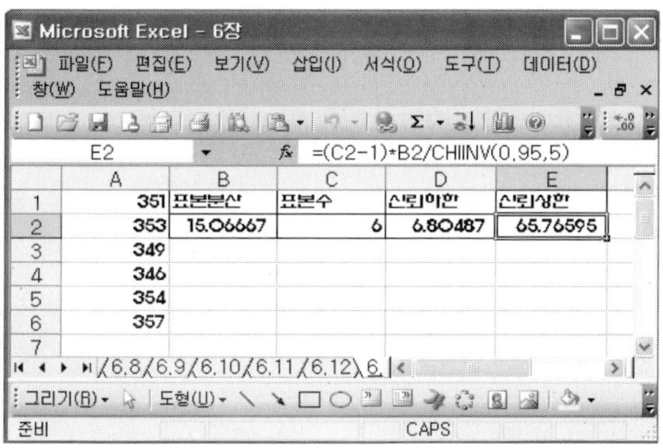

실습: 모분산이 모르지만 동일한 모분산을 가진 평균차에 대한 신뢰구간 (예제 6.14)

1. 셀 B2에서 G2까지 선택하여 자료를 입력하고 H1 셀에 "표본수", I1에 "표본평균", J1에 "표본분산"을 입력하고 A5 열에 "평균차", A6 열에 "$t(n1+n2-2)$", A7 열에 "합동추정량(공통분산)"에 A9에 "신뢰구간"이라고 입력한다. 그리고 H9, I9열에 각각 "하한", "상한" 이라고 입력한다.
2. H2와 H3 셀에 각각 "6", I2와 I3에 각각 "=AVERAGE(B2:G2", "=AVERAGE(B3:G3", J2와 J3 열에 "=VAR(B2:G2)", "=VAR(B3:G3)"

을 입력하여 계산하고 H5 열에 "=I2-I3", H6 열에 "=TINV(0.05,10)", H7 열에 "=(5*J2+5*J3)/10"을 입력하고 계산한다.

3. H10, I10열에 각각 하한과 상한을 계산하기 위하여 각각 다음과 같이 입력하여 계산하면 된다.

"=H5-H6*SQRT(H7)*SQRT((1/6+1/6))","=H5+H6*SQRT(H7)*SQRT((1/6+1/6))"

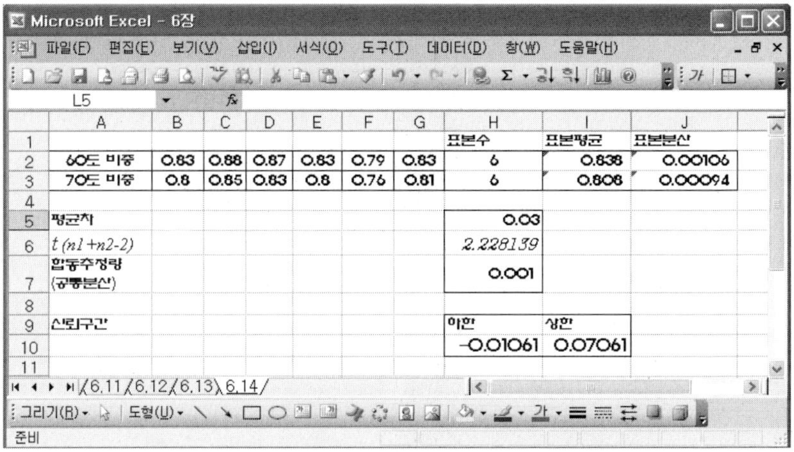

	A	B	C	D	E	F	G	H	I	J
1								표본수	표본평균	표본분산
2	60도 비중	0.83	0.88	0.87	0.83	0.79	0.83	6	0.838	0.00106
3	70도 비중	0.8	0.85	0.83	0.8	0.76	0.81	6	0.808	0.00094
4										
5	평균차							0.03		
6	t (n1+n2-2)							2.228139		
7	합동추정량 (공통분산)							0.001		
8										
9	신뢰구간							하한	상한	
10								-0.01061	0.07061	
11										

실습: 쌍체표본 신뢰구간 (예제 6.15)

1. 셀 A2:A6과 셀 B2:B6에 각각 데이터 5개를 입력하고 C1에 "차", D1에 "표준오차", E1과 F1에 각각 "상한", "하한"을 입력한다.

2. 셀 C2에 "=A2-B2"를 입력하고 Enter↵ 키를 눌러 계산하고 C2 셀을 선택하여 오른쪽 하단 점으로 마우스를 위치시키고 아래로 드래깅하여 자동채우기를 시행한다. 그리고 셀 D2에 "=STDEV(C1:C5)/SQRT(5)"이라고 입력하고 Enter↵ 키를 누른다.

3. D2와 E2에 셀에 각각 하한과 상한을 계산하기 위하여 각각 다음과 같이

입력하여 계산하면 된다.

"=AVERAGE(C2:C6)-D2*TINV(0.05,4)","=AVERAGE(C2:C6)-D2*TINV(0.05,4)"

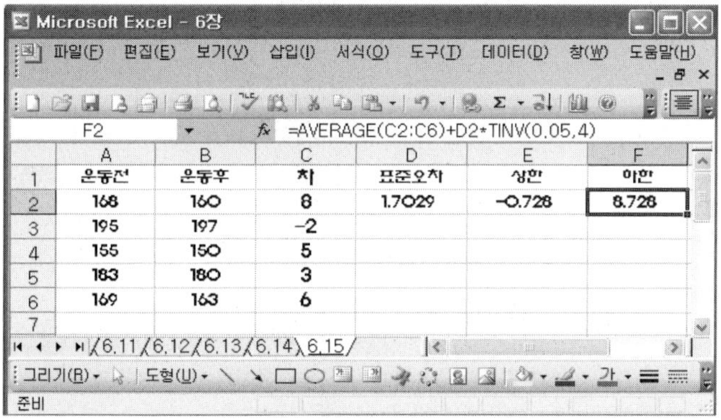

실습: 모비율차 신뢰구간 (예제 6.16)

1. 셀 B1에 "표본비율", C1에 "표본크기", D1에 "불량품의 수", E1에 "비율의 차", F1에 "표준오차"를 입력하고 G1과 H1에 각각 "상한", "하한"을 입력한다.

2. 셀 B2와 B3에 각각 "=90/1000", "=140/2000"을 입력하고 C2과 C3에 "1000", "1000"을 입력한다. D2와 D3에 "90", "140"을 E1에 "=B2-B3", F1에 "=SQRT(B2*(1-B2)/1000+B3*(1-B3)/2000)"을 입력하고 계산한다.

3. G2와 H2 셀에 각각 하한과 상한을 계산하기 위하여 각각 다음과 같이 입력하여 계산하면 된다.

   "=E2-F2*NORMSINV(0.975)", "=E2+F2*NORMSINV(0.975)"

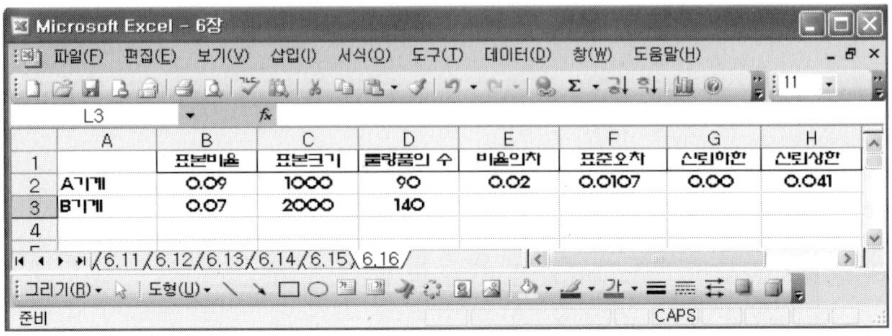

	A	B	C	D	E	F	G	H
1		표본비율	표본크기	불량품의 수	비율의차	표준오차	신뢰하한	신뢰상한
2	A기계	0.09	1000	90	0.02	0.0107	0.00	0.041
3	B기계	0.07	2000	140				

실습: 분산비 신뢰구간 (예제 6.17)

1. 셀 B1에 "표본의 수", C1에 "분산", D1에 "신뢰상한", E1에 "신뢰하한"을 입력한다.

2. 셀 B2와 B3에 각각 "25", "16"을 입력하고 C2과 C3에 "10", "20"을 입력한다.

3. D2와 E2 셀에 각각 하한과 상한을 계산하기 위하여 각각 다음과 같이 입력하여 계산하면 된다.

   "=C3/C2*FINV(0.975,24,15)", "=C3/C2*FINV(0.025,24,15)"

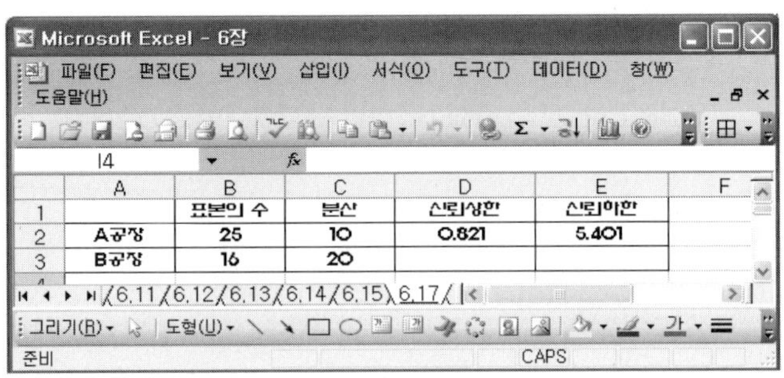

	A	B	C	D	E
1		표본의 수	분산	신뢰상한	신뢰하한
2	A공장	25	10	0.821	5.401
3	B공장	16	20		

연습문제

1. 금년도 대졸자의 초임을 알아보기 위하여 100명을 임의 추출하여 조사하니 평균이 145만원, 표준편차가 5만원 이었다.

(1) 금년도 전체 대졸자의 초임의 평균을 추정하여라.

(2) 금년도 전체 대졸자의 초임의 평균에 대한 95%의 신뢰구간을 구하라

(3) 금년도 전체 대졸자의 초임의 평균에 대한 99%의 신뢰구간을 구하라. 이 구간의 너비가 95%의 신뢰구간과 비교해 어떠한가?

(4) 표본의 크기가 400명 이었을 때, 전체 대졸자 초임의 95%의 신뢰구간을 구하라. (2)와 비교하여 구간의 너비는 어떠한가?

2. 위 문제1에서 만일 표본의 크기가 20명이고, 표본의 평균이 145만원, 표준편차가 5만원이고 모집단이 정규분포일 경우 평균에 대한 95%의 신뢰구간을 구하라.

3. 어느 공장에서 생산되는 전구 수명의 표준편차가 대개 100시간 이라고 한다. 전구의 평균수명에 대한 95%의 신뢰수준으로 추정하려고 한다. 오차의 한계가 20시간 이내가 되기 위한 표본의 크기는?

4. 어떤 큰 제조회사의 품질관리자는 5500개의 가공되지 않는 재료들의 평균 무게를 알아보고자 한다. 250개를 임의 추출하여 측정한 결과 평균은 65kg이었다. 모집단의 표준편차는 15kg이었다. 모평균에 대한 95%의 신뢰구간을 구하라.

5. 어느 생산 관리자는 제품공정에서의 특정작업을 끝내는데 요구되는 시간을 알려고 한다. 25개의 관측치가 분석을 위해 사용되었다. 관측치로부터 계산된 분산은 0.32이다.

(1) σ^2에 대한 95%의 신뢰구간을 구하라.
(2) σ^2에 대한 99%의 신뢰구간을 구하라.
(3) σ^2에 대한 90%의 신뢰구간을 구하라.
(4) 타당한 신뢰구간을 구하기 위하여 필요한 가정은 무엇인가?

6. 전구를 생산하는 충청산업에서 하루 평균 전구생산량을 조사하려고 한다. 과거 121일간의 하루 생산량의 평균과 표준편차는 $\bar{x} = 500$, $s = 110$로 알려져 있다. 평균 생산량 μ에 대한 90%의 신뢰구간을 구하라.

7. 어느 회사가 일주일 동안 제작한 베어링 중에서 200개를 뽑아 직경을 재어보니 평균이 0.824cm이고 표준편차는 0.042cm이었다. 이 회사가 제작하는 전체베어링의 평균 직경에 대한 90%의 신뢰구간을 구하라.

8. 어느 회사에서 자사제품에 대한 선호를 알아보기 위하여 임의로 주부 100명을 뽑아서 조사한 결과 20%만이 그 회사제품을 좋아한다고 했다. 이 회사의 제품을 좋아하는 모집단 비율에 대한 95%의 신뢰구간을 구하라.

9. 서울과 부산에서 각각 200명을 뽑아 A회사의 맥주의 선호도를 알아보기 위하여 조사한 결과, 서울에서는 150명, 부산에서는 100명이 A회사 맥주를 선호한다고 하였다. A회사의 맥주의 선호율에 대해 서울과 부산 간의 선호도의 차에 대한 90%의 신뢰구간을 구하라.

10. 어느 연구소에서 2개 회사에서 제작된 백열전구의 수명을 테스트하였다. 100개씩 수명을 조사한 결과 다음과 같았다. 2개 회사의 백열전구의 수명의 차에 대한 95% 신뢰구간을 구하라.

A사 : 평균 2035 시간, 표준편차 64시간
B사 : 평균 1920시간, 표준편차 64시간

11. 다음은 11개의 A제품의 무게이다. A제품의 무게에 대한 모분산에 대한 99%의 신뢰구간을 구하라.

38.0 37.5 38.9 40.0 38.1 35.7 38.2 37.7 35.9 36.8 37.8

12. 어떤 산업안전 프로그램이 공장에서 일어나는 사건으로 인한 작업시간의 손실을 줄인다고 한다. 다음 자료는 6곳의 공장에서 산업안전 프로그램을 실시 전과 후의 사고로 인한 작업시간의 손실을 기록한 것이다. 실시 전과 후의 차에 대한 95%의 신뢰구간을 구하라.

	공장1	공장2	공장3	공장4	공장5	공장6
실시 전	12	29	16	37	28	15
실시 후	10	28	17	35	25	16

13. 두 사람의 유리공 A, B가 제작한 병의 중량에 대하여 각각의 표본분산을 계산한 결과 다음과 같다고 한다. 그 차에 대한 95%의 신뢰구간을 구하라.

$S_1^2 = 70.28 \quad n_1 = 11 \quad F(10, 11{:}0.025) = 3.53$

$S_2^2 = 20.55 \quad n_2 = 12 \quad F(11, 10{:}0.025) = 3.66$

7

검정

제7장에서는 표본분포를 이용하여 미지의 모수에 대한 가설을 검정하는 방법을 살펴본다.

— 가설 검정의 개념

— 모평균에 대한 검정

— 모비율에 대한 검정

— 모분산에 대한 검정

검정의 방법

어느 회사에서는 생산되는 전구의 평균 수명 시간 μ은 1100시간으로 알려져 있다. 이 회사는 전구의 수명을 연장하기 위해 새로운 기술을 도입하여 전구의 수명 시간을 연장하였다고 주장하고 있다. 이를 확인하기 위해 9개의 전구를 추출하여 검사한 결과 평균수명 시간이 1120시간 이었다고 하면 이 경우 전구의 평균 수명시간은 1100시간보다 더 크다고 할 수 있을까?.

이런 문제의 질문에 대해 통계적 가설을 표현하면 지금까지 시사, 암시를 받아 검토하고 싶은 내용을 바탕으로 대립가설 $H_1: \mu > 1100$을 설정하게 되며 또 지금까지 알려져 온 $\mu = 1100$을 바탕으로 귀무가설 $H_0: \mu = 1100$을 설정하게 된다.

그런데, 귀무가설이 올바른 경우에 귀무가설을 채택하고 대립가설이 올바른 경우에 대립가설을 채택하면 되지만 때로는 잘못 판단을 하는 경우도 있다. 통계적 가설검정에서는 흔히 오류가 따르게 된다. 이를 테면 귀무가설이 올바른 것에 귀무가설을 기각하는 경우가 있고 이에 대하여 대립가설이 올바른 것에 대해 대립가설을 기각하는 경우가 있다. 전자를 흔히 제1종 과오라 하고 후자를 제2종의 과오라 한다. 이를 요약하면 다음 표와 같다.

실제의 상태 \ 검정결과	H_0를 채택	H_1를 채택
H_0가 사실	옳은 결정	제1종의 과오(α)
H_1이 사실	제2종의 과오(β)	옳은 결정

〈표 7.1〉 가설검정의 결과

귀무가설을 채택할 것인가 기각할 것인가는 표본에서 통계량을 계산하여 그 값에 따라 결정하게 되는데 이런 통계량을 검정통계량이라 한다. 또 검정통계량이 어떤 범위에 있는 경우에 귀무가설을 기각하는 경우 이 영역을 기각역이라 한다.

검정통계량의 값이 기각역에 있으면 귀무가설을 기각하고 채택역에 있으면 채택하게 된다. 이 기각역과 채택역의 기준이 되는 값을 기각치(임계치)라고 한다. 귀무가설이 틀림없다고 하더라도 검정통계량이 기각역에 속하는 확률을 유의수준이라 하고 주어진 검정통계량의 관측값으로부터 H_0를 기각하게 하는 최소의 유의수준을 유의확률(significance probability: p값)이라 말한다. 유의수준은 보통 1%, 5%에서 정한다. 대립가설에 따라 검정의 기각역이 어느 한쪽에만 있는 경우를 단측검정이라고 하고 양쪽에 있는 경우를 양측검정이라 한다.

일반적으로 가설검정의 절차는 다음과 같다.

(1) 단계 : 귀무가설 H_0과 대립가설 H_1을 세운다.

(2) 단계 : H_0하에서 검정통계량을 결정하고, 표본으로부터 검정통계량을 계산한다.

(3) 단계 : 표본크기 n, 유의수준 α 와 대립가설의 형태에 따라 기각치를 구한다.

(4) 단계 : 검정통계량의 값과 기각치를 비교하여 판정한다. 유의확률(p값)이 유의수준(α)보다 작으면 H_0을 기각한다. 즉, 통계적으로 유의하다고 판단한다.

2 모평균의 검정

(1) 모집단의 표준편차를 알고 있는 경우

모평균 μ에 대한 가설 $H_0: \mu = \mu_0, H_1: \mu > \mu_0$을 검정하기 위한 검정절차를 생각해 보자. 모평균의 추정량인 표본평균 $\overline{X}$ 는 중심극한정리에 의해 평균이 μ 이고 표준편차가 $\frac{\sigma}{\sqrt{n}}$ 인 정규분포를 한다. 즉 $\overline{X} \sim N\left(\mu, \frac{\sigma^2}{n}\right)$. 따라서 H_0하에서 표본평균 $\overline{X}$에 대해 표준화를 하면

$$Z_0 = \frac{\overline{X} - \mu_0}{\frac{\sigma}{\sqrt{n}}} \sim N(0, 1)$$

이 되며, 이 때 기각역은 단측검정으로 $Z_0 \geq z_\alpha$이 된다. 또 가설 $H_1: \mu < \mu_0$인 경우에 기각역은 단측검정으로 $Z_0 \leq -z_\alpha$이 된다. 한편 가설 $H_1: \mu \neq \mu_0$은 기각역은 양측검정으로 $|Z_0| \geq z_{\alpha/2}$이 된다. 대립가설의 형태에 따라 기각역은 아래 그림과 같다.

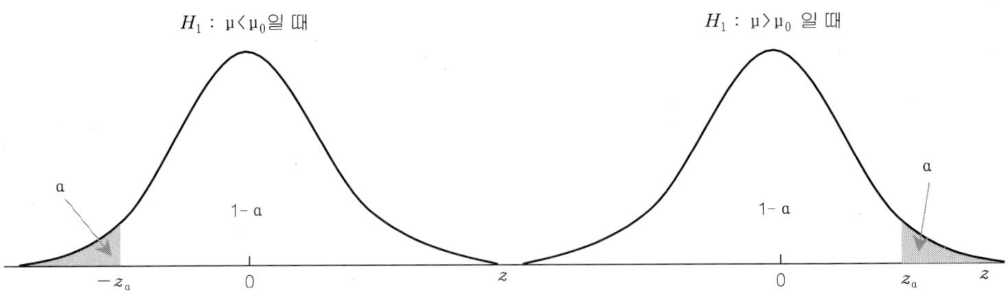

〈그림 7.1〉 단측검정

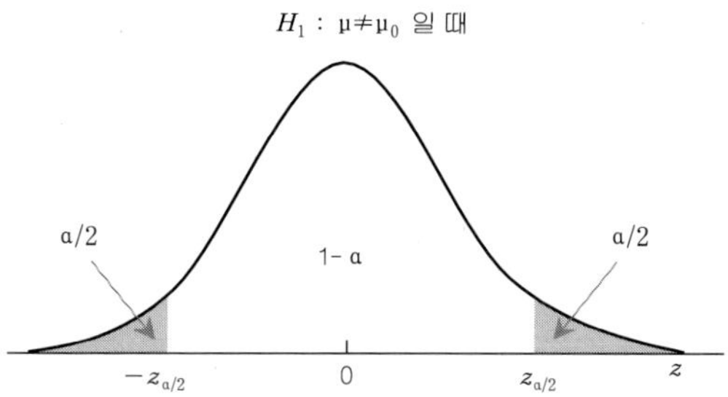

〈그림 7.2〉 양측검정

대립가설에 대한 모평균의 가설검정은 다음과 같이 정리된다.

(1) 귀무가설 : H_0 : $\mu = \mu_0$

(2) 검정통계량 : $Z_0 = \dfrac{\overline{X} - \mu_0}{\dfrac{\sigma}{\sqrt{n}}}$

(3) 판정 : H_1 : $\mu < \mu_0$ 일 때 $Z_0 \leq -z_\alpha$이면 H_0을 기각한다.

H_1 : $\mu > \mu_0$ 일 때 $Z_0 > z_\alpha$이면 H_0을 기각한다.

H_1 : $\mu \neq \mu_0$ 일 때 $|Z_0| \geq z_{\alpha/2}$이면 H_0을 기각한다.

검정통계량이 Z분포를 할 때의 검정을 Z검정(정규검정)이라한다.

참고하세요!

• 검정력의 계산

표본의 크기를 정하여 놓고 가설 검정을 시행할 때 제1종의 과오(α)와 제2종의 과오(β)를 동시에 줄일 수 있는 방법이 없다. 따라서 유의수준 α 를 고정시켜 놓고 제2종의 과오(β)를 최소화시키는 방법이 검정의 기본 원리이다. 이러한 가설 검정 시행에서 β의 최소화나 $1-\beta$의 최대화는 이 분야의 중요한 사항이다. 가설 검정 시행자는 기존의 사실을 반영하는 H_0을 기각하고 현재의 사실을 반영하는 H_1을 채택하는데 큰 관심이 있다. 따라서 귀무가설을 기각할 확률을 관심대상의 모수의 함수로 나타낼 수 있는데 이 함수를 검정력 함수(power function)라고 한다. 즉, 이 함수는 모수가 귀무가설과 일치하는 영역에서 유의수준(α)를 나타내며 모수가 대립가설과 일치하는 영역에서 검정력 $1-\beta$을 나타낸다.

예를 들면 단측검정 $H_0: \mu=1$, $H_1: \mu > 1$ 의 검정을 시행한다고 하자. 검정통계량과 기각치의 관계가 다음과 같으면 귀무가설을 기각하게 된다.

$$Z_0 = \frac{\overline{X}-1}{\frac{0.5}{\sqrt{20}}} > 1.645 \quad \text{혹은} \quad \overline{x} > 1.645\frac{0.5}{\sqrt{20}}+1 = 1.184$$

따라서 β는 H_0가 거짓일 때 H_0을 채택하는 확률로 해석이 가능함으로서 다음과 같이 나타낼 수 있다.

$$\beta = p(\overline{x} \le 1.184 \mid H_0\ false\,(\mu=1.2)\ ) = p\left(z_0 \le \frac{1.184-1.2}{\frac{0.5}{\sqrt{20}}}\right)$$

$$= p(z_0 \le -0.143) = 0.4443$$

따라서 검정력 $1-\beta = 1-0.4443 = 0.5557$ 이 된다.

예제 7.1

- 어떤 기계공장에서 프레스된 부품의 지름 기준치는 7.91mm라 알려졌다. 제조 공정의 일부를 변경하고 10개의 표본을 추출하여 측정한 결과 다음과 같을 때 프레스 된 부품의 지름은 커졌다고 할 수 있는가 유의수준 5%로 검정하라. 부품의 지름은 정규분포를 따르고 모표준편차는 0.03mm라 한다. (단위 mm)

7.92 7.94 7.90 7.93 7.92 7.93 7.91 7.94 7.95 7.92

1단계 : H_0 : $\mu = 7.91$, H_1 : $\mu > 7.91$.

2단계 : H_0하에서 검정통계량은

$$Z_0 = \frac{\bar{x} - \mu_0}{\frac{\sigma}{\sqrt{n}}} = \frac{7.926 - 7.91}{0.03/\sqrt{10}} = 1.687$$

3단계 : 기각치 $z_{0.05} = 1.645$

4단계 : 판정 $Z_0 = 1.687 \geq z_{0.05} = 1.645$이므로 H_0을 기각한다.

즉, 유의수준 $\alpha = 0.05$로 프레스된 부품의 지름은 커졌다고 할 수 있다.

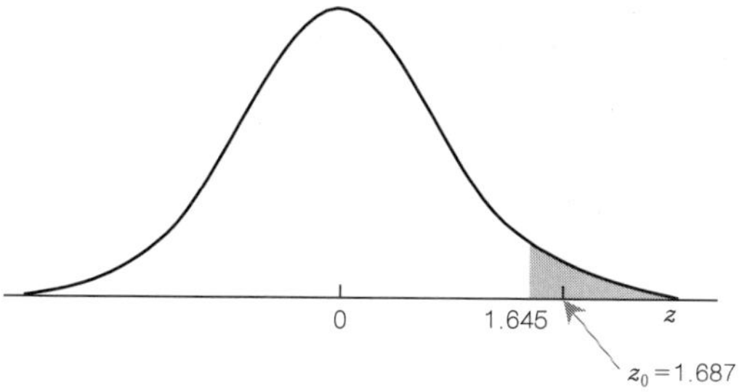

[해석] p값 설명

검정통계량 $z=1.69$를 표준정규분포표에서 찾으면 다음과 같다.

$$P(Z \geq 1.69) = 0.046$$

따라서 p값은 0.046이다. 주어진 자료로부터 H_0가 기각되는 최소의 유의수준으로 유의수준 0.046이상일 때만 H_0를 기각하게 된다. 위의 예제에서는 유의수준 0.05로 했을 때는 귀무가설은 기각하게 된다. p값에 대한 그림은 다음과 같다.

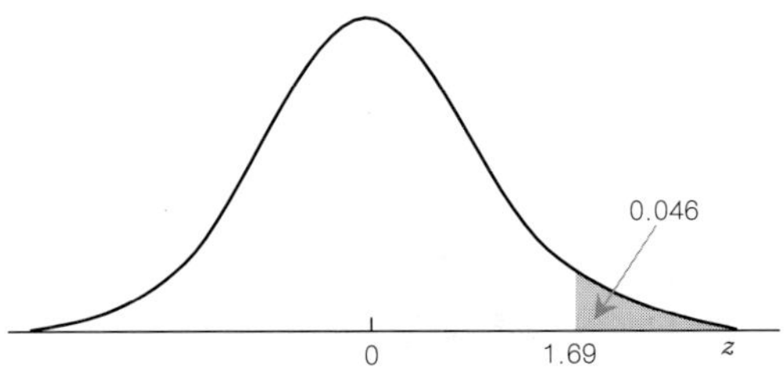

〈그림 7.3〉 단측검정에서 $z_0=1.69$에 대한 p값

참고하세요!

- p값(최소의 유의수준)계산

주어진 검정통계량의 관측값으로부터 H_0를 기각하게 하는 최소의 유의수준을 유의확률(p값)이라 말한다. 표본자료에서 계산된 검정통계량을 Z을 값을 z_0라고 표시하면 p값은 다음과 같이 계산된다.

p-값(우측검정)= $p(Z > z_0)$

p-값(좌측검정)= $p(Z < z_0)$

p-값(양측검정)= $p(|Z| > z_0)$

예제 7.2

- 위의 예제에서 프레스된 부품의 지름은 달라졌다고 할 수 있는가에 관심을 가졌을 때 유의수준 5%로 검정하라.

1단계 : H_0 : $\mu = 7.91$, H_1 : $\mu \neq 7.91$.

2단계 : H_0하에서 검정통계량은

$$Z_0 = \frac{\overline{x} - \mu_0}{\frac{\sigma}{\sqrt{n}}} = \frac{7.926 - 7.91}{0.03/\sqrt{10}} = 1.687$$

3단계 : 기각치 $-z_{0.025} = -1.96$, $z_{0.025} = 1.96$.

4단계 : 판정 $-z_{0.025} = -1.96 \le Z_0 = 1.687 \le z_{0.025} = 1.96$이므로 H_0을 채택한다.

즉, 유의수준 $\alpha = 0.05$로 프레스된 부품의 지름이 달라졌고 할 수 없다.

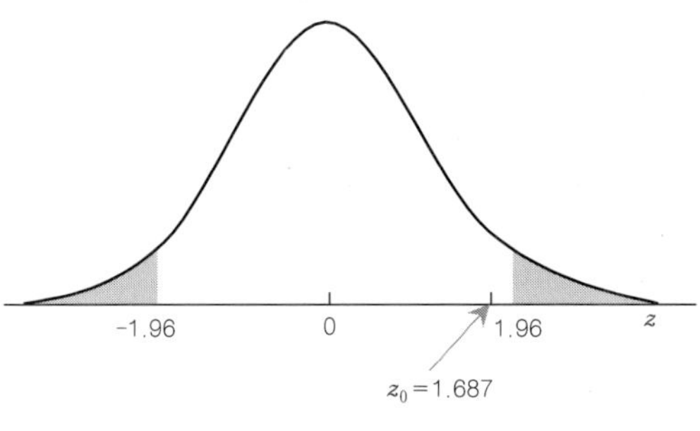

[해석] p값 설명

검정통계량 $z=1.69$에서 p값은 다음과 같다.

$$P(Z\leq -1.69 \quad or \quad Z\geq 1.69) = P(Z\leq -1.69) + P(Z\geq 1.69)$$
$$= 0.046 + 0.046 = 0.092$$

p값은 주어진 자료로부터 H_0가 기각되는 최소의 유의수준으로 유의수준 0.092이상일 때만 H_0를 기각하게 된다. 따라서 위의 예제에서는 유의수준 0.05로 했을 때는 귀무가설은 채택하게 된다. p값에 대한 그림은 다음과 같다.

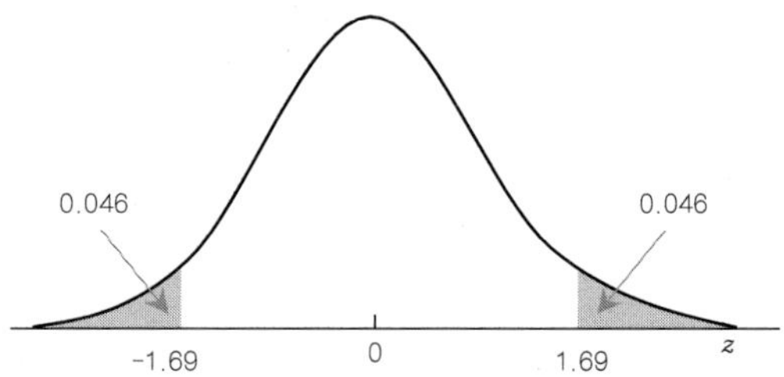

〈그림 7.4〉 양측검정에서 $z_0=1.69$에 대한 p값

(2) 모집단의 표준편차를 모르고, 표본 n이 작은 경우

모집단의 분포가 정규분포이고 σ을 모르는 경우에서, $H_0: \mu=\mu_0$, $H_1: \mu < \mu_0$에 대한 검정 절차를 생각해 보자. H_0하에서 검정통계량

$$t_0 = \frac{\overline{X}-\mu_0}{\frac{s}{\sqrt{n}}}$$

은 자유도 $n-1$인 t분포를 따른다. 이 경우 기각역은 단측 검정 $t_0 \leq -t(n-1;\alpha)$이 된다.

모평균 μ 에 관한 검정은 다음과 같이 요약할 수 있다.

(1) 귀무가설 : $H_0 : \mu = \mu_0$

(2) 검정통계량 : $t_0 = \dfrac{\overline{X} - \mu_0}{\dfrac{s}{\sqrt{n}}}$

(3) 판정 : $H_1 : \mu < \mu_0$ 일 때 $t_0 \le -t(n-1;\alpha)$이면 H_0을 기각한다.
$H_1 : \mu > \mu_0$ 일 때 $t_0 \ge t(n-1;\alpha)$이면 H_0을 기각한다.
$H_1 : \mu \ne \mu_0$ 일 때 $|t_0| > t(n-1;\alpha/2)$이면 H_0을 기각한다.

검정통계량이 t 분포를 따를 때의 검정을 t 검정이라 한다.

예제 7.3

- 고속도로 보수에 쓰이는 콘크리트는 콘크리트의 응고시간이 신기술개발로 100분 이내라고 주장하는 업자가 있다. 업자의 주장이 옳은지 알아보기 위하여 15군데에서 콘크리트가 굳는 시간을 측정한 결과 다음과 같았다. 업자의 주장이 옳은가?. 유의수준 5%로 검정하라.

93 103 95 101 91 105 96 94 101 88 98 94 101 92 95

1단계 : $H_0 : \mu = 100, \quad H_1 : \mu < 100.$

2단계 : H_0하에서 검정통계량은

$$t_0 = \frac{\overline{x} - \mu_0}{s/\sqrt{n}} = \frac{96.47 - 100}{4.85/\sqrt{15}} = -2.82$$

여기서 $s = \sqrt{S^2} = 4.85$

$$S^2 = \frac{1}{15-1}\left(\Sigma x_i^2 - \frac{(\Sigma x_i)^2}{15}\right) = 23.52$$

3단계 : 기각치 $-t(14;0.05) = -1.761$

4단계 : 판정 $t_0 = -2.82 \le -t(14;0.05) = -1.761$이므로 H_0을 기각한다. 즉, 유의수준 $\alpha = 0.05$로 콘크리트의 응고시간이 100분 이내라고 할 수 있다.

(3) 모집단의 표준편차를 모르고, 표본 n이 큰 경우

모평균 μ에 대한 가설 $H_1 : \mu = \mu_0$, $H_0 : \mu \ne \mu_0$을 검정하기 위한 검정절차를 생각해 보자. 모평균의 추정량인 표본평균 $\overline{X}$는 중심극한정리에 의해 정규분포를 한다. 따라서 H_0하에서 표본평균 $\overline{X}$에 대해 표준화를 하면

$$Z_0 = \frac{\overline{X} - \mu_0}{\frac{s}{\sqrt{n}}} \sim N(0, 1)$$

이 되며 이 때 기각역은 양측검정으로 $|Z_0| \ge z_{\alpha/2}$이 된다.

대립가설에 대한 모평균의 가설 검정은 다음과 같다.

(1) 귀무가설 : $H_0 : \mu = \mu_0$

(2) 검정통계량 : $Z_0 = \dfrac{\overline{X} - \mu_0}{\frac{s}{\sqrt{n}}}$

(3) 판정 : $H_1 : \mu < \mu_0$ 일 때 $Z_0 \le -z_\alpha$ 이면 H_0을 기각한다.
$H_1 : \mu > \mu_0$ 일 때 $Z_0 > z_\alpha$ 이면 H_0을 기각한다.
$H_1 : \mu \ne \mu_0$ 일 때 $|Z_0| \ge z_{\alpha/2}$ 이면 H_0을 기각한다.

예제 7.4

- 생선 통조림의 제조공정에서는 평균무게가 360g이 되도록 공정을 관리하고 있다. 이를 확인하기 위하여 임의로 36개의 표본을 추출하여 조사한 결과 평균이 356g 이고, 표준편차는 10g이었다. 공정에 이상이 있다고 볼 수 있는가 유의수준 5%로 검정하라. 단, 무게는 정규분포를 따른다. 다시 유의수준 1%로 검정하라.

1단계 : $H_0 : \mu = 360$, $H_1 : \mu \neq 360$.

2단계 : H_0하에서 검정통계량은

$$z_0 = \frac{\overline{x} - \mu_0}{\frac{s}{\sqrt{n}}} = \frac{356 - 360}{10/\sqrt{36}} = -2.4$$

3단계 : 기각치 $z_{0.025} = 1.96$, $-z_{0.025} = -1.96$.

4단계 : 판정 $z_0 = -2.4 < z_{0.025} = -1.96$이므로 H_0을 기각한다.

즉, 유의수준 $\alpha = 0.05$로 공정에 이상이 있다 할 수 있다.

한편, 유의수준 1%로 검정하면

1, 2단계는 위와 같다.

3단계 : 기각치 $z_{0.005} = 2.58$, $-z_{0.005} = -2.58$.

4단계 : 판정 $z_0 = -2.4 > -z_{0.005} = -2.58$이므로 H_0을 채택한다.

즉, 유의수준 $\alpha = 0.01$로 공정에 이상이 있다 할 수 없다.

[해석] 위에서 유의수준 5%와 1% 검정의 결과는 상반되게 나타났다. 여기서 유의수준 5%로 H_0을 기각한다는 의미는 예를 들어 이러한 검정을 100번 한다면 이 중에서 최대 5번까지는 참인 H_0를 기각시키는 오류 즉, 1종의 과오를 범하는 것을 허용 한다는 뜻이다.

3 모비율의 검정

표본의 크기가 클 때 모비율 p에 대한 가설 $H_0: p = p_0$, $H_1: p > p_0$을 검정하기 위한 검정 방법을 알아본다. 모비율의 추정량인 표본비율 $\hat{p} = \frac{X}{n}$는 중심극한정리에 의해 정규분포를 한다고 알려졌다. 여기서 가설 H_0하에서 $\hat{p}$는 근사적으로 $N\left(p_0, \frac{p_0(1-p_0)}{n}\right)$이 된다. 따라서 정규분포의 표준화에 의하여

$$Z_0 = \frac{\hat{p} - p_0}{\sqrt{\frac{p_0(1-p_0)}{n}}} \sim N(0, 1)$$

을 따르며, 기각역은 단측검정으로 $Z_0 \geq z_\alpha$이 된다.

모비율 p에 대한 가설검정을 요약하면 다음과 같다.

(1) 귀무가설 : $H_0 : p = p_0$

(2) 검정통계량 : H_0하에서

$$Z_0 = \frac{\hat{p} - p_0}{\sqrt{\frac{p_0(1-p_0)}{n}}}$$

(3) 판정 : $H_1 : p < p_0$ 일 때 $Z_0 < -z_\alpha$ 이면 H_0을 기각한다.

$H_1 : p > p_0$ 일 때 $Z_0 > z_\alpha$ 이면 H_0을 기각한다.

$H_1 : p \neq p_0$ 일 때 $|Z_0| > z_{\alpha/2}$ 이면 H_0을 기각한다.

예제 7.5

- 어떤 공장에서 만들어지는 제품의 불량률은 2%라고 알려져 있다. 불량률이 증가하는지를 알아보기 위해서 100개의 제품에 대해서 조사하였더니 불량개수는 4개였다. 이 결과에서 불량률은 증가했다고 할 수 있는지, 5%의 유의수준으로 검정하여라.

1단계 : $H_0: p = 0.02, \quad H_1: p > 0.02.$

2단계 : H_0하에서 검정통계량은

$$z_0 = \frac{\hat{p} - p_0}{\sqrt{\frac{p_0(1-p_0)}{n}}} = \frac{0.04 - 0.02}{\sqrt{\frac{0.02\times(1-0.02)}{100}}} = 1.43$$

단, $n = 100, \quad \hat{p} = \frac{4}{100} = 0.04$

3단계 : 기각치 $z_{0.05} = 1.645$

4단계 : 판정 $z_0 = 1.43 \le z_{0.05} = 1.645$이므로 H_0는 기각되지 않는다. 즉, 유의수준 $\alpha = 0.05$로 불량률이 증가했다고 할 수 없다.

[해석] p값$=0.077 > 0.05$로 유의수준 5%로 기각하지 않는다. $\alpha = 0.05$로 불량률이 증가했다고 할 수 없다.

4 모분산에 대한 검정

제6장에서 모분산에 대한 추정을 알아보았다. 본 절에서는 모집단이 $N(\mu, \sigma^2)$일 때 가설 $H_0: \sigma^2 = \sigma_0^2$에 대한 검정을 살펴본다. H_0하에서 검정통계량은

$$\chi_0^2 = \frac{(n-1)S^2}{\sigma_0^2}$$

이다. 이 검정통계량은 자유도 $n-1$인 χ^2분포를 따른다.

각 대립가설에 대한 검정 절차를 요약하면 아래와 같다.

(1) 귀무가설 : $H_0 : \sigma^2 = \sigma_0^2$

(2) 검정통계량 : $\chi_0^2 = \frac{(n-1)S^2}{\sigma_0^2}$

(3) 판정 : $H_1 : \sigma^2 < \sigma_0^2$ 일 때 $\chi_0^2 \le \chi^2(n-1;1-\alpha)$ 이면 H_0 기각한다.

$H_1 : \sigma^2 > \sigma_0^2$ 일 때 $\chi_0^2 \ge \chi^2(n-1;\alpha)$ 이면 H_0 기각한다.

$H_1 : \sigma^2 \ne \sigma_0^2$ 일 때 $\chi_0^2 \ge \chi^2(n-1;\alpha/2)$ 또는

$\chi_0^2 \le \chi^2(n-1;1-\alpha/2)$ 이면 H_0 기각한다.

예제 7.6

- 시계제조 회사에서는 정확한 시계를 만들기 위해 마지막 품질검사에 합격한 시계 중에서 10개의 시계를 추출하여 품질이 얼마나 균일한지를 검사한다. 이를 위해 10개의 시계를 표준시계와 맞춘 후 한달 후에 표준시계와 시간 차이를 측정한 결과 표본평균 $\bar{x}=0.5$초이고, 표본표준편차 $s=0.4$초이었다. σ가 0.2보다 크다고 할 수 있는가 유의수준 0.05로 검정하라.

1단계 : $H_0: \sigma=0.2,\quad H_1: \sigma>0.2.$

2단계 : H_0하에서 검정통계량은

$$\chi^2_0 = \frac{(10-1)0.4^2}{0.2^2}=36$$

3단계 : 기각치 $\chi^2(9;0.05)=16.92$

4단계 : 판정 $\chi^2_0=36 > \chi^2(9;0.05)=16.92$이므로 H_0을 기각한다. 즉, 유의수준 $\alpha=0.05$로 σ가 0.2보다 크다고 할 수 있다.

5 모결점수에 대한 검정

앞에서 모결점수 m이 $m \geq 5$인 경우 정규분포에 근사함을 알아 보았다. 이를 이용하여 가설 $H_0: m = m_0$하에서 검정통계량

$$Z_0 = \frac{X - m_0}{\sqrt{m_0}}$$

는 근사적으로 표준정규분포 $N(0, 1)$를 따른다.

각 대립가설에 따른 검정절차를 요약하면 다음과 같다.

(1) 귀무가설 : $H_0: m = m_0$

(2) 검정통계량 : $Z_0 = \frac{X - m_0}{\sqrt{m_0}}$

(3) 판정 : $H_1: m < m_0$ 일 때 $Z_0 < -z_{\alpha}$이면 H_0를 기각한다.

$H_1: m > m_0$ 일 때 $Z_0 \geq z_{\alpha}$이면 H_0를 기각한다.

$H_1: m \neq m_0$ 일 때 $|Z_0| > z_{\alpha/2}$이면 H_0를 기각한다.

예제 7.7

- 어떤 공장의 공정에서는 로트의 모결점수가 $m=25.3$이다. 기계의 일부를 개량하여 운전하였더니 시료의 결점수는 $x=19.8$이었다. 모결점수가 달라졌다고 말할 수 있는가 유의수준 $\alpha=0.05$로 검정하라.

1단계 : $H_0: m=25.3$, $H_1: m\neq 25.3$.

2단계 : 모결점수 $m_0=25.3>5$로 H_0 하에서 검정통계량은

$$z_0=\frac{x-m_0}{\sqrt{m_0}}=\frac{19.8-25.3}{\sqrt{25.3}}=-1.10$$

3단계 : 기각치 $z_{0.025}=1.96$

4단계 : 판정 $|z_0|=1.10<z_{0.025}=1.96$으로 H_0을 채택하게 된다. 즉, 모결점수는 달라졌다고 할 수 없다.

6 두 모평균의 차에 대한 검정

(1) 모집단의 표준편차 σ_1, σ_2을 아는 경우

제6장의 두 모평균의 차에 관한 구간추정에서와 같은 절차에 의해 다음 확률변수

$$Z = \frac{\overline{X} - \overline{Y} - (\mu_1 - \mu_2)}{\sqrt{\dfrac{\sigma_1^2}{n_1} + \dfrac{\sigma_2^2}{n_2}}}$$

은 근사적으로 $N(0, 1)$을 따른다. 따라서 귀무가설 $H_0: \mu_1 - \mu_2 = 0$로 주어질 때 위의 검정통계량은 다음과 같다.

$$Z_0 = \frac{\overline{X} - \overline{Y}}{\sqrt{\dfrac{\sigma_1^2}{n_1} + \dfrac{\sigma_2^2}{n_2}}}$$

이상의 검정통계량으로부터 두 모평균의 차에 대한 검정은 다음과 같이 요약된다.

(1) 귀무가설 $H_0 : \mu_1 - \mu_2 = 0$

(2) 검정통계량 : $Z_0 = \dfrac{\overline{X} - \overline{Y}}{\sqrt{\dfrac{\sigma_1^2}{n_1} + \dfrac{\sigma_2^2}{n_2}}}$

(3) 판정 : $H_1 : \mu_1 < \mu_2$ 일 때 $Z_0 \le -z_\alpha$ 이면 H_0을 기각한다.
$H_1 : \mu_1 > \mu_2$ 일 때 $Z_0 >_\alpha$ 이면 H_0을 기각한다.
$H_1 : \mu_1 \ne \mu_2$ 일 때 $|Z_0| \ge z_{\alpha/2}$ 이면 H_0을 기각한다.

(2) 모집단의 표준편차 σ_1, σ_2을 모르고 표본 n_1, n_2이 작은 경우

두 모집단은 각각 정규분포를 따르며 두 모분산이 같다는 가정에서 합동분산 σ^2의 합동추정량은

$$s_p^2 = \frac{(n_1-1)S_1^2+(n_2-1)S_2^2}{n_1+n_2-2}$$

이 된다. 이를 이용하여 추정량 $\overline{X}-\overline{Y}$를 표준화시키면

$$t = \frac{\overline{X}-\overline{Y}-(\mu_1-\mu_2)}{s_p\sqrt{\dfrac{1}{n_1}+\dfrac{1}{n_2}}} \sim t(n_1+n_2-2)$$

를 따른다. 따라서 귀무가설 H_0: $\mu_1-\mu_2=0$하에서 위의 검정통계량은

$$t_0 = \frac{\overline{X}-\overline{Y}}{s_p\sqrt{\dfrac{1}{n_1}+\dfrac{1}{n_2}}}$$

이며, 자유도 n_1+n_2-2인 t분포를 따르게 된다.

검정 절차를 요약하면 다음과 같다.

(1) 귀무가설 : H_0: $\mu_1-\mu_2=0$

(2) 검정통계량 : $t_0 = \dfrac{\overline{X}-\overline{Y}}{s_p\sqrt{\dfrac{1}{n_1}+\dfrac{1}{n_2}}}$

(3) 판정 : H_1: $\mu_1<\mu_2$ 일 때 $t_0 \le -t(n_1+n_2-2;\alpha)$ 이면 H_0을 기각한다.
H_1: $\mu_1>\mu_2$ 일 때 $t_0 > t(n_1+n_2-2;\alpha)$ 이면 H_0을 기각한다.
H_1 : $\mu_1 \ne \mu_2$ 일 때 $|t_0| > t(n_1+n_2-2;\alpha/2)$ 이면 H_0을 기각한다.

예제 7.8

- A, B 두 회사로부터 어떤 부품의 강도를 각각 10개, 15개씩 표본 추출하여 다음의 데이터를 얻었다. 두 회사의 부품의 강도에 있어서 평균의 차가 있다고 할 수 있는가 유의수준 $\alpha=0.05$로 검정하라. (단, 두 집단의 모분산은 같다)

A사	51	45	60	50	62	52	56	48	55	45					
B사	59	56	63	58	55	49	64	44	58	53	65	59	67	59	49

1단계 : $H_0: \mu_1-\mu_2=0, \quad H_1: \mu_1-\mu_2\neq 0.$

2단계 : H_0하에서 검정통계량은

$$t_0=\frac{\bar{x}-\bar{y}}{s_p\sqrt{\dfrac{1}{n_1}+\dfrac{1}{n_2}}}=\frac{52.4-57.2}{6.205\sqrt{\dfrac{1}{10}+\dfrac{1}{15}}}=-1.886$$

여기서 $\bar{x}=52.4, \quad \bar{y}=57.2$

$$s_p=\sqrt{\frac{(n_1-1)S_1^2+(n_2-1)S_2^2}{n_1+n_2-2}}=\sqrt{\frac{306.40+580.40}{10+15-2}}=6.20$$

3단계 : 기각치 $t(n_1+n_2-2:\alpha/2)=t(23;0.025)=2.069$,

$-t(23;0.025)=-2.069$

4단계 : 판정 $|t_0|=1.886\leq t(23;0.025)=2.069$이므로 H_0을 채택한다.

즉, 유의수준 $\alpha=0.05$로 A, B 두 회사의 부품의 강도 간에는 차이가 있다고 할 수 없다.

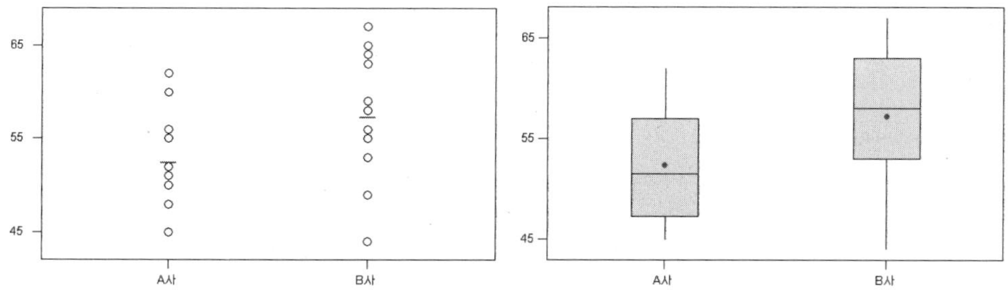

〈그림 6.5〉 Boxplots와 Dotplots

(3) 모집단의 표준편차 σ_1, σ_2 을 모르고, 표본 n_1, n_2이 큰 경우

제6장의 두 모평균의 차에 관한 구간 추정에서와 같은 절차에 의해 다음 확률변수

$$Z = \frac{\overline{X} - \overline{Y} - (\mu_1 - \mu_2)}{\sqrt{\frac{S_1^2}{n_1} + \frac{S_2^2}{n_2}}}$$

은 근사적으로 $N(0,\ 1)$을 따른다. 따라서 귀무가설 H_0 : $\mu_1 - \mu_2 = 0$로 주어질 때 위의 검정통계량은 다음과 같이 된다.

$$Z_0 = \frac{\overline{X} - \overline{Y}}{\sqrt{\frac{S_1^2}{n_1} + \frac{S_2^2}{n_2}}}$$

이상의 검정통계량으로부터 두 모평균값의 차에 대한 검정은 다음과 같이 요약된다.

(1) 귀무가설 H_0: $\mu_1-\mu_2=0$

(2) 검정통계량 : $Z_0=\dfrac{\overline{X}-\overline{Y}}{\sqrt{\dfrac{S_1^2}{n_1}+\dfrac{S_2^2}{n_2}}}$

(3) 판정 : H_1 : $\mu_1<\mu_2$ 일 때 $Z_0\le -z_\alpha$ 이면 H_0을 기각한다.
H_1 : $\mu_1>\mu_2$ 일 때 $Z_0>z_\alpha$ 이면 H_0을 기각한다.
H_1 : $\mu_1\neq\mu_2$ 일 때 $|Z_0|\ge z_{\alpha/2}$ 이면 H_0을 기각한다.

7 쌍체비교에 관한 검정

제6장에서 상체표본 $D_i=Y_i-X_i$. ($i=1, 2, 3, \cdots, n$)의 평균과 분산은 다음과 같이 정의했다.

$$\overline{D}=\frac{1}{n}\sum_{I=i}^{n}D_i$$

$$S_D^2=\frac{1}{n-1}\sum_{i=1}^{n}(D_i-\overline{D})^2$$

여기서 $\overline{D}$는 평균이 $\mu_1-\mu_2=\mu_D$인 정규분포를 따른다. 표본이 큰 경우 가설 H_0: $\mu_1-\mu_2=0$하에서 검정통계량은 다음과 같다.

$$Z_0 = \frac{\overline{D}}{\frac{s_D}{\sqrt{n}}}$$

이 검정통계량은 근사적으로 $N(0, 1)$을 따르고, 이로부터 Z검정을 하게 된다. 한편, 표본이 작고 정규분포를 따르는 경우 검정통계량은 다음과 같다.

$$t_0 = \frac{\overline{D}}{\frac{s_D}{\sqrt{n}}} \sim t(n-1)$$

이 통계량을 이용하여 t검정을 하게 된다. 검정절차를 요약하면 다음과 같다.

(1) 귀무가설 : $H_0 : \mu_1 - \mu_2 = 0$

(2) 검정통계량 : 표본이 큰 경우, $z_0 = \frac{\overline{D}}{\frac{s_D}{\sqrt{n}}}$

표본이 작은 경우, $t_0 = \frac{\overline{D}}{\frac{s_D}{\sqrt{n}}}$

(3) 판정 : 표본이 큰 경우 z검정을 하며 표본이 작은 경우 t검정을 한다.

예제 7.9

- 자동차 부품의 치수가 열처리의 전후에 변화가 있는 것 같아서 10개의 시료를 뽑아서 열처리 전에 한 번 측정하고 같은 시료에 대하여 열처리 후에 짝을 지어 측정한 결과 다음과 같은 데이터를 얻었다. 열처리 전후의 평균치의 차가 있는가 유의수준 α=0.05로 검정하라.

열처리 전 x_i	열처리 후 y_i	차 $d_i=x_i-y_i$
1.94	2.00	-0.06
1.99	1.99	0.00
1.98	1.95	0.03
2.03	2.07	-0.04
2.03	2.03	0.00
1.96	1.98	-0.02
1.95	2.03	-0.08
1.96	2.02	-0.06
1.92	2.01	-0.09
2.00	1.99	0.01
		$\overline{d}$=-0.031

1단계 : $H_0: \mu_1-\mu_2=0, \quad H_1: \mu_1-\mu_2\neq 0.$

2단계 : H_0 하에서 검정통계량은

$$t_0=\frac{\overline{d}}{\frac{s_D}{\sqrt{n}}}=\frac{-0.031}{\sqrt{\frac{0.00168}{10}}}= \text{-2.39}$$

여기서 $\overline{d}=\Sigma\, d_i/10=-0.031$

$$s_D^2=\frac{1}{9}\Sigma(d_i-\overline{d}\,)^2=\frac{1}{9}\left(\Sigma\ d_i^2-\frac{(\Sigma\ d_i)^2}{10}\right)=0.00168$$

3단계 : 기각치 $t(n-1;\alpha/2)=t(9;0.025)=2.262$,
$-t(9;0.025)=-2.262$

4단계 : 판정 $|t_0|=2.39>t(9;0.025)=2.262$이므로 H_0은 기각된다. 즉 유의수준 0.05로 열처리전과 열처리 후는 치수의 변화가 있다고 말할 수 있다.

8 두 모비율차의 검정

먼저 표본의 크기가 클 때 두 모비율이 같은가를 가설 H_0: $p_1=p_2$(혹은 $p_1-p_2=0$)에 대해 생각해 보자. 두 모비율의 추정량인 표본비율 $\hat{p}_1-\hat{p}_2$은 중심극한정리에 의해

$$\hat{p}_1-\hat{p}_2 \sim N\left(0,\ p(1-p)\left(\frac{1}{n_1}+\frac{1}{n_2}\right)\right)$$

이 된다. 여기서 p는 모비율이 같은 두 모집단의 합동비율이며 이 때 두 표본으로부터 다음과 같은 합동추정량을 얻는다.

$$\hat{p}=\frac{X+Y}{n_1+n_2}$$

이를 이용하여 검정통계량은 H_0하에서 다음과 같이 된다.

$$Z_0=\frac{\hat{p}_1-\hat{p}_2}{\sqrt{\hat{p}(1-\hat{p})(\frac{1}{n_1}+\frac{1}{n_2})}}$$

H_0하에서 위의 검정통계량은 근사적으로 $N(0, 1)$을 따른다. 이를 이용하여 모비율 차에 대한 가설 검정을 요약하면 다음과 같다.

(1) 귀무가설 : $H_0: p_1 - p_2 = 0$

(2) 검정통계량 : $Z_0 = \dfrac{\hat{p}_1 - \hat{p}_2}{\sqrt{\hat{p}(1-\hat{p})(\frac{1}{n_1} + \frac{1}{n_2})}}$

(3) 판정 : $H_1: p_1 < p_2$ 일 때 $z_0 < -z_\alpha$ 이면 H_0을 기각한다.
$H_1: p_1 > p_2$ 일 때 $z_0 > z_\alpha$ 이면 H_0을 기각한다.
$H_1: p_1 \neq p_2$ 일 때 $|z_0| > z_{\alpha/2}$ 이면 H_0을 기각한다.

예제 7.10

● 부품을 만드는 두 대의 기계가 있다. 두 대의 기계로 작업을 하는데 그 기계의 성능을 비교하기 위하여 다음과 같은 데이터를 얻었다. 두 기계의 불량률의 차가 있는지 유의수준 5%로 검정하라.

	표 본	불량품 수
A 기계(x)	1000	90
B 기계(y)	2000	140

1단계 : $H_0: p_1 - p_2 = 0$, $H_1: p_1 - p_2 \neq 0$.
2단계 : H_0하에서 검정통계량은

$$Z_0 = \frac{\hat{p}_1 - \hat{p}_2}{\sqrt{\hat{p}(1-\hat{p})(\frac{1}{n_1} + \frac{1}{n_2})}} = 1.94$$

여기서, $\hat{p}_1 = \frac{90}{1000} = 0.09$, $\hat{p}_2 = \frac{140}{2000} = 0.07$,

$$\hat{p} = \frac{230}{1000+2000} = 0.0767$$

3단계 : 기각치 $z_{0.025} = 1.96$, $-z_{0.025} = -1.96$.

4단계 : 판정 $|z_0| = 1.94 < z_{0.025} = 1.96$이므로 H_0을 채택한다.

즉, 두 기계의 불량률의 차가 있다고 할 수 없다.

9 모분산비에 대한 검정

두 모집단에서 산포 정도에 대한 비교를 하고자 하는 경우가 종종 있다. 예를 들면 피스톤의 지름의 변이도가 공정에 따라 크다면 이는 평균 지름이 규격에 맞는다 해도 큰 문제가 된다. 이와 같이 제품의 균일성의 측도로 사용하는 것이 분산이므로 실제문제에서는 분산은 매우 중요하다.

본 절에서는 두 모집단이 $N(\mu_1, \sigma_1^2)$, $N(\mu_2, \sigma_2^2)$인 경우 가설 $H_0: \sigma_1^2 - \sigma_2^2 = 0$에 대해 검정하고자 한다. 두 모집단으로부터 각각 크기 n_1, n_2인 확률표본을 뽑아서 구한 표본분산을 S_1^2, S_2^2라고 하면 H_0하에서 검정통계량은

$$F_0 = \frac{S_1^2}{S_2^2}$$

으로 자유도 $n_1 - 1$, $n_2 - 1$인 F분포를 따른다.

따라서 각 대립가설에 대한 검정절차를 요약하면 다음과 같다.

(1) 귀무가설 : $H_0 : \sigma_1^2 = \sigma_2^2$

(2) 검정통계량 : $F_0 = \dfrac{S_1^2}{S_2^2}$

(3) 판정 :

$H_1 : \sigma_1^2 < \sigma_2^2$ 일 때 $F_0 \le F(n_1-1,\ n_2-1,\ 1-\alpha)$이면 H_0을 기각한다.

$H_1 : \sigma_1^2 > \sigma_2^2$ 일 때 $F_0 \ge F(n_1-1,\ n_2-1,\ \alpha)$이면 H_0을 기각한다.

$H_1 : \sigma_1^2 \ne \sigma_2^2$ 일 때 $F_0 \le F(n_1-1,\ n_2-1,\ 1-\alpha/2)$ or

$F_0 \ge F(n_1-1,\ n_2-1,\ \alpha/2)$ H_0을 기각한다.

여기서 $F(n_1-1, n_2-1, 1-\alpha) = \dfrac{1}{F(n_2-1, n_1-1, \alpha)}$

예제 7.11

- 두 음향기기의 시험에 쓰이는 두 개의 기계 A, B가 있다. 동일한 대상을 A기계로 8번 B기계로 6번 측정한 결과 표본분산이 각각 62.5, 73.2이었다. 두 기계의 측정치의 오차는 각각 서로 독립이고 정규분포를 따른다고 가정하면 정밀도에 있어서 기계 A가 B보다 우수한지를 유의수준 5%로 검정하라.

1단계 : $H_0: \sigma_1^2 = \sigma_2^2,\quad H_1: \sigma_1^2 < \sigma_2^2.$

2단계 : H_0하에서 검정통계량은

$$F_0 = \frac{S_1^2}{S_2^2} = \frac{62.5}{73.2} = 0.854$$

단, σ_1^2, σ_2^2는 각각 기계 A, B의 측정오차의 분산이다.

3단계 : 기각치, $F(7,5;1-0.05)=\dfrac{1}{F(5,7;0.05)}=\dfrac{1}{3.97}=0.252$

4단계 : 판정 $F_0=0.854>F(7,5,0.95)=0.252$ 이므로 H_0를 채택한다.

즉, 기계 A가 B보다 우수하다고 할 수 없다.

10 적합도 검정

측정 자료가 어떤 분포에 따르는지를 검정하는 방법을 적합도 검정이라고 한다. 즉 실험 혹은 관측된 결과가 이론적인 기대값과 잘 일치하는지를 검정하는 것으로 검정절차는 다음과 같다. 크기가 n인 표본을 k개의 범주로 분류할 때 범주의 관측도수를 n_1, n_2, $\cdots$, n_k라 하자. 또 각 범주에 대응되는 모집단의 비율을 p_1, p_2, $\cdots$, p_k라 할 때 귀무가설 H_0 : $p_1=p_{10}$, $p_2=p_{20}$, $\cdots$, $p_k=p_{k0}$을 설정하게 된다. 여기서 p_{i0}은 가정된 값이며 $\Sigma_{i=1}^{k} p_{i0}=1$이 된다. 한편, 귀무가설 H_0 하에서는 검정통계량

$$\chi_0^2=\sum_{i=1}^{k}\frac{(n_i-np_{i0})^2}{np_{i0}}=\frac{\Sigma(O-E)^2}{E}$$

은 자유도 $k-1$인 χ^2분포를 따른다. 여기서 O은 관측도수이고, E는 기대도수이다. 즉 $E(n_i)=np_{i0}$이다.

본 절에서의 적합도 검정은 예를 들어 설명한다. 예를 들어, 주사위가 어느 눈이 나타날 확률은 각각 1/6이다 공정한 주사위를 360번 던지면 각 눈이 나타날 횟수는 $np=360\times(1/6)=60$이 될 것이다. 실제로 어느 주사위를 던졌을 때 다음과 같은 자료를 얻었다 한다. 이 주사위는 정상적인 주사위하고 할 수 있는가?

주사위의 면	관측도수	기대도수
1	54	60
2	63	60
3	65	60
4	64	60
5	52	60
6	62	60
합　계	360	360

이 예에서 기대도수와 관측도수의 차이가 우연적인지를 알아보기 위해 다음과 같이 검정을 한다. 먼저 귀무가설 $H_0: p_1 = p_2 = p_3 = p_4 = p_5 = p_6 = 1/6$을 설정한다. H_0하에서 검정통계량의 계산은 다음과 같다.

$$\chi_0^2 = \frac{\Sigma(O-E)^2}{E} = \frac{(54-60)^2}{60} + \frac{(63-60)^2}{60} + \frac{(65-60)^2}{60} + \frac{(64-60)^2}{60} + \frac{(52-60)^2}{60} + \frac{(62-60)^2}{60} = 3.302$$

이 된다. 부록에 있는 카이제곱분포표에서 자유도 $n-1=5$인 $\chi^2(5\,;0.05) = 11.07$임을 알 수 있다. 따라서 검정통계량의 값이 이 카이제곱값보다 작으므로 유의수준 5%에서 귀무가설을 기각하지 못한다. 즉 주사위의 면이 균일하다고 할 수 있다.

적합도 검정의 절차를 요약하면 다음과 같다.

(1) 귀무가설　: $H_0: p_1 = p_{10},\ p_2 = p_{20},\ \cdots,\ p_k = k_{k0}$

(2) 검정통계량　: $\chi_0^2 = \frac{\Sigma^k_{i=1}(n_i - np_{i0})^2}{np_{i0}} = \frac{\Sigma(O-E)^2}{E}$

(3) 판정 : $\chi_0^2 \geq \chi^2(k-1\,;\alpha)$이면 H_0을 기각한다.

독립성의 검정

2개의 요인으로 분할하여 얻어진 표를 분할표라고 한다. 이 분할에 사용된 두 요인 사이에 관련이 있는지 혹은 독립인지를 검정하는 문제를 독립성의 검정이라고 한다.

속성 A_i \ 속성 B_j	B_1	B_2	…	B_c	합 계
A_1	O_{11}	O_{12}	…	O_{1c}	$O_{1.}$
A_2	O_{21}	O_{22}	…	O_{2c}	$O_{2.}$
⋮	⋮	⋮		⋮	⋮
A_r	O_{r1}	O_{r2}	…	O_{rc}	$O_{r.}$
합 계	$O_{.1}$	$O_{.2}$	…	$O_{.c}$	n

〈표 7.2〉 r × c 분할표

O_{ij}는 전체 표본 n개 중 속성 A의 i번 째 수준과 속성 B의 j번째 수준에 속하는 개수를 의미한다. 여기서 모집단을 두 가지 속성으로 분류하여 미지의 모집단 확률을 다음과 같이 정의하자.

$p_{ij}=p(A_iB_j)$: A_i와 B_j에 동시에 속하는 확률

$p_{i0}=p(A_i)$: A_i에 속하는 확률

$p_{0j}=p(B_j)$: B_j에 속하는 확률

두 속성 간에 독립이라는 의미는 $p_{ij}=p_{i0}\,p_{0j}$이다. 일반적으로 독립성 검정의 절차는 다음과 같다. 귀무가설은 $H_0: p_{ij}=p_{i0}\,p_{0j}$(즉, 두 속성 간에는 독립)으로

설정되며 그리고 귀무가설 하에서 셀(cell)의 기대도수는

$$E_{ij} = n\,\hat{p}_{ij} = n\,\hat{p}_{i0}\,\hat{p}_{0j}$$
$$= n\frac{O_{i.}}{n}\frac{O_{.j}}{n} = \frac{O_{i.}O_{.j}}{n}$$

으로 계산된다. 따라서 검정통계량은

$$\chi_0^2 = \Sigma^r_{i=1}\Sigma^c_{j=1}\frac{(O_{ij}-E_{ij})^2}{E_{ij}}$$

이 된다. 그런데 이 검정통계량은 n이 충분히 클 때 자유도가 $(r-1)(c-1)$인 χ^2분포를 한다.

이상으로부터 독립성 검정의 절차를 요약하면 다음과 같다.

(1) 귀무가설 : $p_{ij} = p_{i0} \cdot p_{0j} (i=1,2,\cdots,r \;\; j=1,2,\cdots,c)$

(2) 검정통계량 : $\chi_0^2 = \frac{\Sigma^r_{i=1}\Sigma^c_{j=1}(O_{ij}-E_{ij})^2}{E_{ij}}$

(3) 판정 : $\chi_0^2 \geq \chi^2((r-1)(c-1);\alpha)$이면 H_0을 기각한다.

예제 7.12

- 직업과 혈압의 관계를 조사하기 위해서 무작위로 선택한 30세의 남성 100명에게 조사한 결과 다음과 같은 분할표를 얻었다. 유의수준 5%로 직업과 혈압 사이의 관계가 있는지를 검정하라.

	낮 다	정 상	높 다	계
농 업	3	5	2	10
근로자	5	45	10	60
기 타	2	20	8	30
	10	70	20	100

1단계 : $H_0: p_{ij} = p_{i0} \cdot p_{0j}$ (직업과 혈압상태는 독립)

p_{ij}는 직업이 i번째, 혈압상태가 j번째에 속하는 모집단의 비율

p_{i0}와 p_{0j}는 각각 i번째 직업, j번째 혈압상태에 속하는 비율

2단계 : H_0하에서 검정통계량은

$$\chi_0^2 = \Sigma\Sigma\frac{(O-E)^2}{E}$$

$$= \frac{(3-1)^2}{1} + \frac{(5-7)^2}{7} + \cdots + \frac{(8-6)^2}{6} = 6.333$$

여기서, 기대도수는 $E_{11} = \frac{10}{100} \times 10 = 1$, $E_{12} = \frac{10}{100} \times 70 = 7$

같은 방법으로 모든 기대도수를 구하면 아래의 표에서 ( )와 같다.

	낮 다	정 상	높 다	계
농 업	3(1)	5(7)	2(2)	10
근로자	5(6)	45(42)	10(12)	60
기 타	2(3)	20(21)	8(6)	30
	10	70	20	100

3단계 : 기각치는 자유도 $df=(r-1)(c-1)=4$이므로
$\chi^2(4;0.05)=9.49$

4단계 : 판정 $\chi_0^2=6.333<\chi^2(4;0.05)=9.49$이므로 H_0을 채택한다.
즉, 직업과 혈압은 관련이 없다고 할 수 있다.

12 동일성의 검정

분할표를 이용하는 검정은 독립성 검정 외에도 동일성 검정을 사용할 수 있다. 본 절에서 동일성 검정에 대하여 알아보자. 모집단을 주어진 특성에 따라 r개의 속성으로 나누고 $A_1, A_2, \cdots, A_r$를 r개의 부분 모집단으로 간주하고 각 부분 모집단에서 미리 정해진 크기만큼 표본추출을 한다고 가정하자. 같은 방법으로 추출된 표본을 또 다른 특성 B에 의하여 c개의 속성으로 나누면 아래의 (a)와 같은 자료구조를 가진 분할표를 얻을 수 있다. 이 때 부분 모집단에 속하는 비율을 p_{ij}이라고 하면 아래의 (b)의 표를 만들 수 있다. 여기서 검정하고자 하는 것은 $O_{i.}$가 속성 $B_1, B_2, \cdots, B_c$에 같은 비율로 나누어져 있는가 하는 것이다. 이와 같은 검정을 동일성 검정(homogeneity test)이라고 한다.

(a) r×c 분할표

속성 A_i \ 속성 B_j	B_1	B_2	$\cdots$	B_c	합 계
A_1	O_{11}	O_{12}	$\cdots$	O_{1c}	$O_{1.}$
A_2	O_{21}	O_{22}	$\cdots$	O_{2c}	$O_{2.}$
$\vdots$	$\vdots$	$\vdots$		$\vdots$	$\vdots$
A_r	O_{r1}	O_{r2}	$\cdots$	O_{rc}	$O_{r.}$
합 계	$O_{.1}$	$O_{.2}$	$\cdots$	$O_{.c}$	n

(b) 부분 모집단에 속하는 비율

속성 B_j / 속성 A_i	B_1	B_2	$\cdots$	B_c	합 계
A_1	p_{11}	p_{12}	$\cdots$	p_{1c}	1
A_2	p_{21}	p_{22}	$\cdots$	p_{2c}	1
$\vdots$	$\vdots$	$\vdots$		$\vdots$	$\vdots$
A_r	p_{r1}	p_{r2}	$\cdots$	p_{rc}	1

〈표 6.3〉 r×c 분할표와 부분 모집단에 속하는 비율

동일성 검정에서 검정하고자 하는 귀무가설은 다음과 같다.

$$H_0: p_{1j} = p_{2j} = \cdots = p_{rj} = p_j \qquad (j=1,2,\cdots,c)$$

그리고 귀무가설 H_o하에서 기대도수 E_{ij}는 다음 식에 의해 계산된다.

$$E_{ij} = \frac{O_{i.} \times O_{.j}}{n}$$

따라서 검정 통계량은 다음과 같다.

$$\chi_0^2 = \sum_i^r \sum_j^c \frac{(O_{ij} - E_{ij})^2}{E_{ij}} \sim \chi^2((r-1)(c-1))$$

예제 7.13

- 어느 담배제조회사에서 30세 이상의 성인 남자를 대상으로 흡연을 조사한 결과 다음과 같다. $\alpha=0.05$에서 각 연령층별로 흡연율에 차이가 있는지를 검정하라.

	흡연자	비흡연자	합 계
30대	95	65	160
40대	40	50	90
50대	80	40	120
기 타	25	5	30
합 계	240	160	400

1단계 : $H_0: p_1 = p_2 = p_3 = p_4$

(p_1:30대의 흡연율, p_2:40대의 흡연율, p_3:50대의 흡연율, p_4:기타)

2단계 : H_0하에서 검정통계량은

$$\chi^2_0 = \sum\sum\frac{(O-E)^2}{E}$$

$$= \frac{(95-96)^2}{96} + \frac{(65-64)^2}{64} + \cdots + \frac{(5-12)^2}{12} = 18.12$$

(기대도수는 $E_{11} = \frac{160}{400} \times 240 = 96$, $E_{12} = \frac{160}{400} \times 160 = 64$)

같은 방법으로 모든 기대도수를 구하면 아래의 표에서 ( )와 같다.

	흡연자	비흡연자	합 계
30대	95(96)	65(64)	160
40대	40(54)	50(36)	90
50대	80(72)	40(48)	120
기타	25(18)	5(12)	30
합 계	240	160	400

3단계 : 기각치는 자유도 $df = (r-1)(c-1) = 3$ 이므로

$\chi^2(3;0.05) = 7.81$

4단계 : 판정 $\chi_0^2 = 18.12 > \chi^2(3;0.05) = 7.81$이므로 H_0를 유의수준 5%에서 기각한다. 즉, 연령별로 흡연율에 차이가 있다 할 수 있다.

엑셀활용

실습: 단측검정(Z) (예제 7.1)

- Z 검정하에서 p 값 계산

  H_0하에서 검정통계량을 z_0 라고 하면

  z_0 가 양수인 단측검정 " =1-NORMSDIST(z_0)"

  z_0 가 음수인 단측검정 " =NORMSDIST(z_0)"

  z_0 가 양수인 양측검정 " =2*(1-NORMSDIST(z_0))"

  z_0 가 음수인 양측검정 " =2*NORMSDIST(z_0)"

1. A2 셀에서 A11 셀까지 10개의 자료를 입력하고 C2셀에는 " H_0", C3에는 "표본평균", C4에는 "모표준편차", C5에는 "표준오차", C7에는 "검정통계량", C8에는 "기각치", C10에는 "p값", C12에는 "판정"을 각각 입력한다.

2. E2 셀을 선택하여 귀무가설 값 "7.91"을 입력한다.
그리고 E3에는 "=AVERAGE(A2:A11)" 입력하고 [Enter↵]키를 눌러 계산하고 E4에는 "0.03"을 E5에는 "=E4/SQRT(10)", E7에는 "=(E3-E2)/E5", E8에는 "=NORMSINV(0.95)", E10에는 "=1-NORMSDIST(E7)", E12에는 "H0 reject"을 각각 입력한다.

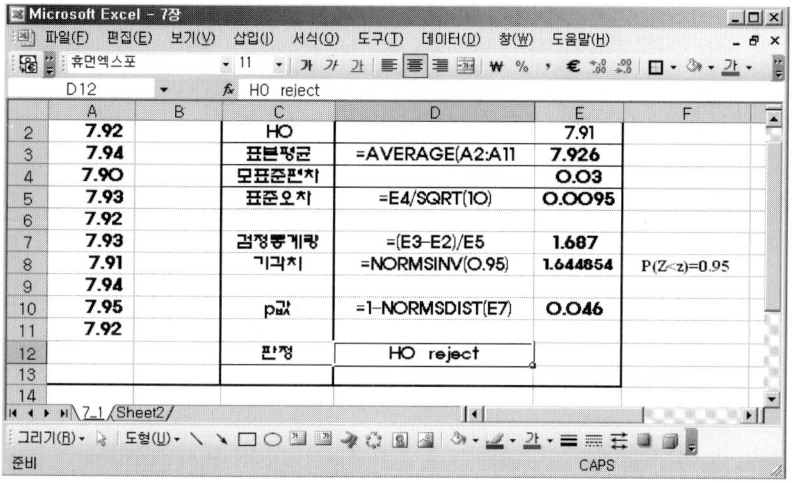

	A	B	C	D	E	F
2	7.92		HO		7.91	
3	7.94		표본평균	=AVERAGE(A2:A11	7.926	
4	7.90		모표준편차		0.03	
5	7.93		표준오차	=E4/SQRT(10)	0.0095	
6	7.92					
7	7.93		검정통계량	=(E3-E2)/E5	1.687	
8	7.91		기각치	=NORMSINV(0.95)	1.644854	P(Z<z)=0.95
9	7.94					
10	7.95		p값	=1-NORMSDIST(E7)	0.046	
11	7.92					
12			판정	HO reject		
13						
14						

실습: 양측검정(Z) (예제 7.2)

- Z 검정하에서 기각치 계산

  유의수준을 α라고 하면

  단측검정인 경우 " =NORMSINV(1 − α)"

  양측검정인 경우 " =NORMSINV(1 − α/2)"

1. 앞의 예제와 동일하고

2. E2 셀을 선택하여 귀무가설 값 "7.91"을 입력한다.
그리고 E3에는 "=AVERAGE(A2:A11)" 입력하고 Enter↵ 키를 눌러 계산하고 E4에는 "0.03"을 E5에는 "=E4/SQRT(10)", E7에는 "=(E3-E2)/E5", E8에는 "=NORMSINV(0.975)", E10에는 "=2*(1-NORMSDIST(E7))", E12에는 "H0 accept"를 각각 입력한다.

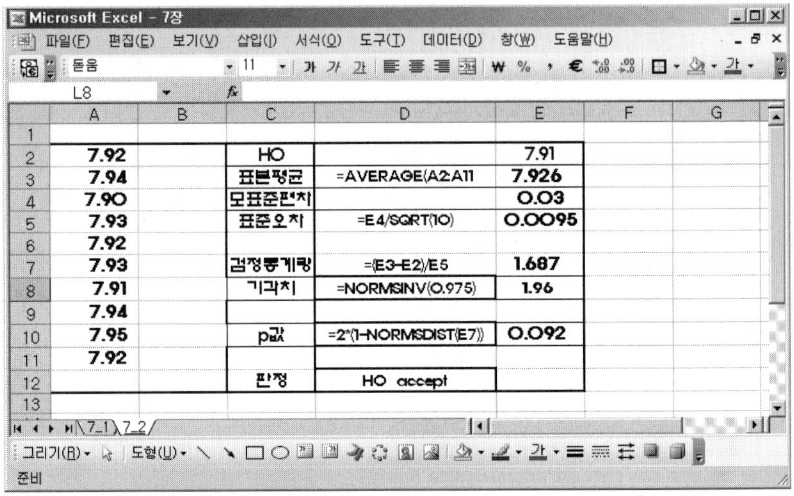

	A	B	C	D	E
1					
2	7.92		HO		7.91
3	7.94		표본평균	=AVERAGE(A2:A11	7.926
4	7.90		모표준편차		0.03
5	7.93		표준오차	=E4/SQRT(10)	0.0095
6	7.92				
7	7.93		검정통계량	=(E3-E2)/E5	1.687
8	7.91		기각치	=NORMSINV(0.975)	1.96
9	7.94				
10	7.95		p값	=2*(1-NORMSDIST(E7))	0.092
11	7.92				
12			판정	HO accept	
13					

실습: 단측검정(t) (예제 7.3)

- t 검정하에서 p 값 계산

  H_0 하에서(σ 을 모르고) t 검정통계량을 t_0 라고 하면

  단측검정 " =TDIST(t_0 , $n-1$, 1)"

  양측검정 " =TDIST(t_0 , $n-1$, 2)"

1. A1 셀에서 A15 셀까지 15개의 자료를 입력하고 B1셀에는 "표본평균", B2에는 "모평균", B3에는 "표본표준편차", B4에는 "표본수", B5에는 "표준오차", B6에는 " t 통계량", B7에는 "기각치", B8에는 " p 값", B9에는 "판정"을 각각 입력한다.

2. C1셀에는 "=AVERAGE(A1:A15)", C2에는 "100", C3에는 "=STDEV(A1:A15)", C4에는 "15", C5에는 "=C3/SQRT(C4)", C6에는 "=(C1-C2)/C5 ", 함수 TINV

(p ,자유도)은 p가 양측 확률을 제공하기 때문에 단측확률(0.05)일 경우는 2배를 해주어야 한다.

따라서 0.05*2=0.1을 p에 넣어주고 계산하여야 한다. 즉, C7에는 "=-TINV(0.1,14)", C8에는 "=TDIST(ABS(C6),14,1)"을 각각 입력하면 된다. 따라서 C9에는 "p값이 0.05보다 작기 때문에" H0 기각의 판정을 내리게 된다.

제7장

	A	B	C	D
1	93	표본평균	96.4667	
2	103	모평균	100	
3	95	표본표준편차	4.85308	
4	101	표본수	15	
5	91	표본오차	1.25306	
6	105	t통계량	-2.8198	
7	96	기각치	-1.7613	
8	94	p 값	0.007	
9	101	판정	H0 기각	
10	88			
11	98			
12	94			
13	101			
14	92			
15	95			
16				

7_3 / 7_4 / 7_5 / 7_6 / 7.8

실습: 표본의 크기가 큰 경우의 검정 (예제 7.4)

1. B1셀에는 "표본평균", C1에는 "모평균", D1에는 "표본표준편차", E1에는 "표본수", F1에는 "표준오차", G1에는 " t통계량", H1에는 "기각치(5%)", I1에는 " p값" J1에는 "기각치(1%)"를 입력하고 A2에는 "판정"을 각각 입력한다.

2. B2셀에는 "356", C2에는 "360", D2에는 "10", E2에는 "36", F2에는 "=D2/SQRT(E2)", G2에는 "=((B2-C2)/F2)",
H2에는 "=-NORMSINV(0.975)", I2에는 "=2*(NORMSDIST(G2))"
J2에는 "=-NORMSINV(0.995)"을 입력한다.

3. p값이 0.0164이므로 유의수준 5%에서는 H_0를 기각하고 유의수준 1%에서는 H_0을 기각하지 못하게 된다.

I2 =2*(NORMSDIST(G2))

	A	B	C	D	E	F	G	H	I	J
1		표본평균	모평균	표본표준편차	표본수	표준오차	z통계량	기각치(5%)	p 값	기각치(1%)
2		356	360	10	36	1.6667	-2.4	-1.959964	0.0164	-2.57583
3	판정							HO 기각		HO 채택

실습: 모비율 검정 (예제 7.5)

1. A1셀에는 "표본비율", B1에는 "모비율", C1에는 "불량수", D1에는 "전체표본수", E1에는 "표준오차", F1에는 "z통계량", G1에는 "기각치(5%)", H1에는 "p값" I1에는 "판정"을 각각 입력한다.

2. A2셀에는 "4/100=0.04", B2에는 "0.02", C2에는 "4", D2에는 "100", E2에는 "=SQRT(B2*(1-B2)/100)", F2에는 "=(A2-B2)/E2", G2에는 "=NORMSINV(0.95)", H2에는 "=1-NORMSDIST(F2)", 입력하여 계산하고 I2에는 p값이 0.077이므로 "H0 채택"을 입력한다.

3. p값이 0.077이므로 유의수준 5%에서는 H_0을 채택한다.

	A	B	C	D	E	F	G	H	I
1	표본비율	모비율	불량수	전체표본수	표본오차	z 통계량	기각치	p-값	판정
2	0.04	0.02	4	100	0.014	1.4285714	1.645	0.077	HO 채택

실습: 모분산 검정 (예제 7.6)

1. A1셀에는 “표본비율”, B1에는 “모비율”, C1에는 “불량수”, D1에는 “전체표본수”, E1에는 “표준오차”, F1에는 “ z 통계량”, G1에는 “기각치(5%)”, H1에는 “ p 값” I1에는 “판정”을 각각 입력한다.

2. A2 셀에는 “0.5”, B2에는 “0.4”, C2에는 “4”, D2에는 “10”, E2에는 “=((D2-1)*B2^2)/(C2^2)”, F2에는 “=CHIINV(0.05,9)”, G2에는 “=CHIDIST(E2,9)”, H2에는 “H0 기각” 을 입력한다.

3. p 값이 0.05보다 작으므로 유의수준 5%에서는 H_0을 기각한다.

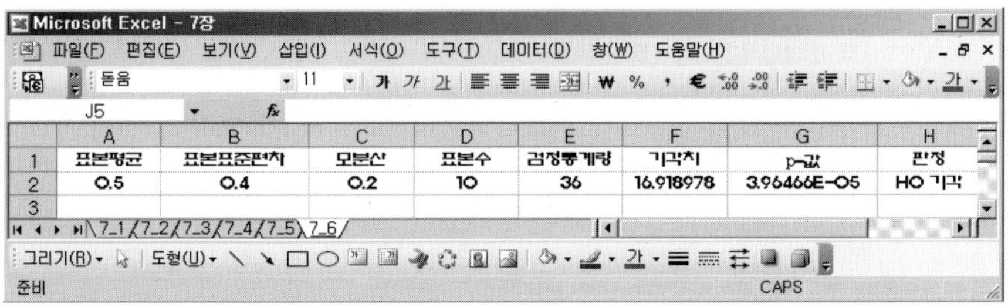

실습: 모평균차 검정 (예제 7.8)

1. B열과 C열에 데이터를 입력하고 [도구]의 → [데이터 분석]을 누른 후 → [t -검정 : 등분산 가정 두 집단]을 선택하고 [확인]을 누른다.

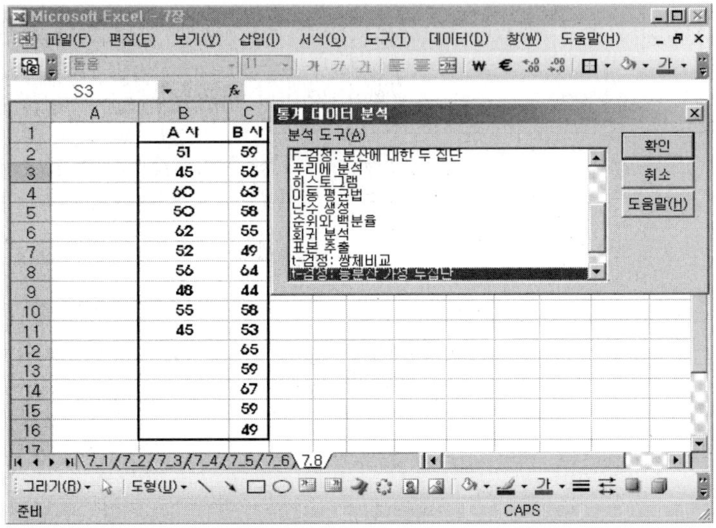

2. [t-검정 : 등분산 가정 두 집단] 대화상자가 나타나면 [변수1 입력범위(1)] 상자에 B1 : B16을 입력하고 [Tab]키를 누르고 [변수2 입력범위(2)]상자에 C1 : C16을 입력한다. 또, [가설평균차] 항에는 0을 입력하고 [이름표]를 체크하고 [유의수준]항에는 0.05를 입력하고 [확인]을 누른다.

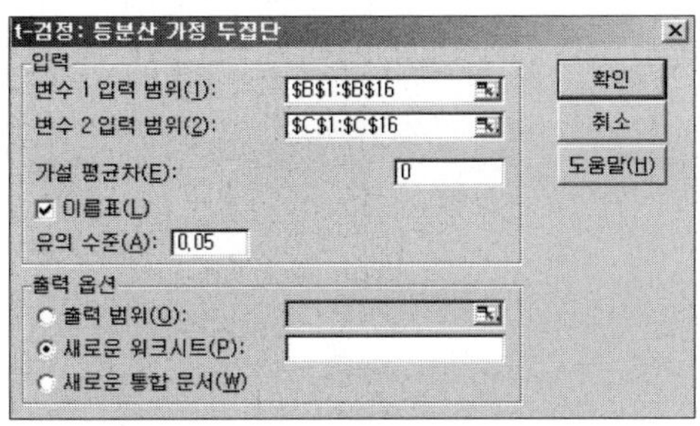

3. p값=0.07〉유의수준 $\alpha=0.05$이므로 H_0 채택 즉, 평균의 차가 있다고 할 수 없다.

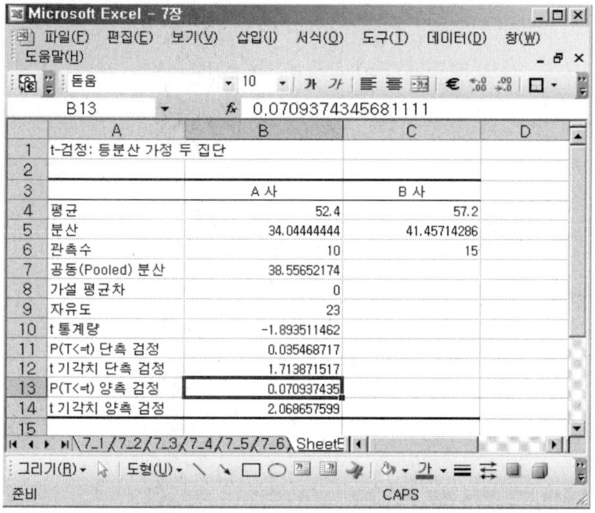

실습: 쌍체비교 검정 (예제 7.9)

1. B열과 C열에 데이터를 입력하고 [도구]의 → [데이터분석]을 누른후 → [t-검정 : 쌍체비교]를 선택하고 [확인]을 누른다.

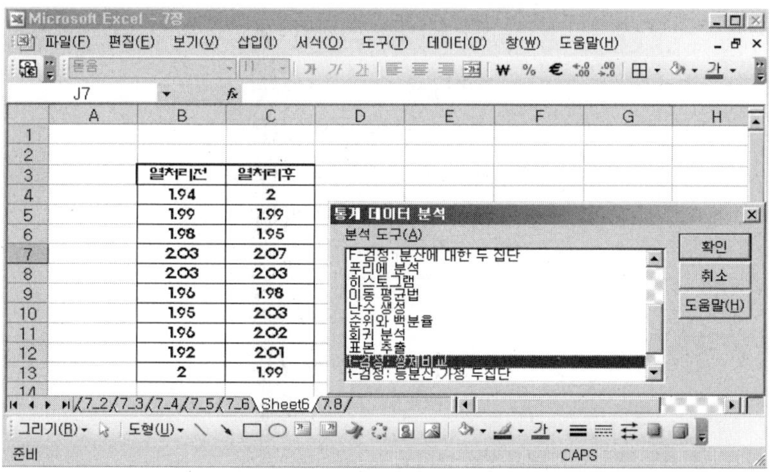

2. [t-검정 : 쌍체비교] 대화상자가 나타나면 [변수1 입력범위(1)]상자에 B3 : B13을 입력하고 [Tab]키를 누르고 [변수2 입력범위(2)]상자에 C3 :C13을 입력한다. 또, [가설평균차]항에는 "0"을 입력하고 [이름표]를 체크하며 [유의수준]항에는 "0.05"를 입력하고 [확인]을 누른다.

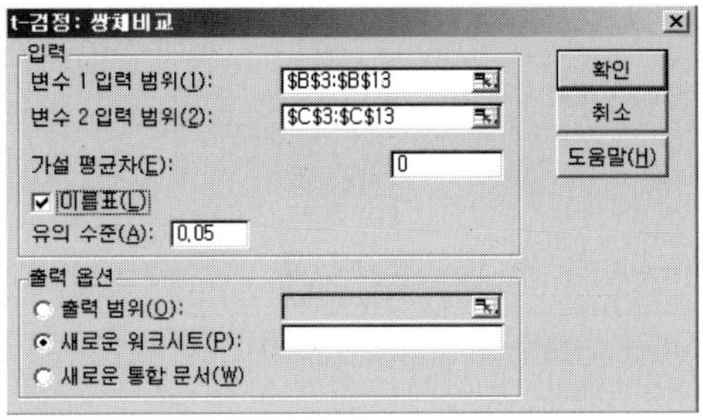

3. p값 $=0.04<$ 유의수준 $\alpha=0.05$이므로 H_0을 기각한다.

즉, 유의수준 0.05로 열처리전과 열처리 후는 치수의 변화가 있다고 말할 수 있다.

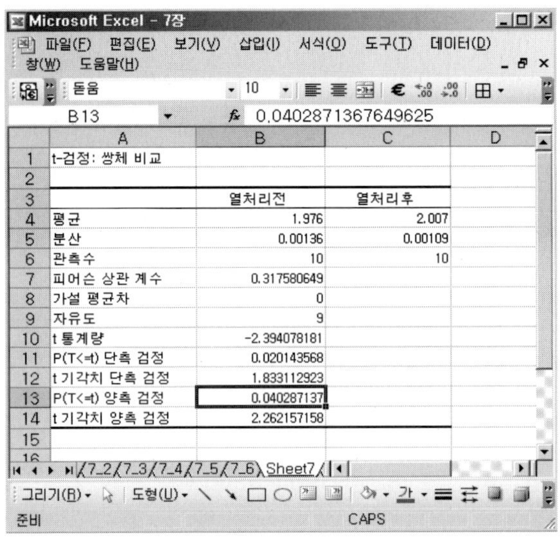

	A	B	C
1	t-검정: 쌍체 비교		
2			
3		열처리전	열처리후
4	평균	1.976	2.007
5	분산	0.00136	0.00109
6	관측수	10	10
7	피어슨 상관 계수	0.317580649	
8	가설 평균차	0	
9	자유도	9	
10	t 통계량	-2.394078181	
11	P(T<=t) 단측 검정	0.020143568	
12	t 기각치 단측 검정	1.833112923	
13	P(T<=t) 양측 검정	0.040287137	
14	t 기각치 양측 검정	2.262157158	

실습: 모비율차 검정 (예제 7.10)

1. B1열에는 "표본비율", C1열에는 "표본", D1에는 "불량품수", E1에는 "합동추정량", F1에는 "비율차", G1에는 "검정통계량", H1에는 "기각치(5%)", I1에는 "p값"을 입력한다.

2. B2열에는 "=90/1000", B3열에는 "=140/2000", C2열과 C3열에는 "1000", "2000"을 입력하고, D2열과 D3열에는 "90", "140"을 입력한다. E2에는 "=(D2+D3)/(C2+C3", F2에는 "=B2-B3", G2에는 "=F2/SQRT(E2*(1-E2)*(1/C2+1/C3))", H2에는"=NORMSINV(0.975)", I1에는 "=2*(1-NORMSDIST(G2))"을 입력하여 계산한다.

3. p값=0.052〉유의수준 $\alpha=0.05$이므로 H_0을 기각하지 못한다. 즉, 두 기계의 불량률의 차가 있다고 할 수 없다.

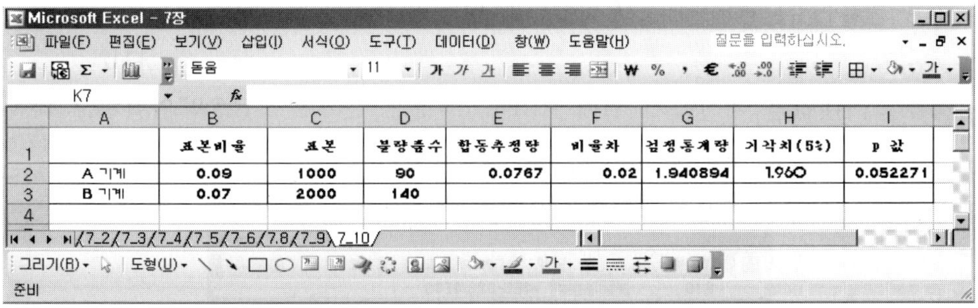

	A	B	C	D	E	F	G	H	I
1		표본비율	표본	불량품수	합동추정량	비율차	검정통계량	기각치(5%)	p 값
2	A 기계	0.09	1000	90	0.0767	0.02	1.940894	1.960	0.052271
3	B 기계	0.07	2000	140					
4									

실습: 모분산비 검정 (예제 7.11)

1. B1열에는 "표본분산", C1열에는 "검정통계량", D1에는 "기각치", E1에는 "p값", F1에는 "판정"을 입력한다.

4. B14에 "=CHITEST(B5:D7,B10:D12)"를 입력하고 Enter↵ 키를 친다. B14에는 p값이 계산된다.

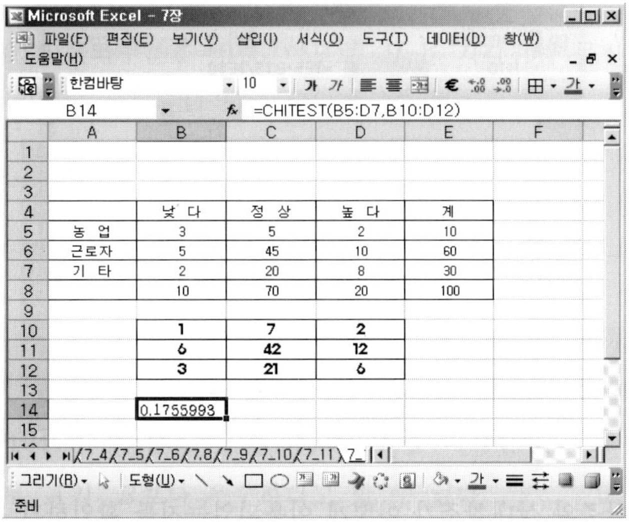

5. p값=0.176〈유의수준 $\alpha=0.05$ 이므로 H_0을 기각한다. 즉, 직업과 혈압은 관련이 없다고 할 수 있다.

실습: 동일성 검정 (예제 7.13)

1. 기대값을 계산하기 위해 B11에 "=$D5*B$9/$D$9" 입력하고 다음 ○표시된 부분에서 마우스를 드래깅한다.

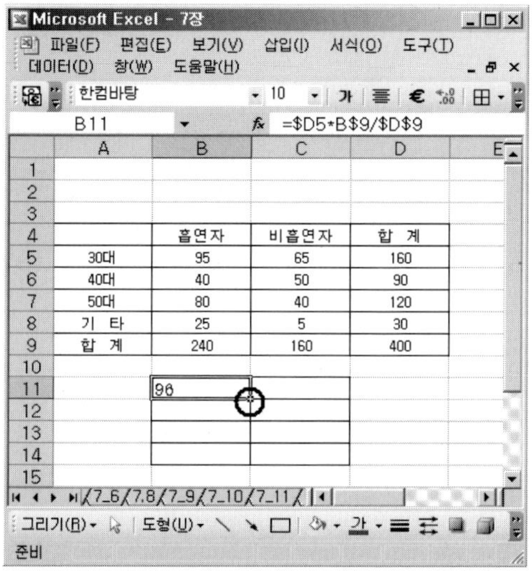

2. 드래깅 시행 후 그 결과는 다음 그림과 같이 자동 채우기가 된다.

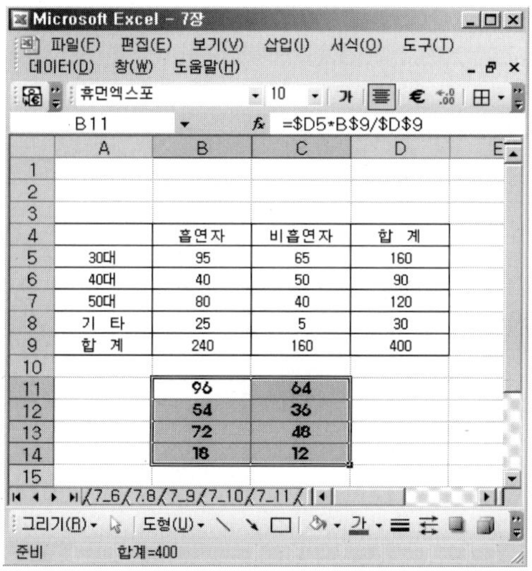

3. 절대참조와 상대참조가 어떻게 이용되었는지를 확인하기 위해 [도구] → [옵션] → [화면표시탭] → [창옵션] → [수식]을 선택하고 → [확인]을 누른다.

그러면 계산된 값들이 수식으로 전환되어 다음과 같이 확인할 수 있다.

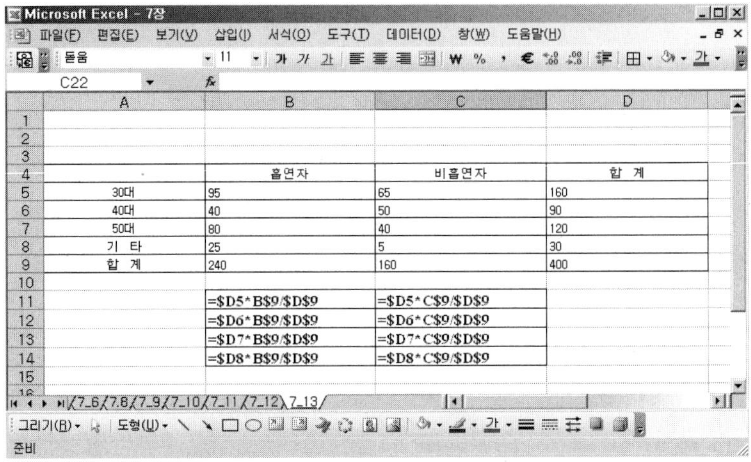

	A	B	C	D
4		흡연자	비흡연자	합 계
5	30대	95	65	160
6	40대	40	50	90
7	50대	80	40	120
8	기 타	25	5	30
9	합 계	240	160	400
11		=$D5*B$9/$D$9	=$D5*C$9/$D$9	
12		=$D6*B$9/$D$9	=$D6*C$9/$D$9	
13		=$D7*B$9/$D$9	=$D7*C$9/$D$9	
14		=$D8*B$9/$D$9	=$D8*C$9/$D$9	

4. B16에 "=CHITEST(B5:C8,B11:C14)"를 입력하고 Enter↵ 키를 친다. B16에는 p값이 계산된다.

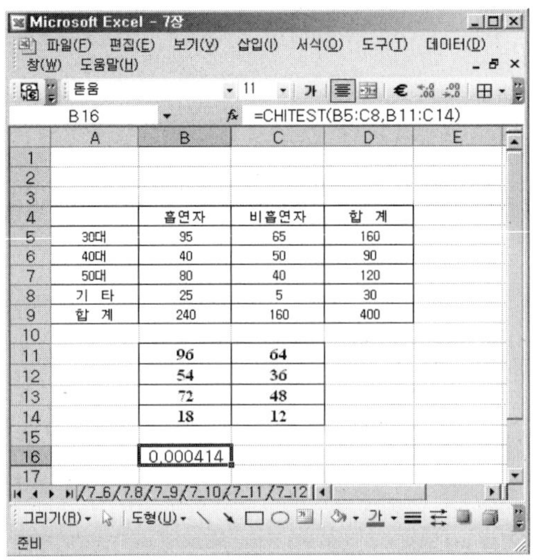

	A	B	C	D
4		흡연자	비흡연자	합 계
5	30대	95	65	160
6	40대	40	50	90
7	50대	80	40	120
8	기 타	25	5	30
9	합 계	240	160	400
11		96	64	
12		54	36	
13		72	48	
14		18	12	
16		0.000414		

5. p값$=0.0004<$유의수준 $\alpha=0.05$이므로 H_0을 기각한다. 즉, 연령별로 흡연율에 차이가 있다고 간주할 수 있다.

연습문제

1. 표준편차가 2인 정규분포를 하는 모집단에서, $H_0: \mu = 80$ *vs* $H_1: \mu > 80$ 의 가설을 검정하려고 $n = 16$ 의 표본을 취한 평균이 81.25였다. 유의수준 $\alpha = 0.05$ 로 검정하라.

2. 제품의 로트로부터 10개의 시료를 임의로 채취하여 그 길이를 측정한 바, 다음의 값이 얻어졌다. 그리고 표준편차 $\sigma = 0.030$ 인 것을 알고 있다.(단위:mm)

18.54	18.57	18.52	18.56	18.59
18.56	18.55	18.56	18.61	18.58

기계를 조정한 후, 위와 같은 치수의 모평균이 기준으로서 설정한 값 18.52mm보다 크다고 할 수 있겠는가?. 유의수준 $\alpha = 0.05$ 로 검정하라.

3. 온도계가 100개 들어 있는 로트를 구입하였다. 이 로트의 평균온도에 치우침이 있는가를 검토하기 위해 로트로부터 임의로 8개의 온도계를 뽑아 표준온도계와 비교를 했다. 표준온도계를 100℃로 하여 측정한 결과 다음과 같은 데이터를 얻었다. 이 로트의 지시온도에 치우침이 있다고 할 수 있겠는가? 유의수준 $\alpha = 0.05$ 로 검정하라. (단위: ℃)

99.5	100.2	99.5	100.9	99.1	100.3	99.8	100.0

4. 어떤 공장에서 제품 1개당의 평균무게는 종전에 200g이었으며 표준편차는 5g이었다. 공정을 변경시킨 후 $\bar{x}=197$이었다. 종전보다 무게가 작아졌다고 할 수 있는가? (단, $n=9$이고, 산포는 달라지지 않았다고 한다.) 유의수준 $\alpha=0.05$로 검정하라.

5. 새로운 제품을 개발하여 판매하는 회사가 이 회사의 새로운 제품의 평균강도가 200kg/cm^{2}보다 크다고 주장한다. 실제 평균강도 μ에 대한 정보를 알기 위하여 판매되는 제품 중 13개를 임의 추출하여 그 강도를 측정하여 기록한 결과가 다음과 같다. (단위: kg/cm^2)

200 195 205 210 180 185 193 204 185 193 204 185 208

(1) 이 새로운 제품의 평균강도에 대한 95%의 신뢰구간을 구하라.
(2) 이 회사의 주장이 옳다고 할 수 있겠는가? 유의수준 $\alpha=0.05$로 검정하라.
(3) 이 제품의 평균강도 μ의 추정에 대한 95% 오차한계가 5kg/cm^{2}이내로 하려면 필요로 하는 표본의 크기를 구하라.

6. 원료 A와 B에 대한 매일 매일의 제품의 순도(%)는 다음과 같다. 원료 A와 원료 B에서 순도의 모평균값에 차이가 있겠는가? 유의수준 5%로 검정하라. (단, 원료 A와 원료 B에서 순도의 모분산은 잘 모르지만 같다고 가정한다)

원료 A	74.9	73.9	74.7	74.3	75.8	74.2
원료 B	75.2	75.0	75.3	76.9	75.0	

7. A, B 평행한 라인에서 같은 종류의 건전지를 제조하고 있다. 양 공정으로부터 임의로 12개씩의 시료를 뽑아 전압을 측정한 결과 다음과 같았다.

A라인	0.40 0.50 0.59 0.51 0.56 0.32 0.54 0.45 0.56 0.57 0.59 0.52
B라인	0.43 0.67 0.58 0.46 0.62 0.46 0.58 0.58 0.72 0.35 0.61 0.54

(1) 양 공정의 모평균에 차이가 있는가? 유의수준 $\alpha=0.05$로 검정하라.
(2) 양 공정의 분산에 차이가 있는가? 유의수준 $\alpha=0.05$ 검정하라.
(단, A라인 불편분산 $S_A^2=0.006755$, B라인 불편분산 $S_B^2=0.01138$)

8. 기계 A, B에서 만들어진 두 개의 로트에서 각각 시료 10개씩을 임의로 뽑아내어 측정한 결과 다음과 같은 값을 얻었다. 이 때 표준편차는 $\sigma_A=0.03$mm, $\sigma_B=0.02$mm란 것을 알고 있다.

A사	5.64	5.58	5.61	5.63	5.62	5.57	5.65	5.64	5.66	5.59
B사	5.62	5.59	5.57	5.62	5.59	5.63	5.61	5.58	5.60	5.58

기계 A로 제작된 것의 모평균이 기계 B로 제작한 것의 모평균 보다 크다고 할 수 있겠는가를 유의수준 $\alpha=0.05$로 검정하라.

9. 어떤 제품의 로트가 입하되었다. 첨부된 견적서에는 특성치의 표준편차는 0.02mm로 되어 있다. 견적서가 바른가 어떤가를 확인하기 위하여 로트로부터 시료를 10개 뽑아 측정한 결과 다음의 데이터를 얻었다. 견적서의 값을 어떻게 판단하면 좋은가? 유의수준 $\alpha=0.05$로 검정하라.(단위:mm)
(단, $\chi^2(9:0.025)=19.02$, $\chi^2(9:0.975)=2.70$)

5.41, 5.48, 5.47, 5.55, 5.45, 5.47, 5.48, 5.50, 5.47, 5.51

10. 어떤 화학약품의 제조에 상표가 다른 2종류의 원료를 사용하고 있다. 각 원료에서 주성분 A의 함량은 다음과 같다. (단위:%)

상표1	80.4	78.2	80.1	77.1	79.6	80.4	81.6	79.9	84.4	80.9	83.1
상표2	80.0	81.2	79.5	78.0	76.1	77.0	80.1	79.9	78.8	80.8	

(1) $\dfrac{\sigma_2^2}{\sigma_1^2}$에 관한 95%의 신뢰구간을 구하라.

(2) 위의 데이터로부터 상표1가 상표2에 포함되어 있는 주성분 A의 함량의 분산 σ_1^2, σ_2^2간에는 차이가 있는지 없는지를 유의수준 $\alpha=0.05$로 검정하라.

11. 어떤 감광지 제조공장에서 농도가 다른 용액 A, B 속에서의 변색 정도를 보기 위해서 감광지의 시험지를 연속 투입하여 실험한 결과 다음의 데이터를 얻었다. 용액의 농도에 따라 불량매수의 출현비율 p_A와 p_B에 차가 있다고 할 수 있는지 알고 싶다.

농 도	양호품 매수	불량품 매수	합 계
A	928	72	1,000
B	772	28	800
합계	1,700	100	1,800

(1) $p_A - p_B$에 대한 90%의 신뢰구간을 구하라.

(2) $H_0: p_A - p_B = 0$, $H_1: p_A - p_B \neq 0$을 유의수준 $\alpha=0.10$로 검정하라.

12. 주사위 60회를 던졌을 때 1부터 6까지의 눈이 몇 회 나오는 것인가를 기록한 것이다. 이 주사위는 올바르게 만들어졌다고 판단해도 좋은가.

1	2	3	4	5	6
13	11	7	9	8	12

(1) 검정을 할 때 가설을 설정하라.
(2) 무슨 분포를 사용하여 검정하는가?
(3) 가설을 세운 것에 대해 검정을 하라.

13. 어떤 전기부품의 납땜 작업 공정에서 작업자가 서서 작업한 공정에서 800개, 앉아서 작업한 제품에서 1,100개를 뽑아 양, 불량으로 나누었더니 다음의 데이터를 얻었다. 선 작업과 앉은 작업에서 불량률에 차가 있다고 할 수 있는가? $\alpha = 0.05$에서 검정하라.

	양 품	불량품	합 계
선 작업	751	49	800
앉은 작업	967	133	1,100
합 계	1,718	182	1,900

14. A, B 두 청량음료에 대하여 시음 전문가 6명에게 맛을 보게 한 다음, 맛을 점수로 나타내어 다음의 자료를 얻었다. 두 청량음료의 맛에 차가 있다고 할 수 있는가? 유의수준 5%로 검정하라.

시음자	1	2	3	4	5	6
A	89	84	78	65	44	61
B	83	89	70	60	45	57

15. 어떤 기계는 30%의 불량품을 생산했다. 기계를 수선한 후에 100개를 생산했더니 22개의 불량품이 나왔다. 수선한 후에 불량률은 감소되었는가? 유의수준 5%로 검정하라.

8

여러 집단의 통계자료 분석

제8장에서는 기초적인 분산분석 방법을 살펴본다.

— 분산분석의 개념

— 일원배치법

— 이원배치법

분산분석의 개념

어떤 속성이 여러 가지 조건에 처해 있을 때 그 차이에 관심을 가질 수 있다. 예를 들면 흡연자가 수명에 영향을 주는지, 약품의 종류에 따른 치료기간 등의 변화가 어떤 영향을 주는지 등이다. 이런 문제에서는 일반적으로 실험을 계획하고 실험을 실시한 후에 얻은 자료를 기초로 하여 문제를 분석하게 된다. 따라서 실험의 목적을 달성하기 위해서는 실험을 실시하기 전에 철저한 계획을 세워야 한다. 실험계획법(experimental design)은 이러한 실험을 실시하는데 필요한 제반계획을 세우는 방법을 연구하는 분야이다. 즉, 어떻게 실험을 실시하며, 어떻게 자료를 얻으며, 이 자료를 어떤 통계적 방법으로 분석하여 최소의 비용으로 최대의 정밀한 정보를 얻을 수 있는가를 연구하는 것이다.

실험계획법에서 흔히 사용하는 분석방법으로는 분산분석(analysis of variance; ANOVA), 회귀분석(regression analysis), 상관분석(correlation analysis) 등이 있다.

실험계획법에서 흔히 사용되는 용어는 인자(factor)와 인자수준(factor level)이 있는데 인자는 어떤 실험에서 관측값에 영향을 주는 조건의 종류를 말하고 인자수준은 실험을 하기 위한 인자의 여러 가지 조건을 의미한다.

분산분석은 실험계획법에서 가장 많이 사용하는 분석방법으로서 이름이 뜻하는 대로 특성값의 분산 또는 산포를 분석하는 방법이다.

즉, 특성값의 산포를 제곱합(sum of square)으로 나타내고 이 제곱합을 실험에 관련된 요인들을 요인별로 분해하며 순수한 오차에 의한 영향보다 큰 영향을 주는 요인이 어떤 것인가를 규명하는 분석방법이다.

예를 들어 어떤 실험의 관측값이 $y_1, \cdots, y_n$으로 주어질 때 평균에 대한 편차는 $y_i - \overline{y}$로 표시하고 편차의 제곱합은 $\sum_{i=1}^{n}(y_i - \overline{y})^2$로 표시된다. 이것은 아래의 그림처럼 요인별로 분해할 수가 있다.

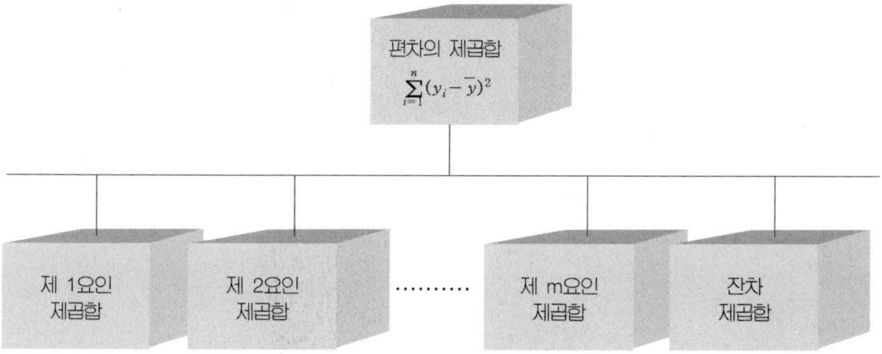

〈그림 8.1〉 편차의 제곱합에 대한 요인

위의 그림에서 처리제곱합(treatment sum of squares)은 요인의 변화에 따른 반응의 차에 의한 제곱합이며, 잔차제곱합(residual sum of squares)은 아직 원인이 규명되지 못한 요인에 의한 제곱합을 뜻한다. 여기서 다룰 분산분석법으로는 간단한 실험계획법인 일원배치법과 이원배치법이다. 일원배치법에서는 각 처리에서의 반복수가 같은 경우와 다른 경우로 나누어 생각하고 이원배치법에서는 각처리에서 반복이 없는 경우와 있는 경우로 나누어 생각하기로 한다.

2 일원배치법

일원배치법은 특성값에 대한 한 종류의 인자의 영향을 조사하고자 할 때에 사용하는 분산분석법으로서 인자의 각 수준이 처리가 된다. 3개 이상의 처리효과를 비교할 때는 F검정을 이용한다. 일원배치법에서는 2개 이상의 처리 효과를 비교하는 것에 관심이 있게 되며 일원배치법은 다음과 같은 특징을 가진다.

(1) 각 수준에서의 반복수는 같지 않아도 좋으며 많이 사용되는 수준수는 3~5, 반복수는 3~10이다.

(2) 실험의 측정은 랜덤하게 선택된 순서에 의하여 독립적으로 시행되어야 한다(혹은 완전확률화법(Completely randomized design)이라고도 한다).

2.1 반복수가 같은 경우

각 처리에 대한 반복수가 같은 일원배치법의 자료구조는 다음의 표와 같다.

	처리1	처리2	⋯	처리 k
	y_{11}	y_{21}	⋯	y_{k1}
	y_{12}	y_{22}	⋯	y_{k2}
	⋮	⋮	⋮	⋮
	y_{1n}	y_{2n}	⋯	y_{kn}
평 균	$\overline{y}_{1\cdot}$	$\overline{y}_{2\cdot}$	⋯	$\overline{y}_{k\cdot}$
제곱합	$\sum_{j=1}^{n}(y_{1j}-\overline{y}_{1\cdot})^2$	$\sum_{j=1}^{n}(y_{2j}-\overline{y}_{2\cdot})^2$	⋯	$\sum_{j=1}^{n}(y_{kj}-\overline{y}_{k\cdot})^2$

(전체평균 $\overline{y}_{..}$)

k개의 처리효과를 비교하기 위하여 위의 자료를 통계적으로 검정하기 위해서는 처리에 대한 모집단 모형이 필요하다. 이제, i번째 처리에서 얻어진 관측값을 생각해보자. 이들은 평균이 μ_i이고, 분산이 σ^2인 정규분포 $N(\mu_i, \sigma^2)$에서의 크기 n인 확률표본으로 가정할 수 있다. 즉,

$$Y_{ij} = \mu_i + \varepsilon_{ij}, \qquad i = 1, 2, \cdots, k, \qquad j = 1, 2, \cdots, n$$

으로 표시할 수 있으며, 여기서 ε_{ij}는 실험의 오차에 해당되는 확률변수로서 평균

0, 분산 σ^2인 정규분포 $N(0, \sigma^2)$에 따른다.

이 실험에서 실험전체의 모평균을 μ라고 하면

$$\mu = \sum_{i=1}^{k} \mu_i / k$$

로 정의되며 μ_i와 μ의 차인 $\alpha_i = \mu_i - \mu$는 i번째 처리 효과라고 한다.

이를 요약하면 다음과 같다.

● 반복수가 같은 일원배치법의 모집단 모형 :

$$Y_{ij} = \mu + \alpha_i + \varepsilon_{ij}, \quad i = 1, 2, \cdots, k, \quad j = 1, 2, \cdots, n$$

여기서 μ : 총평균

α_i : i번째 처리효과로서 $\sum \alpha_i = 0$

ε_{ij} : 오차항으로서 서로 독립인 $N(0, \sigma^2)$ 확률변수

위의 모집단 모형에서 오차항 ε_{ij}를 서로 독립인 $N(0, \sigma^2)$ 확률변수라고 가정하였는데, 좀 더 구체적으로 표현하면 다음과 같은 의미를 갖는다.

(1) 정규성(normality): 오차항 ε_{ij}는 정규분포를 따른다.

(2) 독립성(independence): 모든 ε_{ij}는 서로 독립이다.

(3) 불편성(unbiasedness): 오차 ε_{ij}의 기대값은 0이고 편차는 없다.

(4) 등분산성(equal variance): 모든 i, j에 대하여 ε_{ij}의 분산은 σ^2이다.

이제, k개의 처리효과에 차가 있는지를 검정하는 것은 k개의 모평균 사이에 차가 있는가를 검정하는 것과 같으며, 이 경우에 검정하려는 귀무가설은

로 분해됨을 알 수 있다.

일반적으로, 제곱합을 자유도로 나누면 어떤 미지의 분산의 추정량이 되며, 이를 평균제곱이라고 한다. 즉, (평균제곱) = (제곱합)/(자유도) 처리에 대한 평균제곱과 잔차에 대한 평균제곱을 각각

$$MST = SS_{TR}/(k-1), \quad MSE = SSE/k(n-1)$$

로 나타내며, 잔차평균제곱 MSE는 항상 σ^2의 불편추정량이 된다.
또한 $H_0: \alpha_1 = \alpha_2 = \cdots = \alpha_k (= 0)$ 하에서는 처리평균제곱 (MS_{TR})도 σ^2의 불편추정량이 된다. 그러나 대립가설 하에서는 MST의 기대값이 σ^2보다 크게 되며 따라서 F비 (F-ratio)인

$$F = \frac{MST}{MSE} = \frac{SS_{TR}/(k-1)}{SSE/k(n-1)}$$

의 값이 클 때에 귀무가설 $H_0: \alpha_1 = \alpha_2 = \cdots = \alpha_k (= 0)$을 기각한다.

〈반복수가 같은 일원배치법의 분산분석표〉

요 인	제곱합	자유도	평균제곱	F 비
처리	$SS_{TR} = n\sum_{i=1}^{k}(\bar{y}_{i\cdot} - \bar{y})^2$	$k-1$	$MST = SS_{TR}/(k-1)$	
잔차	$SSE = \sum_{i=1}^{k}\sum_{j=1}^{n}(y_{ij} - \bar{y}_{i\cdot})^2$	$k(n-1)$	$MSE = SSE/k(n-1)$	$F = \frac{MST}{MSE}$
계	$SST = \sum_{i=1}^{k}\sum_{j=1}^{n}(y_{ij} - \bar{y})^2$	$kn-1$		

예제 8.1

- 어떤 약이 식후 30분 경과해서 복용하도록 지시되었지만 약의 효과가 없다는 정보가 있어서 식전 30분, 식후 30분, 식후 1시간인 3가지 시간대를 설정하여 복용시간에 따라 효과에 차이가 있는지를 결정하는 실험을 실시하였다. 체형, 신체적 상황이 유사한 21명의 환자를 7명씩 3조로 나누어서 각 방법으로 약을 복용하도록 하여 그 질병이 완치하기까지의 일수를 기록하여 다음 표와 같은 정보를 얻었다. 약의 효과가 3가지 복용시간대에 차이가 없다는 사실을 유의수준 5%로 검정하라.

식전 30분(A_1)	30, 35, 28, 29, 25, 29, 34
식후 30분(A_2)	25, 31, 28, 27, 23, 24, 31
식후 1시간(A_3)	20, 16, 17, 18, 18, 17, 20

각 수준의 평균은 30, 27, 18이므로 외관상으로는 차이가 있는 것 같아 이 차이가 모집단의 평균의 차이에 의한 것인지를 확인하기 위해 분산분석표를 행할 수 있다. 데이터에서 총평균은 (30+27+18)/3=25가 된다.

	A_1	A_2	A_3
	30	25	20
	35	31	16
	28	28	17
	29	27	18
	25	23	18
	29	24	17
	34	31	20
합	210	189	126
평균	30	27	18
전체평균		25	

$$SST = \sum_{i=1}^{k}\sum_{j=1}^{n}(y_{ij} - \overline{y})^2 = (30-25)^2 + (35-25)^2 \cdots + (20-25)^2 = 694$$

$$SS_{TR} = n\sum_{i=1}^{k}(\overline{y}_{i\cdot} - \overline{y})^2 = 7\times(30-25)^2 + 7\times(27-25)^2 + 7\times(18-25)^2 = 546$$

$SST = SS_{TR} + SSE$를 만족하므로 $SSE = 694 - 546 = 148$이 된다.

즉, 분산분석표는 다음과 같다.

요 인	제곱합	자유도	평균제곱	F 비
처리	546	2	273.0	33.2
잔차	148	18	8.2	
계	694	20		

즉, $F = 33.2 > F(2{:}18\ ;\ 0.05) = 3.55$이므로 귀무가설이 기각되고 시간대에 따른 약의 효과에 대한 차이가 인정된다.

2.2 반복수가 다른 경우

일원배치법에서 반복수가 같지 않는 실험을 하게 되는 경우는 결측치가 생기거나 특정한 모평균에 대한 측정의 정도를 높이기 위하여 다른 수준보다 반복을 더하는 경우가 있다. 처리효과의 비교를 다루는 여러 방법은 반복수가 같은 경우와 동일하고 자료구조는 다음과 같다.

	처리1	처리2	⋯	처리 k
	y_{11}	y_{21}	⋯	y_{k1}
	y_{12}	y_{22}	⋯	y_{k2}
	⋮	⋮	⋮	⋮
	y_{1n_1}	y_{2n_2}	⋯	y_{kn_k}
평 균	$\overline{y}_{1\cdot}$	$\overline{y}_{2\cdot}$	⋯	$\overline{y}_{k\cdot}$

(전체평균 $\overline{y}$)

이를 반복수가 같은 일원배치와 유사한 방법으로 요약하면 다음과 같다.

● 반복수가 다른 일원배치법의 모집단 모형:

$$Y_{ij} = \mu + \alpha_i + \varepsilon_{ij}, \quad i=1, 2, \cdots, k, \quad j=1, 2, \cdots, n_i$$

여기서 μ : 총평균

$\sum_{i=1}^{k} n_i \alpha_i = 0$

ε_{ij} : 오차항으로서 서로 독립인 $N(0, \sigma^2)$ 확률변수

통계적 검정법을 유도하기 위한 모집단모형은 반복수가 같은 경우와 같으며 아래와 같다. 총제곱합은 앞에서와 마찬가지로 처리제곱합과 잔차제곱합의 합으로 아래와 같이 표시될 수 있다.

$$\sum_{i=1}^{k}\sum_{j=1}^{n_i}(y_{ij} - \overline{y})^2 = \sum_{i=1}^{k} n_i(\overline{y}_{i\cdot} - \overline{y})^2 + \sum_{i=1}^{k}\sum_{j=1}^{n_i}(y_{ij} - \overline{y}_{i\cdot})^2$$

총제곱합(SST) = 처리제곱합(SS_{TR}) + 잔차제곱합(SSE)으로 표현할 수 있고 자유도는 $\sum_{i=1}^{k} n_i - 1 = (k-1) + \left(\sum_{i=1}^{k} n_i - k\right)$인 관계가 성립한다.

반복수가 다른 경우의 일원배치법의 분산분석표는 아래와 같다.

〈반복수가 다른 일원배치법의 산분석표〉

요 인	제곱합	자유도	평균제곱	F 비
처 리	$SST=\sum_{i=1}^{k} n_i(\overline{y}_{i\cdot}-\overline{y})^2$	$k-1$	$MST=SST/(k-1)$	
잔 차	$SSE=\sum_{i=1}^{k}\sum_{j=1}^{n_i}(y_{ij}-\overline{y}_{i\cdot})^2$	$\sum_{i=1}^{k} n_i-k$	$MSE=SSE/\sum_{i=1}^{k} n_i-k$	$F=\frac{MST}{MSE}$
계	$SST=\sum_{i=1}^{k}\sum_{j=1}^{n_i}(y_{ij}-\overline{y})^2$	$\sum_{i=1}^{k} n_i-1$		

위의 분산분석표에서 F 비는 귀무가설 H_0 가 참일 때 자유도 $F \sim F(k-1, \sum n_i-k)$를 따른다는 것을 이용하여 가설 검정을 할 수 있다.

예제 8.2

- S제약 홍보부에서는 유산균을 이용한 건강보조식품의 효과의 차이를 알아보기 위하여 만 5세가 되는 유아 15명의 학생을 임의로 3개의 집단(4명, 5명, 6명)으로 나누어 각 집단에 각 각 A, B, C의 건강보조식품을 하루에 1병씩 복용하게 하여 6개월 이후 신장을 측정한 결과 세 가지 건강보조식품이 성장 속도에 미치는 효과가 차이가 있는지를 분산분석표를 작성하여 검정하라.

[건강보조식품의 유형]

A	B	C
15	12	16
18	21	18
17	14	18
20	30	17
	28	15
		16

(단위:mm)

$k=3,\ n_1=4,\ n_2=5,\ n_3=6,\ n_1+n_2+n_3=15$

$\overline{y_1}=17.5,\ \overline{y_2}=21,\ \overline{y_3}=16.07,\ \overline{y}=18.33$

〔건강보조식품의 유형〕

	A	B	C
	15 18 17 20	12 21 14 30 28	16 18 18 17 15 16
합	70	105	100
평균	17.5	21.00	16.67
전체평균	18.33		

이 결과를 바탕으로 제곱합을 분해하면 다음과 같이 표현할 수 있다.

$$SST=\sum_{i=1}^{3}\sum_{j=1}^{n_i}(y_{ij}-\overline{y})^2=(15-18.33)^2\cdots+(16-18.33)^2=335.33$$

$$SS_{TR}=\sum_{i=1}^{3}n_i(\overline{y}_{i\cdot}-\overline{y})^2=4(17.5-18.33)^2+5(21-18.33)^2+6(16.67-18.33)^2=55.00$$

$$SSE=\sum_{i=1}^{3}\sum_{j=1}^{n_i}(y_{ij}-\overline{y}_{i\cdot})^2=(15-17.5)^2+\cdots+(16-16.67)^2=280.33$$

요 인	제곱합	자유도	평균제곱	F 비
처 리	55.00	2	27.50	1.18
잔 차	280.33	12	23.36	
계	335.33	14		

의 관계식을 얻을 수 있다. 여기서

$$SSA = h\sum_{i=1}^{k}(\overline{y}_{i.} - \overline{y})^2$$

$$SSB = k\sum_{j=1}^{h}(\overline{y}_{.j} - \overline{y})^2$$

$$SSE = \sum_{i=1}^{k}\sum_{j=1}^{h}(y_{ij} - \overline{y}_{i.} - \overline{y}_{.j} + \overline{y})^2$$

이다. 이로부터 분산분석표를 작성하면 다음과 같다.

〈반복이 없는 이원배치법의 분산분석표〉

요 인	제곱합	자유도	평균제곱	F 비
인자 A	SSA	$k-1$	$MSA=SSA/(k-1)$	MSA/MSE
인자 B	SSB	$h-1$	$MSB=SSB/h-1$	MSB/MSE
잔차	SSE	$(h-1)(k-1)$	$MSE=SSE/(h-1)(k-1)$	
계	SST	$hk-1$		

각 제곱합의 자유도는 제곱을 한 서로 다른 편차의 갯수에서 선형제약조건의 수를 뺀 것이므로 TSS, SSA, SSB, SSE의 자유도는 각각 $hk-1$, $k-1$, $h-1$, $(k-1)(h-1)$로 주어진다.

이 경우에 전체의 자유도인 TSS의 자유도가 SSA, SSB, SSE의 자유도의 합으로 분해된다.

예제 8.3

- 다음 자료를 이용하여 분산분석표를 작성하고 3종류의 운동방법과 4종류의 식이요법이 몸무게에 미치는 영향을 조사하여 다음 자료를 얻었다. 운동방법(B)에 따라 몸무게에 영향을 주었는지, 식이요법(A)에 따라 몸무게에 영향을 주었는지를 검정하라.

식이요법 \ 운동방법	B_1	B_2	B_3	평 균
A_1	64	72	74	70
A_2	55	57	47	53
A_3	59	66	58	61
A_4	58	57	53	56
평 균	59	63	58	60

$$SST = \sum_{i=1}^{4}\sum_{j=1}^{3}(y_{ij} - \overline{y})^2 = (64-60)^2 + \cdots + (53-60)^2 = 662$$

$$SSA = 3\sum_{i=1}^{4}(\overline{y}_{i\cdot} - \overline{y})^2 = 3\{(70-60)^2 + \cdots + (56-60)^2\} = 498$$

$$SSB = 4\sum_{j=1}^{3}(\overline{y}_{\cdot j} - \overline{y})^2 = 4\{(59-60)^2 + \cdots + (58-60)^2\} = 56$$

$$SSE = SST - SSA - SSB = 662 - 498 - 56 = 108$$

위 정보를 이용하여 분산분석표를 작성하면 다음과 같다.

요 인	제곱합	자유도	평균제곱	F 비
인자A	498	3	166	9.22
인자B	56	2	28	1.56
잔 차	108	6	18	
계	662	11		

분산분석표에서 $F(3,6;0.05)=4.76$, $F(2,6;0.05)=5.14$이므로

인자 A에 대한 가설

$H_0=\alpha_1=\alpha_2=\alpha_3=\alpha_4$은 유의수준 5%에서 기각되지만

인자 B에 대한 가설

$H_0=\beta_1=\beta_2=\beta_3$ 은 유의수준 5%에서 채택된다.

즉, 운동방법에 따라서는 몸무게가 차이가 없으나 식이요법에 따른 몸무게의 차이는 있다.

3.2 반복이 있는 이원배치법

반복이 없는 이원배치법은 두 인자의 어떠한 조합에 대하여 교호작용을 미치지 않는 것을 전제로 하였다. 이에 대하여 관찰값이 두 요인의 독자적인 작용을 함과 동시에 두 인자의 교호작용의 유무도 동시에 찾아내는 실험계획이 필요하다. 예를 들면 A, B 두 가지 약품을 동일환자에게 투여한 경우 두 약품 각각의 주효과 외에도 양자의 상승작용에 의한 약효의 증감이 있을 수 있다. 이러한 경우에 두 인자의 독자적인 두 효과 외에도 양자의 상호작용의 유무도 동시에 검정해야 하는 실험계획이 필요하고 그러기 위하여 사용되는 것이 반복이 있는 이원배치법이다. 반복이 있는 실험계획법의 자료구조는 다음과 같다.

요인 A / 요인 B	A_1	A_2	$\cdots$	A_k	평 균
B_1	y_{111} y_{111} $\vdots$ y_{11n}	y_{211} y_{212} $\vdots$ y_{21n}	$\cdots$	y_{k11} y_{k12} $\vdots$ y_{k1n}	$\overline{y}_{\cdot 1 \cdot}$
B_2	y_{121} y_{122} $\vdots$ y_{12n}	y_{221} y_{222} $\vdots$ y_{22n}	$\cdots$	y_{k21} y_{k22} $\vdots$ y_{k2n}	$\overline{y}_{\cdot 2 \cdot}$
$\vdots$	$\vdots$	$\vdots$	$\vdots$	$\vdots$	$\vdots$
B_h	y_{1h1} y_{1h2} $\vdots$ y_{1hn}	y_{2h1} y_{2h2} $\vdots$ y_{2hn}	$\cdots$	y_{kh1} y_{kh2} $\vdots$ y_{khn}	$\overline{y}_{\cdot h \cdot}$
평 균	$\overline{y}_{1 \cdot \cdot}$	$\overline{y}_{2 \cdot \cdot}$		$\overline{y}_{k \cdot \cdot}$	총평균 $\overline{y}$

n번의 반복이 있는 이원배치법의 모형은

$$X_{ij} = \mu + \alpha_i + \beta_j + \alpha_i\beta_j + \varepsilon_{ijm}$$

$$(i = 1,\ 2,\ \cdots,\ k\ ,\ j = 1,\ 2, \cdots, h\ ,\ m = 1,\ 2, \cdots, n)$$

와 같다. 여기서 μ는 총평균이고, α_i는 제1인자의 i번째 처리수준이 주는 효과, β_j는 제2인자의 j번째 수준의 효과, $\alpha_i\beta_j$는 두 인자의 교호작용이고 $\varepsilon_{ijm} \sim N(0, \sigma^2)$ 이다.

앞에서와 마찬가지로 분산분석표를 만드는 절차를 따르면 다음과 같이 총변동이 분해가 된다. 먼저

$$\begin{aligned} SST &= \sum_{i=1}^{k}\sum_{j=1}^{h}\sum_{m=1}^{n}(y_{ijm} - \overline{y})^2 \\ &= \sum_{i=1}^{k}\sum_{j=1}^{h}\sum_{m=1}^{n}(y_{ijm} - \overline{y}_{ij\cdot})^2 + n\sum_{i=1}^{k}\sum_{j=1}^{h}(\overline{y}_{ij\cdot} - \overline{y})^2 \end{aligned}$$

으로 변형된다. 여기서 우변의 제1항은 오차제곱합이고 제2항은 각 수준 (A_i, B_j)의 변동을 나타내는 제곱합이므로 이들의 각각을 SSE, $SS_{A \cdot B}$라 하면

$$SST = SSE + SS_{A \cdot B}$$

의 관계식을 얻을 수 있다. 그런데

$$\sum_{i=1}^{k}\sum_{j=1}^{h}(\overline{y}_{ij\cdot} - \overline{y})^2 = h\sum_{i=1}^{k}(\overline{y}_{i\cdot\cdot} - \overline{y})^2 + k\sum_{j=1}^{h}(\overline{y}_{\cdot j\cdot} - \overline{y})^2 + \sum_{i=1}^{k}\sum_{j=1}^{h}(\overline{y}_{ij\cdot} - \overline{y}_{i\cdot\cdot} - \overline{y}_{\cdot j\cdot} + \overline{y})^2$$

로 분해되므로

$$\begin{aligned} SS_{A \cdot B} &= nh\sum_{i=1}^{k}(\overline{y}_{i\cdot\cdot} - \overline{y})^2 + nk\sum_{j=1}^{h}(\overline{y}_{\cdot j\cdot} - \overline{y})^2 \\ &\quad + n\sum_{i=1}^{k}\sum_{j=1}^{h}(\overline{y}_{ij\cdot} - \overline{y}_{i\cdot\cdot} - \overline{y}_{\cdot j\cdot} + \overline{y})^2 \\ &= SSA + SSB + SS_{A\times B} \end{aligned}$$

이 된다. 따라서

$$SST = SSA + SSB + SS_{A\times B} + SSE$$

인 관계식이 얻어진다. 여기서

$$SSA = hn\sum_{i=1}^{k}(\overline{y}_{i\cdot\cdot} - \overline{y})^2$$

$$SSB = kn\sum_{j=1}^{h}(\overline{y}_{\cdot j\cdot} - \overline{y})^2$$

$$SS_{A\times B} = n\sum_{i=1}^{k}\sum_{j=1}^{h}(\overline{y}_{ij\cdot} - \overline{y}_{i\cdot\cdot} - \overline{y}_{\cdot j\cdot} + \overline{y})^2$$ 이다.

반복이 있는 이원배치법에서의 귀무가설은 다음과 같이 세 가지가 있다.

(1) H_0 : 인자 A는 특성 Y에 영향을 미치지 않는다. 즉,

$$\alpha_i = 0 \quad (i = 1,\ 2,\ 3,\ \cdots, k)$$

(2) H_0 : 인자 B는 특성 Y에 영향을 미치지 않는다. 즉,

$$\beta_j = 0 \quad (j = 1,\ 2,\ 3,\ \cdots, h)$$

(3) H_0 : 인자 A와 인자 B의 교호작용은 특성 Y에 영향을 미치지 않는다. 즉,

$$(\alpha\beta)_{ij} = 0 \quad (i = 1,\ 2,\ 3,\ \cdots,\ k,\ j = 1, 2, \cdots, h)$$

반복이 있는 이원배치법의 분산분석표는 다음과 같다.

〔반복이 있는 이원배치 법 〕

요　인	제곱합	자유도	평균제곱	F비
인자 A	SSA	$k-1$	$MSA = SSA/(k-1)$	MSA/MSE
인자 B	SSB	$h-1$	$MSB = SSB/(h-1)$	MSB/MSE
$A \times B$	$SS_{A \times B}$	$(k-1)(h-1)$	$MS_{A \times B} = \dfrac{SS_{A \times B}}{(k-1)(h-1)}$	$MS_{A \times B}/MSE$
잔　차	SSE	$kh(n-1)$	$MSE = \dfrac{MSE}{kh(n-1)}$	
계	SST	$khn-1$		

각 변동의 자유도는 각각 다음과 같다.

SST의 자유도 $\phi_T = N-1 = khn-1$이고, $SS_{A \cdot B}$의 자유도 $\phi_{A \cdot B} = kh-1$이며, SSA의 자유도 $\phi_A = k-1$, SSB의 자유도 $\phi_B = h-1$이 된다. 따라서, $SS_{A \times B}$의 자유도 $\phi_{A \times B} = \phi_{A \cdot B} - \phi_A - \phi_B = (k-1)(h-1)$가 된다. 그리고 SSE의 자유도 $\phi_E = \phi_T - \phi_{A \cdot B} = kh(n-1)$가 되며, $\phi_{A \times B} = (k-1)(h-1) = \phi_A \times \phi_B$가 된다.

예제 8.4

- 진통제의 약물효과 지속시간이 계절과 연령에 어떠한 영향이 미치는가를 알아보기 위하여 연령이 19세, 29세, 39세가 되는 건장한 성인 남성에게 복용하게 하여 각각에 대하여 두 번씩의 기록을 측정하였다. 분산분석을 시행하라.

〔계절 · 연령에 따른 진통제 효과 지속시간(단위, 시간)〕

계 절	연 령		
	B_1(10대)	B_2(20대)	B_3(30대)
A_1(봄)	15.3	15.1	14.7
	16.1	15.5	15.0
A_2(여름)	17.2	16.8	16.4
	16.6	17.0	16.5
A_3(가을)	17.0	16.9	16.3
	16.2	16.8	16.7

계 절	연 령			
	B_1(10대)	B_2(20대)	B_3(30대)	평 균
A_1(봄)	15.3	15.1	14.7	
	16.1	15.5	15.0	15.28
평 균	15.7	15.3	14.85	
A_2(여름)	17.2	16.8	16.4	
	16.6	17.0	16.5	16.75
평 균	16.9	16.9	16.45	
A_3(가을)	17.0	16.9	16.3	
	16.2	16.8	16.7	16.65
평 균	16.6	16.85	16.5	

인자 평균				
인 자	B_1(10대)	B_2(20대)	B_3(30대)	평 균
A_1(봄)	15.7	15.3	14.85	15.28
A_2(여름)	16.9	16.9	16.45	16.75
A_3(가을)	16.6	16.85	16.5	16.65
평 균	16.4	16.35	15.93	16.23

$$SST = \sum_{i=1}^{3}\sum_{j=1}^{3}\sum_{m=1}^{2}(y_{ijm} - \bar{y})^2$$

$$= (15.3 - 16.23)^2 + \cdots\cdots + (16.7 - 16.23)^2 = 10.2362$$

$$SSA = (3\times2)\sum_{i=1}^{3}(\bar{y}_{i..} - \bar{y})^2$$

$$= 6[(15.28 - 16.23)^2 + (16.75 - 16.23)^2$$

$$+ (16.65 - 16.23)^2] = 8.0578$$

$$SSB = (3\times2)\sum_{j=1}^{3}(\bar{y}_{.j.} - \bar{y})^2$$

$$= 6[(16.4 - 16.23)^2 + (16.35 - 16.23)^2$$

$$+ (15.93 - 16.23)^2] = 0.7878$$

$$SS_{A\times B} = SS_{A\cdot B} - SSA - SSB$$

$$= 2\sum_{i=1}^{3}\sum_{j=1}^{3}(\bar{y}_{ij.} - \bar{y})^2 - SSA - SSB$$

$$= 2[(15.7 - 16.23)^2 + \cdots\cdots + (16.5 - 16.23)^2]$$

$$- 8.0578 - 0.7878 = 0.3356$$

$$SSE = TSS - SSA - SSB - SS_{A\times B}$$

$$= 10.2362 - 8.0578 - 0.7878 - 0.3356 = 1.0550$$

3. 분산분석 대화상자에서 입력범위 항목에 "$D$3: $F$10"을 입력하고 또, 첫째행 이름표 사용을 체크하고 [확인]버튼을 클릭한다.

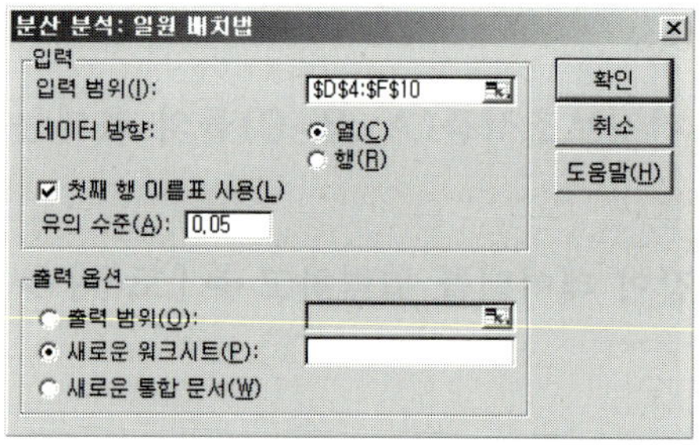

4. 입력범위를 확인하고 [확인]을 누르면 다음과 같은 분석분석표가 나타난다.

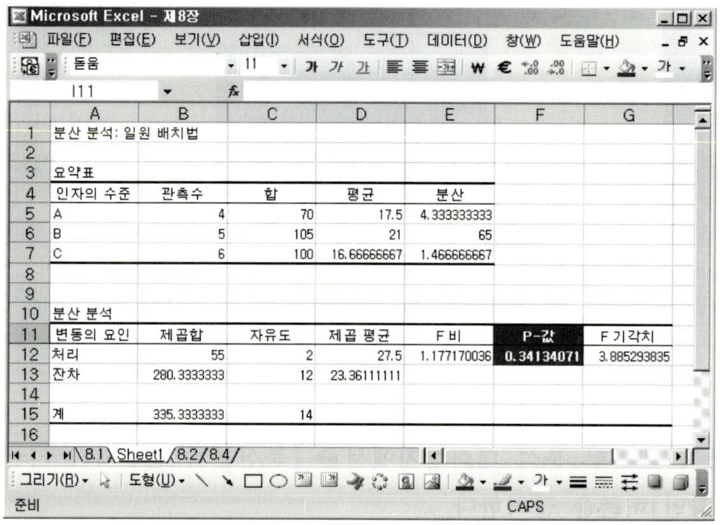

분산 분석: 일원 배치법

요약표

인자의 수준	관측수	합	평균	분산
A	4	70	17.5	4.333333333
B	5	105	21	65
C	6	100	16.66666667	1.466666667

분산 분석

변동의 요인	제곱합	자유도	제곱 평균	F 비	P-값	F 기각치
처리	55	2	27.5	1.177170036	0.34134071	3.885293835
잔차	280.3333333	12	23.36111111			
계	335.3333333	14				

5. p 값을 확인한다. 0.05보다 작으면 귀무가설을 기각하고 그렇지 않으면 귀무가설을 채택한다.

[해석] p값이 0.05 크기 때문에 H_0를 기각하지 못한다. 즉, 건강보조식품(A, B, C)들의 효과는 차이가 없다는 결론을 도출할 수 있다.

실습: 반복이 없는 이원 배치 (예제 8.3)

● 가설설정 H_{A0}: 운동방법(A)에 따라 몸무게는 차이가 없다.

H_{B0}: 식이요법(B)의 종류는 몸무게에 영향을 주지 않는다.

1. 다음 그림과 같이 데이터를 입력하고 → [도구] → [데이터 분석]을 선택한다.

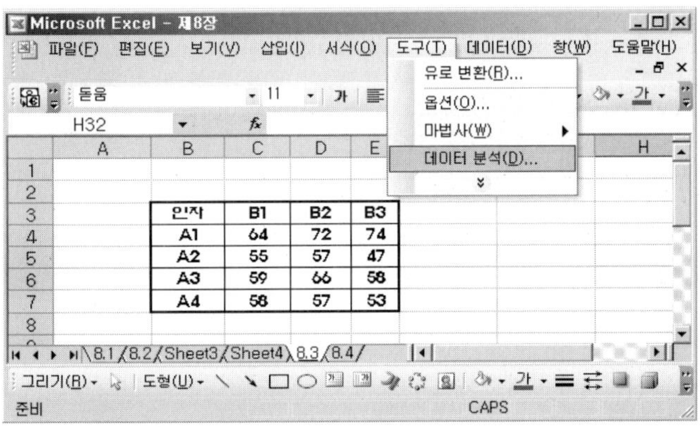

2. 통계 데이터 분석 대화상자에서 → 분산분석: 반복 없는 이원배치법을 선택하고 [확인]버튼을 클릭한다.

3. 분산분석 대화상자에서 입력범위 항목에 "$B$3:$E$7"을 입력하고 또, 첫째행 이름표 사용을 체크하고 [확인]버튼을 클릭한다.

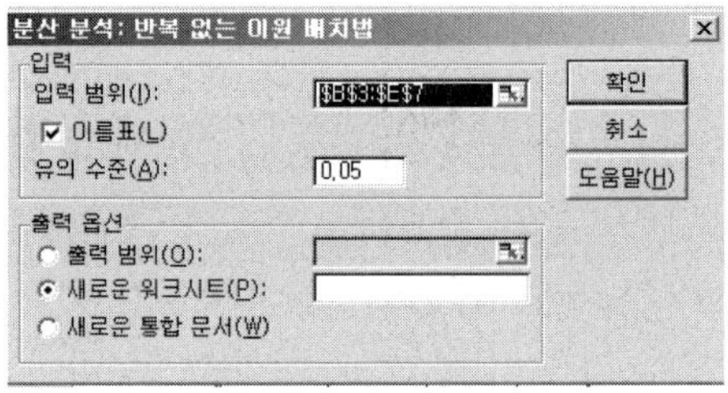

4. 입력범위를 확인하고 [확인]을 누르면 다음과 같은 분석분석표가 나타난다.

분산 분석: 반복 없는 이원 배치법

요약표	관측수	합	평균	분산
A1	3	210	70	28
A2	3	159	53	28
A3	3	183	61	19
A4	3	168	56	7
B1	4	236	59	14
B2	4	252	63	54
B3	4	232	58	134

분산 분석

변동의 요인	제곱합	자유도	제곱 평균	F 비	P-값	F 기각치
인자 A(행)	498	3	166	9.222222222	0.01152	4.757062664
인자 B(열)	56	2	28	1.555555556	0.28559	5.14325285
잔차	108	6	18			
계	662	11				

5. p 값을 확인한다. 0.05보다 작으면 귀무가설을 기각하고 그렇지 않으면 귀무가설을 채택한다.

[해석] 인자 A의 p값이 0.05보다 작으므로 H_{A0}를 기각하지만, 인자 B의 p값은 0.05보다 크므로 귀무가설 H_{B0}은 기각할 수 없다. 즉 운동방법에 따라서는 몸무게가 차이가 있으나 식이요법에 따른 몸무게의 차이는 없다.

실습: 반복이 있는 이원 배치 (예제 8.4)

- 가설설정 H_{A0}: 계절은 진통제 효과 지속시간에 영향을 주지 않는다.

  H_{B0}: 연령은 진통제 효과 지속시간에 영향을 주지 않는다.

  H_{A0B0}: 계절과 연령에 대한 교호작용은 진통제효과지속시간에 영향을 주지 않는다.

1. 다음 그림과 같이 데이터를 입력하고 → [도구] → [데이터 분석]을 선택한다.

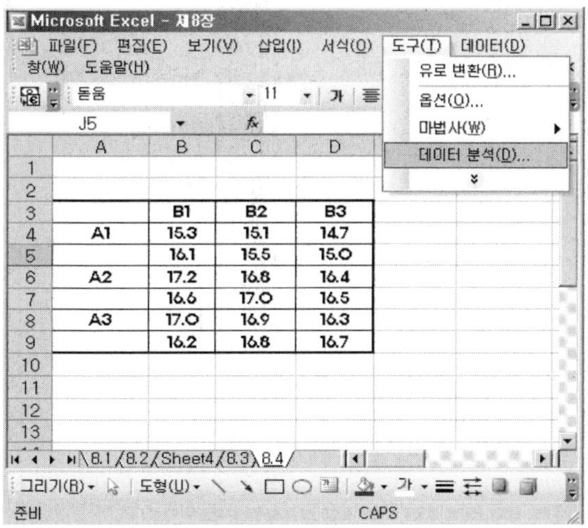

2. 통계 데이터 분석 대화상자에서 → 분산분석: 반복 있는 이원배치법을 선택하고 [확인] 버튼을 클릭한다.

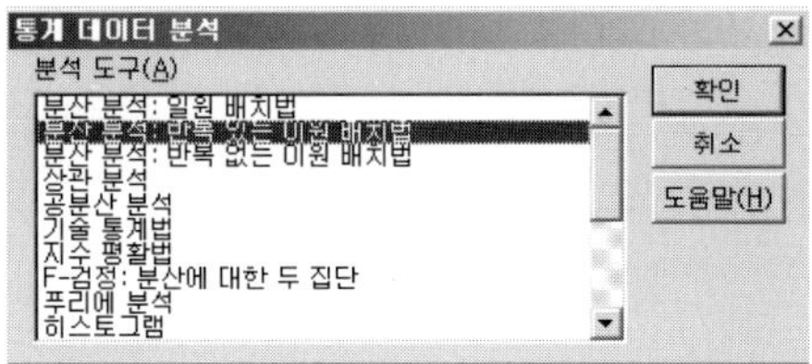

3. 분산분석 대화상자에서 입력범위 항목에 "$A$3:$D$9"을 입력하고 또, 표본당 행수 항목에 "2"를 기입하고 [확인]버튼을 클릭한다.

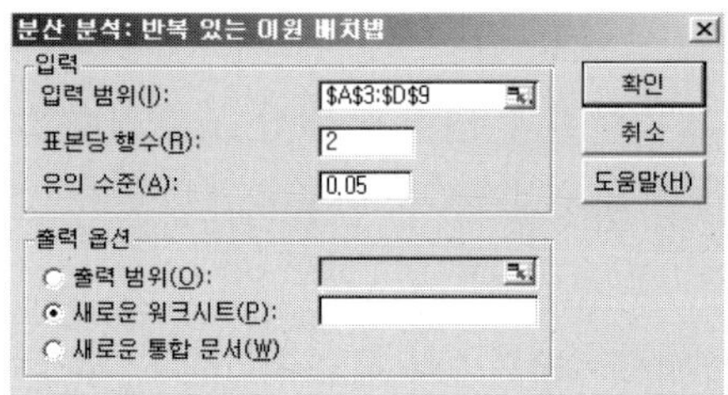

4. 입력범위를 확인하고 [확인]을 누르면 다음과 같은 분산분석표가 나타난다·

	A	B	C	D	E	F	G
1	분산 분석: 반복 있는 이원 배치법						
2							
3	요약표	B1	B2	B3	계		
4	A1						
5	관측수	2	2	2	6		
6	합	31.4	30.6	29.7	91.7		
7	평균	15.7	15.3	14.85	15.28333333		
8	분산	0.32	0.08	0.045	0.233666667		
9							
10	A2						
11	관측수	2	2	2	6		
12	합	33.8	33.8	32.9	100.5		
13	평균	16.9	16.9	16.45	16.75		
14	분산	0.18	0.02	0.005	0.095		
15							
16	A3						
17	관측수	2	2	2	6		
18	합	33.2	33.7	33	99.9		
19	평균	16.6	16.85	16.5	16.65		
20	분산	0.32	0.005	0.08	0.107		
21							
22	계						
23	관측수	6	6	6			
24	합	98.4	98.1	95.6			
25	평균	16.4	16.35	15.93333333			
26	분산	0.476	0.683	0.730666667			
27							
28							
29	분산 분석						
30	변동의 요인	제곱합	자유도	제곱 평균	F 비	P-값	F 기각치
31	인자 A(행)	8.057777778	2	4.028888889	34.36966825	6.1123E-05	4.256494729
32	인자 B(열)	0.787777778	2	0.393888889	3.360189573	0.0812845	4.256494729
33	교호작용	0.335555556	4	0.083888889	0.71563981	0.60197903	3.633088512
34	잔차	1.055	9	0.117222222			
35							
36	계	10.23611111	17				

5. p 값을 확인한다. 0.05보다 작으면 귀무가설을 기각하고 그렇지 않으면 귀무가설을 채택한다.

[해석] 인자A의 p값은 0.05보다 작으므로 H_{A0}는 기각되고 인자B의 H_{B0}와 교호작용 H_{A0B0}은 기각할 수 없다. 즉, 계절은 진통제 효과 지속시간에 영향을 주지만 연령과 관련한 교호작용에 대한 영향이 존재한다고 볼 수 없다. 그러나 교호작용 $A \times B$가 유의하지 않으면 잔차항에 풀링(pooling)한 후 분산분석표를 다시 작성하면 다른 결과가 나올 수도 있다.

연습문제

1. 1원배치법의 분산분석표에서 수준수 $k=4$, 반복횟수 $n=5$, 총변동 $SST=14.16$, 처리변동 $SS_{TR}=10.10$, 잔차변동 $SSE=4.06$일 때 검정통계량 F_0의 값은 얼마인가?

2. 다음과 같은 1원배치법의 데이터가 얻어졌다.

	$A1$	$A2$	$A3$
데이터	3 4 5	2 3	5 6
반복수	3	2	2

위 자료에 대한 분산분석표를 작성하시오.

3. 어떤 집단에서 다이어트에 영향을 미칠 것으로 생각되는 운동방법에 대하여 다음의 데이터를 얻었다.

분산분석을 행하고 그 결과를 해석하라.

방법 \ 회수	1	2	3	4	5	6	7	8
$A1$	4	8	2	3	5	4	6	7
$A2$	7	12	13	15	8	10	12	9

4. 국내에서 만든 의료기자재의 효율성을 알아보기 위하여 $A1$(외국제품), $A2$(국내 자사제품), $A3$(국내 타사제품)에 대하여 각각 6, 7, 7에 샘플을 취하여 시험한 경우, 외국제품과 국내제품과의 차에 대한 변동은? (단, 각 수준의 합계는 $A1=55$, $A2=43$, $A3=40$이다)

5. 반복수가 동일한 2원배치법(A, B가 모두 모수인자)의 데이터의 구조식을 쓰고, 이때 사용되는 모든 기호에 대하여 정의하라. 그리고 오차항의 가정이 무엇인지 설명하시오.

6. 반복이 있는 2원배치법에서 자유도를 유도하라.

9

인과 관계

제9장에서는 기초적인 인과 관계에 대하여 살펴본다.

— 상관분석

— 회귀분석

두 개 이상의 변수들간의 관계를 설명하기 위한 분석기법에는 공분산분석, 상관분석, 단순회귀분석이 있다. 공분산기법은 두 확률변수의 관계를 측정하는 척도인 공분산을 이용하여 변수관계를 설명하는 기법이고 상관분석은 두 변수 사이의 선형관계를 나타내는 상관계수를 이용하여 변수들간의 선형관계를 설명하는 기법이다. 그리고 회귀분석은 변수들을 설명변수(독립변수, 회귀변수)와 종속변수(반응변수) 사이의 관계를 수학적 함수 형태로 표현할 수 있는 기법이다.

상관분석

1.1 상관계수

모집단에서 두 변수 X, Y 사이에 직선적인 관계가 있는 경우에 그 두 변수 사이의 관련 정도를 측정하기 위한 측도로서 모상관계수가 있다. 모상관계수는 다음 식으로 정의된다.

$$\rho = \frac{Cov(X, Y)}{\sqrt{Var(X)} \cdot \sqrt{Var(Y)}}$$

이러한 모상관계수 ρ은 -1과 1 사이의 값을 가진다. $\rho > 0$의 경우 양의 상관이 있다고 하고 $\rho < 0$의 경우 음의 상관이 있다고 한다. 또 $\rho = 0$의 경우, 상관관계가 없다고 한다.

이와 같은 두 변수 사이의 관계에 대한 대략적인 파악은 산점도를 그려보면 알 수 있다. 한편 랜덤 표본으로부터 두 특성에 대한 자료가 $(x_1, y_2), \cdots, (x_n, y_n)$으로 주어지면 표본상관계수는 다음과 같이 정의된다.

$$r = \frac{\Sigma(x-\bar{x})(y-\bar{y})}{\sqrt{\Sigma(x-\bar{x})^2\Sigma(y-\bar{y})^2}}$$

위 식은 표본상관계수를 모상관계수 ρ 의 추정값으로 사용되고 다음과 같이 변환하는 것이 가능하다.

$$r = \frac{\Sigma xy - \frac{\Sigma x \Sigma y}{n}}{\sqrt{\left(\Sigma x^2 - \frac{(\Sigma x)^2}{n}\right)\left(\Sigma y^2 - \frac{(\Sigma y)^2}{n}\right)}}$$

표본상관계수의 값도 언제나 -1과 1 사이에 존재하며 〈그림 9.1〉에서 알 수 있듯이 어떤 직선주위에 밀집되어 나타날수록 표본상관계수는 -1 혹은 1에 가깝게 나타난다.

표본상관계수의 값이 0에 가까운 형태는 두 변수 사이에 아무런 관련성이 없음을 의미하는 것이 아니고 약한 직선관계가 있음을 의미하는 것이다. 다음 〈그림 9.1〉은 두 변수 사이의 관계에 따른 상관계수의 값을 나타내고 있다.

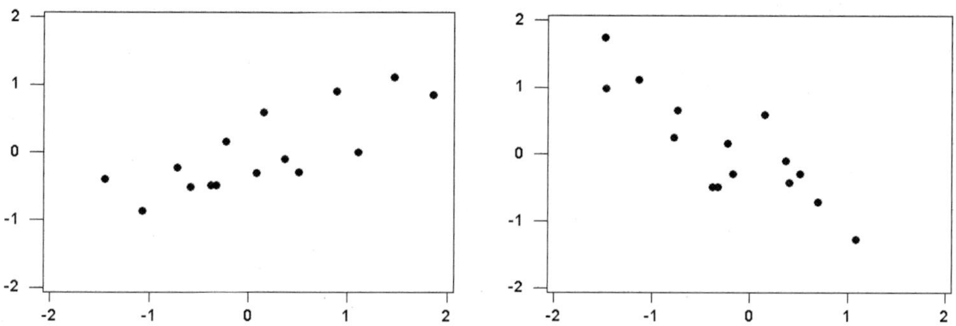

(1) 양의 상관 (r=0.8) (2) 음의 상관 (r=-0.7)

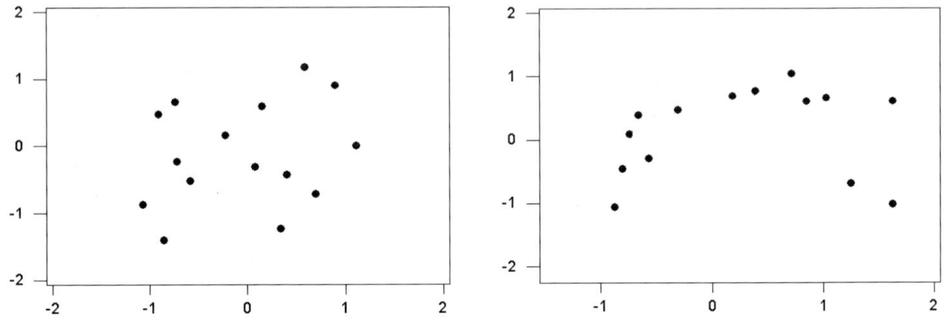

(3) 상관 없음(r=0)　　　(4) 상관 있음(r=0.3)

〈그림 9.1〉 표본상관계수의 형태

상관계수를 구하기 위한 엑셀명령문은 CORREL 함수를 이용하는데, 이 함수는 함수 마법사 도구모음을 클릭하여 통계를 선택한 후 범위를 지정하여 상관계수를 구하게 된다.

사용형태는 CORREL(array1,array2)로 사용되는데 Array1은 값을 원소로 하는 셀 범위이고 Array2도 값을 원소로 하는 이차 셀 범위이다.

산점도는 데이터의 범위를 마우스로 지정한 후, 그래프를 클릭하고, 차트 유형을 선택하여 그리게 된다.

예제 9.1

- 10명의 학생에 대한 몸무게와 (x)이 학생들이 비만도(y) 조사 결과 다음과 같은 자료를 이용하여 x에 대한 y의 상관계수 r를 계산하라.

x_i (kg)	57.4	64.7	50.4	55.8	64.1	72.3	50.5	52.3	60.3	54.5
y_i (%)	44.4	52.0	38.1	49.3	60.3	63.2	39.5	30.3	57.5	41.0

$$S_{(xx)} = \Sigma x^2 - \frac{(\Sigma x)^2}{n} = 34,374.12 - \frac{582.3^2}{10} = 455.301$$

$$S_{(yy)} = \Sigma y^2 - \frac{(\Sigma y)^2}{n} = 23,653.38 - \frac{475.6^2}{10} = 1,033.844$$

$$S_{(xy)} = \Sigma xy - \frac{\Sigma x \Sigma y}{n} = 28,299.92 - \frac{(582.3)(475.6)}{10} = 605.732$$

$$r = \frac{\Sigma xy - \frac{\Sigma x \Sigma y}{n}}{\sqrt{\left(\Sigma x^2 - \frac{(\Sigma x)^2}{n}\right)\left(\Sigma y^2 - \frac{(\Sigma y)^2}{n}\right)}}$$

$$= \frac{605.732}{\sqrt{((455.301)(1,033.844)}} = 0.883$$

즉, 비교적 강상관형태를 가진 양의 상관관계를 나타내고 있다.

2 회귀분석

2.1 단순 회귀

일반적으로 두 개의 변수 사이의 관계를 방정식으로 나타내는 경우 이 방정식을 회귀 방정식이라 한다. 설명변수 x와 종속변수 y와의 간에 직선 관계가 가능한 경우에 그 관계를 나타내는 선형모형

$$Y_i = \beta_0 + \beta_1 x_i + \varepsilon_i\ , \quad (i=1,2,\cdots,n)$$

을 회귀식이라 부른다. β_0, β_1는 회귀계수라고 하고 오차항 ε_i는 모든 i에 관해

$$t_0 = \frac{1.33 - 0}{\sqrt{\frac{28.49734}{455.144}}} = 5.315252372 > 2.306 = t(8, 0.025)$$

[해석] 귀무가설 $H_0 : \beta_1 = 0$을 유의수준 5%에서 기각하고 몸무게는 비만도에 영향을 준다.

• β_0의 추정과 검정

단순 회귀모형에서 $y_i = \beta_0 + \beta_1 x_i + \varepsilon_i$ 에서 추정량 $\widehat{\beta_0} = \overline{y} - \widehat{\beta_1}\overline{x}$이 같이 됨이 알려져 있다. β_0의 구간추정과 검정은 기울기 모수 β_1과 유사한 방법으로 유도할 수 있다.

β_0의 $100(1-\alpha)\%$ 신뢰구간과 검정통계량은 각각 다음과 같다.

$$\widehat{\beta_0} \pm t(n-2, \alpha/2)\sqrt{\left[\frac{1}{n} + \frac{\overline{x}^2}{S_{(xx)}}\right]MSE}$$

$$t_0 = \frac{\widehat{\beta_0} - C_2}{\sqrt{\left[\frac{1}{n} + \frac{\overline{x}^2}{S_{(xx)}}\right]MSE}}$$

예제 9.5

- 『 예제 9.1 』의 10명의 학생에 대한 몸무게와 (x)이 학생들이 비만도 (y) 조사결과 자료에 대하여 회귀모형을 가정하고 다음 가설을 유의수준 $\alpha = 0.05$를 검정하여라.

$$H_0 : \beta_0 = 0 \quad \text{vs} \quad H_1 : \beta_0 \neq 0$$

추정식은 $\hat{y} = -29.91 + 1.33x$ 이 되고 $MSE = 28.49734$, $S_{(xx)} = 455.144$ 이 되고 H_0 하에서 검정통계량 값은 다음과 같이 계산되었다.

$$t_0 = \frac{-29.91 - 0}{\sqrt{\left[\frac{1}{10} + \frac{58.24 \times 58.24}{455.144}\right] \times 28.49734}}$$

$$= -2.03879 > -2.306 = t(8, 0.025)$$

[해석] 귀무가설 $H_0 : \beta_0 = 0$을 유의수준 5%에서 기각할 수 없다.

• $E(y)$의 추정과 검정

$E(y|x) = \beta_0 + \beta_1 x$의 추정량 $\hat{y} = \widehat{\beta_0} + \widehat{\beta_1}x$의 구간추정과 검정도 유사하게 다음과 됨이 알려져 있다. 따라서 $E(y|x)$의 $100(1-\alpha)\%$ 신뢰구간과 검정통계량은 각각 다음과 같다.

$$\widehat{\beta_0} + \widehat{\beta_1}x \pm t(n-2, \alpha/2)\sqrt{\left[\frac{1}{n} + \frac{(x-\bar{x})^2}{S_{(xx)}}\right]MSE}$$

$$t_0 = \frac{\widehat{\beta_0} + \widehat{\beta_1}x - \mu_0}{\sqrt{\left[\frac{1}{n} + \frac{(x-\bar{x})^2}{S_{(xx)}}\right]MSE}}$$

예제 9.6

- 『 예제 9.1 』의 10명의 학생에 대한 몸무게와 (x)이 학생들이 비만도 (y) 조사결과 자료에 대하여 회귀모형을 가정하고 x=60일 때의 $E(y)$의 95%의 신뢰구간을 구하시오.

$MSE = 28.4973428$, $S_{(xx)} = 455.144$, $\bar{x} = 58.24$이고, 추정식은 $\hat{y} = -29.91 + 1.33x$이 되므로 $\hat{y} = -29.91 + 1.33 \times 60 = 49.89$이고 $E(y)$의 95%의 신뢰구간은 다음과 같이 된다.

$$49.89 \pm 2.306\sqrt{\left[\frac{1}{10} + \frac{1.77^2}{455.144}\right] 28.49734} = 49.89 \pm 4.024542$$

2.4 다중 선형 회귀 분석

앞 절에서는 종속변수 y의 예측에 사용될 수 있는 독립변수가 존재하는 경우 선형회귀직선을 적합시키기 위해 최소제곱법(least squares method)을 사용하였으며, 이와 같은 방법으로 결정된 회귀직선은 $\hat{y} = b_0 + b_1 x$와 같은 형태를 가진다. 앞 절의 비만도 자료에 대해서 적합된 회귀직선은

$$\hat{y} = 1.3304x - 29.91$$

이고 여기서 x는 몸무게 자료를 나타내며 y는 비만도를 나타낸다. 만일 분석에 사용된 비만도에 대한 더 많은 정보를 알고 있다면 비만도를 더욱 잘 예측할 수 있을 것이다. 예를 들어 몸무게 자료를 나타내는 변수 이외에 나이, 체지방 지수와 같은 다른 변수들도 비만도에 영향을 미칠 수 있을 것이다.

하나 이상의 독립변수가 종속변수의 값을 예측하기 위해서 사용되는 경우에 사용되는 분석방법이 다중회귀분석(multiple regression analysis)이다. 다중회귀분석은 선형과 비선형 식을 포함한다. 선형회귀직선은 다음과 같은 형태를 가진다.

$$\hat{y} = b_0 + b_1 x_1 + b_2 x_2 + b_3 x_3 + \cdots + b_k x_k$$

여기서, $\hat{y}$은 예측된 변수이며, $x_1, x_2, x_3, \cdots, x_k$는 k개의 변수로서 알려진 값이

다. 그리고 $b_0, b_1, b_2, \cdots, b_k$는 알려진 정보로부터 결정된 실제값을 가지는 계수이다. 본 절에서는 선형회귀직선에 대해서만 고려하고자 한다.

예제 9.7

보험회사 영업사원들의 보험계약 실적수를 반영하는 요소들 중 여러 가지 요인이 있겠지만, 일반적으로 고려되어지는 요소는 나이와 고용기간을 생각할 수 있다.

보험계약 실적수(y)에 미치는 변수로서 나이(x_1)와 고용기간(x_2)이다. 다음 표는 6명의 보험회사 영업사원 대한 각 변수들을 관찰한 것이다.

〔보험회사 영업사원들에 대한 나이, 고용기간(년, 월) 및 보험계약 실적수(월)〕

영업사원	나이 (x_1)	고용기간(x_2)	보험계약 실적수(y)
A	39	3.8	12
B	31	3.4	20
C	34	2.9	21
D	35	3.3	17
E	33	3.9	15
F	37	3.1	19

이러한 정보를 이용하여 보험회사 직원들의 나이와 고용기간 관점에서 보험계약 실적수를 예측할 수 있는 선형회귀직선을 찾을 수 있다.

위 자료에 대한 선형회귀직선은 $\hat{y} = b_0 + b_1x_1 + b_2x_2$와 같은 형태를 적용하여 b_0, b_1, b_2의 값은 최소제곱법을 이용하면 구해질 수 있다. 이 방법은 제곱합, $\Sigma(y-\hat{y})^2$를 최소화시키는 방법이며 y의 값은 관측된 값이고, $\hat{y}$의 값은 두 독립변수에 대한 선형방정식으로부터 구해진다. 이러한 경우에 최소제곱법은 다음과 같은 미지의 방정식 3개를 풀어서 구해질 수 있다.

이러한 방정식을 정규방정식(normal equation)이라고 하며, 다음과 같이 정의된다.

$$\sum y = nb_0 + b_1(\sum x_1) + b_2(\sum x_2)$$

$$\sum x_1 y = b_0(\sum x_1) + b_1(\sum x_1^2) + b_2(\sum x_1 x_2)$$

$$\sum x_2 y = b_0(\sum x_2) + b_1(\sum x_1 x_2) + b_2(\sum x_2^2)$$

『예제 9.7』 제시된 자료에 대해 정규방정식을 결정하기 위하여 다음과 같이 엑셀의 자동 채우기 핸들을 이용하여 계산된 자료는 아래 표와 같다.

x1	x2	y	x1^2	x2^2	x1*x2	y	x1*y	x2*y
39	3.8	12	1521	14.44	148.2	12	468	45.6
31	3.4	20	961	11.56	105.4	20	620	68
34	2.9	21	1156	8.41	98.6	21	714	60.9
35	3.3	17	1225	10.89	115.5	17	595	56.1
33	3.9	15	1089	15.21	128.7	15	495	58.5
37	3.1	19	1369	9.61	114.7	19	703	58.9
209	**20.4**	**104**	**7321**	**70.12**	**711.1**	**104**	**3595**	**348**

이 예제에 대한 정규방정식은 다음과 같다.

$$104 = 6b_0 + 209b_1 + 20.4b_2$$

$$3595 = 209b_0 + 7321b_1 + 711.1b_2$$

$$348 = 20.4b_0 + 711.1b_1 + 70.12b_2$$

b_0, b_1, b_2에 대해서 위의 세 선형방정식을 푸는 것은 어렵지 않으나, 행렬의 형태로 변화시켜서 이 방정식을 푸는 것이 더 간단한 방법이며, 실제로 엑셀의 도구

→ [분석도구] → [회귀분석]을 이용하여 계산된 분산분석표는 아래와 같다.

〈분산분석표〉

분산 분석					
	자유도	제곱합	제곱 평균	F 비	유의한 F
회귀	2	55.46305721	27.7315286	44.48251505	0.005891797
잔차	3	1.870276123	0.623425374		
계	5	57.33333333			

위의 제시된 분산분석표(ANOVA table)를 살펴보면, 제곱합은 일반적으로 SST로 표기되는 y의 제곱합은 총제곱합(total sum of squares)으로 이는 두 개의 성분으로 분할될 수 있다. 즉 SSR이라고 표기되는 회귀식에 대한 제곱합(sum of squares for regression)과 SSE라고 표기되는 오차에 대한 제곱(sum of squares for error)으로 구분된다. 즉 다음과 같은 결과로 나타난다.

$$SST = SSR + SSE$$

회귀식에 대한 제곱합은 총 제곱합 중에서 독립변수에 의해서 설명되는 부분이고, 오차 제곱합은 독립변수에 의해 설명되지 못하는 y의 총 제곱합의 일부분이다. 이러한 성분들의 값이 분산분석표에 제시되어 있으며, 이 표로부터 다음과 같은 정보들을 얻을 수 있다.

$$SST = \Sigma(y-\overline{y})^2 = 57.3333331$$

$$SSE = \Sigma(y-\hat{y})^2 = 1.870276143$$

$$SSR = SST - SSE = 55.46305721$$

각 요인에 대한 관측자의 수와 관련된 자유도(degrees of freedom)를 나타내는 것은 관측치의 수가 6이기 때문에 전체 자유도는 df_T로 표시되며, n-1=6-1=5와 같다. 회귀식에 대한 자유도는 df_R로 표시되며, 이 값은 독립변수의 수와 같다. k개의 독립변수가 사용되었다면, $df_R = k$가 된다.

따라서, 본 예제에서는 k =2이므로 회귀식에 대한 자유도는 2이다. 그리고 오차에 대한 자유도는 df_E로 표시되며, 이는 보통 전체 자유도에서 회귀식에 대한 자유도를 빼서 구해질 수 있다. 즉, $df_E = (n-1) - k = n - (k+1)$이므로 본 예제에서는 $df_E = 5-2 = 3$이다. 여기서, $(k+1)$은 회귀방정식에서 독립변수와 상수항을 포함한 독립변수의 수를 나타낸다.

오차에 대한 자유도는 단순히 $n-(k+1)$에 의해 구해질 수 있다. 요약하면, 자유도에 관해서 다음과 같은 간단한 공식을 얻을 수 있다.

자유도의 관계

$$df_T = df_R + df_E$$

$$(df_T = n-1,\ df_R = k,\ df_E = n-1-k = n-(k+1))$$

분산분석표에서 제곱평균은 제곱합을 각 자유도로 나눔으로써 구해질 수 있다. 즉,

$$MSR = \frac{SSR}{df_E} = \frac{55.46305721}{2} = 27.7315286$$

$$MSE = \frac{SSE}{df_E} = \frac{1.870276123}{3} = 0.623425374$$

하나의 독립변수에 대한 경우에서와 마찬가지로 선형모형이 적당하게 자료를 설명하고 있는지를 알아보기 위해서 F 검정이 사용된다. 『 예제 9.7 』의 자료에 대해서 가설은 다음과 같이 설정될 수 있다.

$$\begin{cases} H_0: \beta_1 = \beta_2 = 0 \\ H_1: \beta_1 \neq 0 \quad or \quad \beta_2 \neq 0 \end{cases}$$

여기서, 귀무가설이 사실이면 모형에 포함되는 회귀계수들은 모두 0이므로 이는 종속변수의 값(『 예제 9.7 』에서의 보험계약실적수)을 예측하는데 사용될 수 없다. F 통계량은 MSR을 MSE로 나눔으로써 다음과 같이 구해진다. 즉,

$$F = \frac{MSR}{MSE}$$

『 예제 9.7 』의 자료에 대해서 F 통계량의 값을 쉽게 구할 수 있으며, 이 값은 다음과 같다.

$$F = \frac{27.7315286}{0.623425374} = 44.48251505$$

F 검정에 대한 p-값(유의한 F 값)은 0.005891797로서 0.05>0.005891797이므로 유의수준 0.05에서 귀무가설 H_0를 기각할 수 있다. 따라서 모집단 회귀계수의 값들이 0이 될 수 없다. 결국 예측 목적을 위해서 이 회귀방정식을 사용할 수 있는 것이다.

다중결정계수 R^2는 앞 절에서의 결정계수 r^2과 유사한 값이며, 이는 y에 대한 총변동 중에서 독립변수 또는 회귀식에서의 변동에 의해 설명되는 부분의 비율을 나타낸다. 이 값은 SSR을 SST로 나눔으로써 다음과 같이 얻어질 수 있다.

$$R^2 = \frac{SSR}{SST}$$

『 예제 9.7 』의 자료에 대해서 이 값을 구해보면

$$R^2 = \frac{55.46305721}{57.33333333} = 0.967378905 \approx 96.7\%$$

와 같다.

이 값은 변수 나이와 고용기간에 의한 변동에 의해 설명되는 보험계약실적수에 대한 변동의 비율이 근사적으로 96.7%임을 의미한다.

다시 말하면, 종속변수에 대한 변동의 (100-96.7)%만이 설명되지 못한다는 것을 의미한다.

예제 9.8

『 예제 9.7 』의 보험계약실적수 자료를 다시 고려하여 보자. 나이와 고용기간 변수와 같이 또 하나의 혈압 지수변수가 영향을 미치는 변수인지를 알아보고자 한다면 다음 표와 같이 6명의 영업사원들의 혈압 지수점수가 다음과 같이 추가되어야 한다.

영업사원	나이 (x_1)	고용기간(x_2)	혈압지수(x_3)	보험계약실적수(y)
A	39	3.8	131	12
B	31	3.4	140	20
C	34	2.9	115	21
D	35	3.3	116	17
E	33	3.9	137	15
F	37	3.1	122	19

새로운 선형회귀모형을 적합시키기 위해서 $\hat{y} = b_0 + b_1x_1 + b_2x_2 + b_3x_3$와 같은 회귀모형의 형태를 고려해 보자. 이 회귀모형에서의 각 회귀계수 값을 엑셀을 통하

여 추정될 수 있다.

다음 단계는 각 회귀계수의 유의성을 감정하는 문제이다. 따라서 다음과 같은 세 개의 가설을 설정할 수 있다.

(1) 나이 : $H_0: \beta_1 = 0$

(2) 고용기간 : $H_0: \beta_2 = 0$

(3) 혈압지수 : $H_0: \beta_3 = 0$

각각의 귀무가설을 유의수준 0.05에서 검정할 수 있으며, 이 검정을 위해서 자유도가 $df_E = n-(k+1)$인 t-분포가 사용된다. 6명의 영업사원에 대한 자료이므로 $n=6$이고, 독립변수의 수 $k=3$이다. 따라서 자유도 $df=2$인 t-분포가 사용되어야 한다. 즉,

$$df_E = n-(k+1) = 6-(3+1) = 2$$

$\beta_i = 0$라는 가정 하에서 통계량의 표본분포는 자유도가 $df = n-(k+1)$인 t-분포를 따른다. 예를 들어 회귀계수 β_i가 0인지를 검정하기 위해서는 회귀계수 b_i에 대해서 t-값을 계산해야 한다. 따라서 각각의 회귀계수에 대한 p-값이 아래 표와 같다.(엑셀 이용한 결과표)

	계 수	표준 오차	t 통계량	P-값
Y 절편	51.66907377	5.220861246	9.896657149	0.010056184
b_1	-0.448448288	0.097319002	-4.608023926	0.044008981
b_2	-8.886895857	0.972125624	-9.14171547	0.011755301
b_3	0.090675329	0.037635493	2.409303569	0.137593142

즉, Y절편, β_1, β_2는 유의수준 0.05에서 귀무가설을 기각할 수 있지만 β_3에 대한 회귀계수의 귀무가설은 기각할 수 없게 된다. 즉, 혈압지수변수만이 유의수준 0.05에서 유의한 변수가 아님을 알 수 있다.

엑셀활용

실습: 상관계수(예제 9.1)

1. 엑셀을 실행시키고 새 통합문서를 연다.
2. 셀 A4:A13에 10명의 학생에 대한 몸무게(x) 데이터 10개를 입력한다.
3. 셀 B4:B13에 비만도(y) 조사 결과 데이터 10개를 입력한다.
4. 셀 C4에 "=CORREL(A4:A13,B4:B13)"을 입력하고 Enter↵키를 누른다.

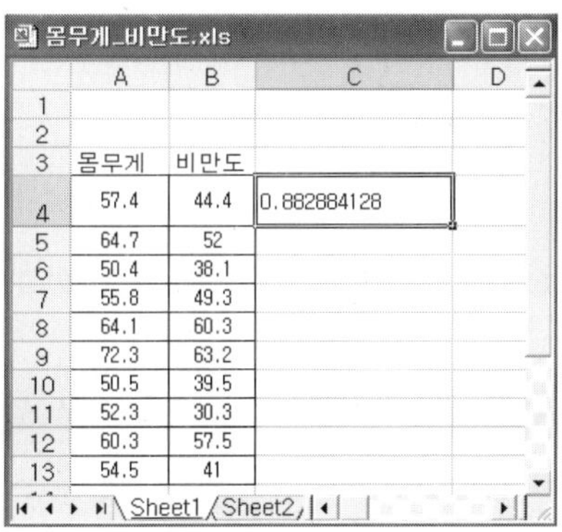

몸무게_비만도.xls

	A	B	C	D
1				
2				
3	몸무게	비만도		
4	57.4	44.4	0.882884128	
5	64.7	52		
6	50.4	38.1		
7	55.8	49.3		
8	64.1	60.3		
9	72.3	63.2		
10	50.5	39.5		
11	52.3	30.3		
12	60.3	57.5		
13	54.5	41		

Sheet1 / Sheet2

[해석] 상관계수 0.882884인 비교적 강한 양의 상관관계를 나타낸다.

실습: 단순회귀식 추정 및 결정계수 (예제 9.2)

1. 엑셀을 실행시키고 새 통합문서를 연다.
2. 셀 A4 : A13에 몸무게(x) 데이터 10개를 입력한다.
3. B4 : B13에 비만도 결과 데이터(y) 데이터 10개를 입력한다.
4. 셀 C4에 "=INTERCEPT(B4 : B13, A4 : A13)"을 입력하고 Enter↵ 키를 누른다.
5. 셀 C7에 "=SLOPE(B4 : B13, A4 : A13)"을 입력하고 Enter↵키를 누른다.

몸무게_비만도.xls

	A	B	C	D
1				
2				
3	몸무게	비만도		
4	57.4	44.4	-29.9091344	
5	64.7	52		
6	50.4	38.1		
7	55.8	49.3	1.330399011	
8	64.1	60.3		
9	72.3	63.2		
10	50.5	39.5		
11	52.3	30.3		
12	60.3	57.5		
13	54.5	41		
14				

Sheet1 / Sheet2

6. 데이터의 범위(A3:A13, B3:B13)를 마우스로 블록 지정한 후 [차트마법사 1단계]에서 → [분산형 차트]를 선택한 후 → [다음] 옵션을 누른다.

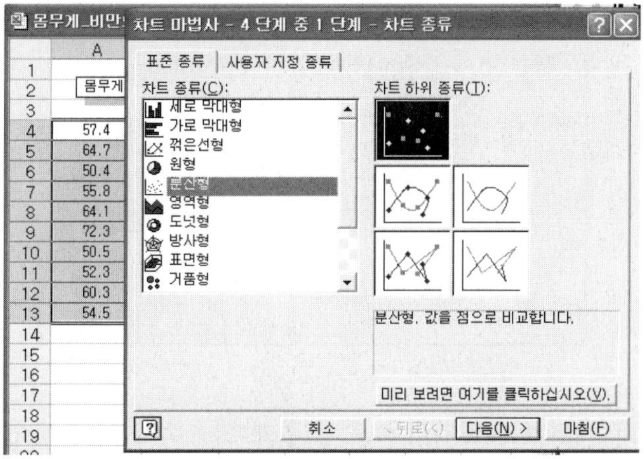

7. 다음과 같은 차트마법사 2단계의 결과가 나오면 → [다음] 옵션을 누른다.

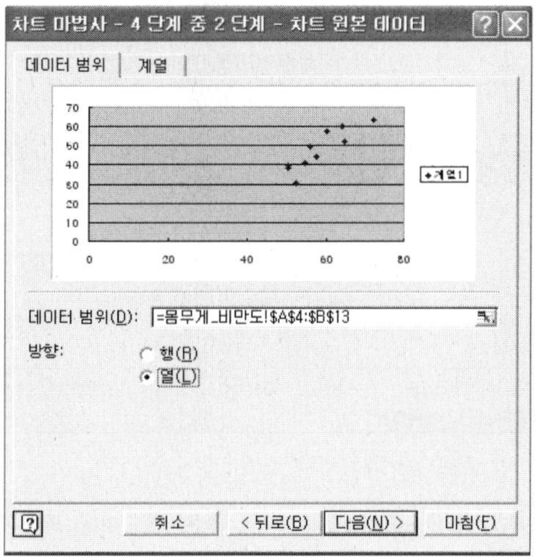

8. 차트마법사 3단계에서 차트제목에 몸무게와 비만도를 X축에 몸무게, Y축에 비만도를 기입하고 [마침]을 클릭한다.

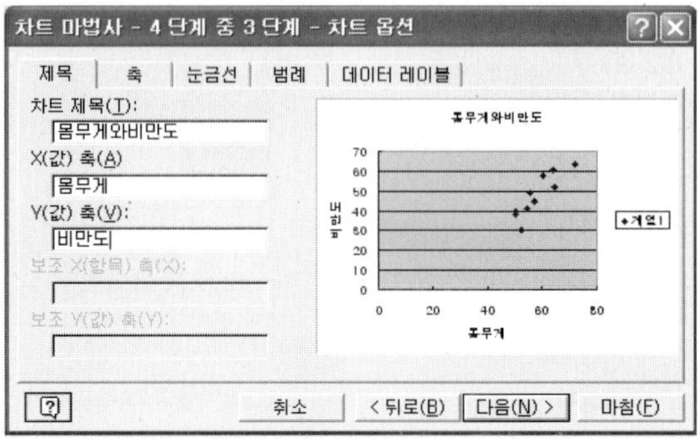

9. 산점도상에 있는 임의의 데이터 점에 마우스를 놓고 오른쪽 버튼을 눌러서 → [추세선 추가]를 선택한다.

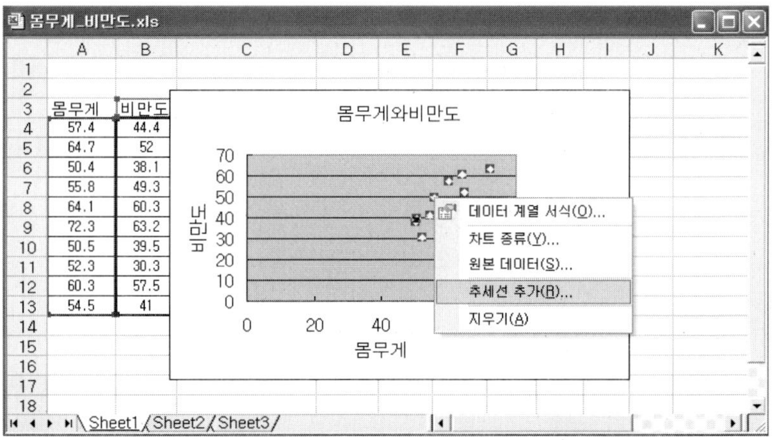

10. [추세선 추가] 대화상자에서 → [추세/회귀유형]을 선택하고 [옵션] 메뉴를 선택하여 → [수식을 차트에 표시] 메뉴와 [R-제곱 값을 차트에 표시]항목을 선택하여 [확인]을 누른다.

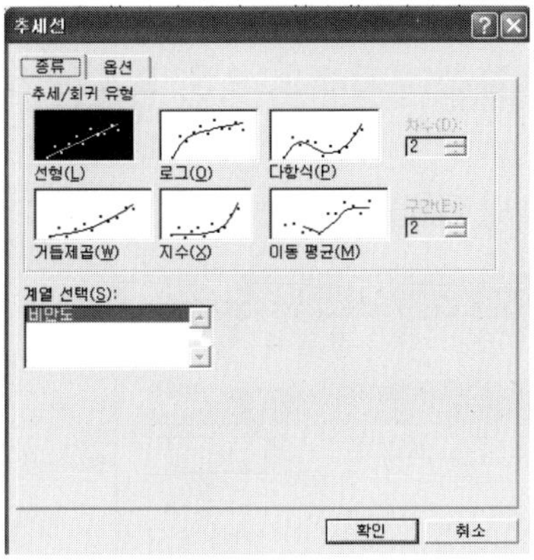

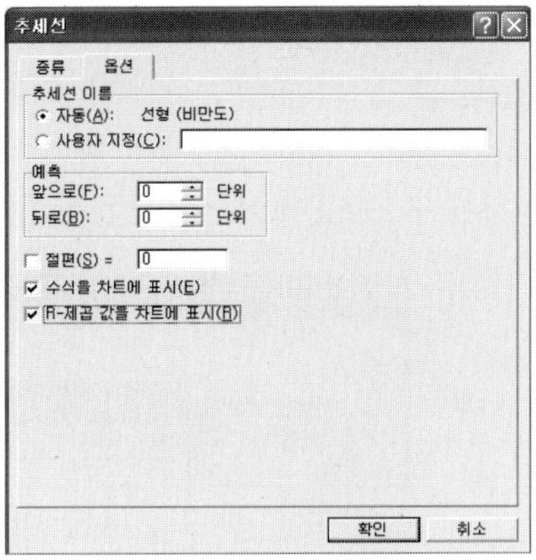

11. 결과적으로 회귀모형은 $y = 1.3304x - 29.909$가 됨을 알 수 있다.

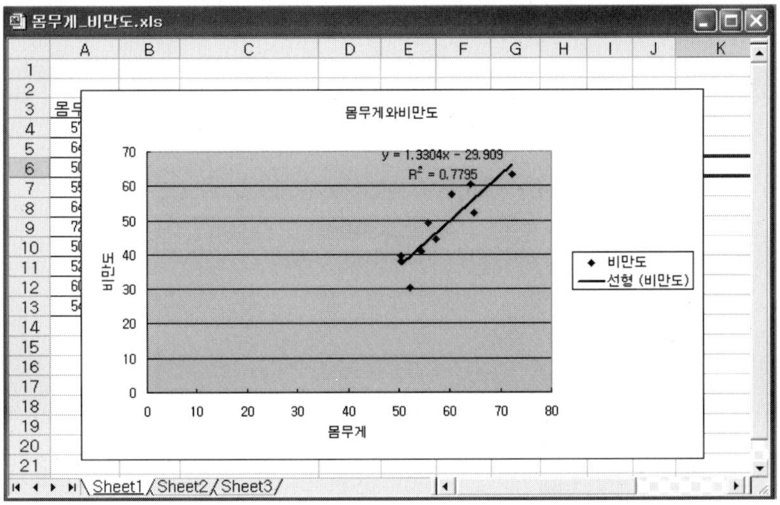

실습: 단순회귀식 분산분석 및 추정(예제 9.2, 9.3, 9.4, 9.5)

1. [도구] → [데이터분석] → [회귀분석]을 선택한다.

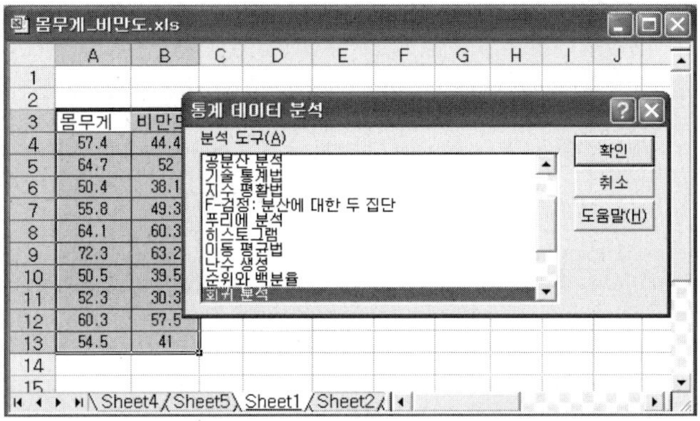

2. 다음 그림과 같이 선택하고 [확인]을 클릭한다.

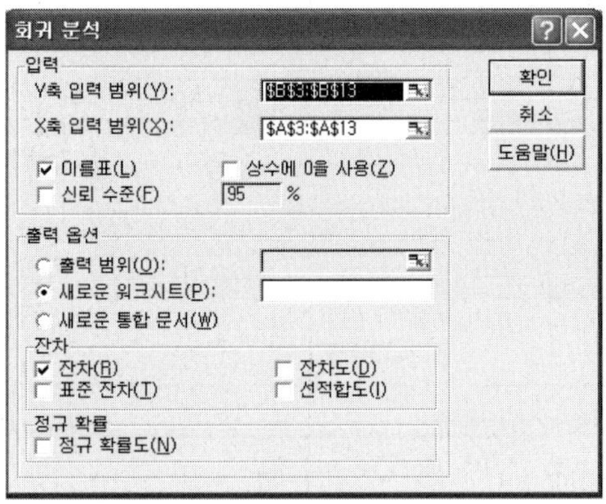

3. 다음과 같은 요약 결과값을 출력한다.

몸무게_비만도.xls

	A	B	C	D	E	F	G	H	I
1	요약 출력								
2									
3	회귀분석 통계량								
4	다중 상관계	0.882884							
5	결정계수	0.779484							
6	조정된 결정	0.75192							
7	표준 오차	5.33829							
8	관측수	10							
9									
10	분산 분석								
11		자유도	제곱합	제곱 평균	F 비	유의한 F			
12	회귀	1	805.8653	805.8653	28.27861	0.000713			
13	잔차	8	227.9787	28.49734					
14	계	9	1033.844						
15									
16		계수	표준 오차	t 통계량	P-값	하위 95%	상위 95%	하위 95.0%	상위 95.0%
17	Y 절편	-29.9091	14.66547	-2.03943	0.075741	-63.7278	3.90953	-63.7278	3.90953
18	몸무게	1.330399	0.25018	5.317764	0.000713	0.753482	1.907316	0.753482	1.907316
19									

Sheet4 Sheet5 Sheet1 Sheet2 Sheet3

[해석] 회귀분석 통계량에 처음 나타나는 다중상관계수 0.88은 상관분석의 결과와 일치하고 있으며, 결정계수 0.779는 비만도의 총변동의 약 78%가 몸무게에 의해 설명됨을 의미한다. 조정된 결정계수는 다중회귀직선에 적합한 수치로 주어진 자료는 단순회귀직선에 바람직함으로 결정계수를 이용함이 더 효율적이다.

위 요약의 분산분석표에서 분산분석의 F비는 28.27861은 귀무가설 $H_0: \beta_1 = 0$(가정된 회귀직선이 적합하지 않다)을 검정하기 위한 통계량을 5% 유의수준 하에서 유의한 값 0.00071295보다 크므로 H_0를 기각한다. 즉 가정된 단순선형회귀직선이 적합하다고 할 수 있다. Y절편의 계수 -29.9091와 몸무게의 계수 1.3304로부터 다음과 같은 회귀식이 추정된다.

$$y = 1.3304x - 29.9091$$

추정된 회귀계수의 검정통계량 t값에 대응하는 P값이 각 각 0.0757414와 0.0007130이므로 기울기는 0.05보다 작으므로 유의수준 5%에서 유의하다고 할 수 있으나 Y 절편은 유의하다고 할 수 없다.

▶ 다음과 같이 잔차에 관련된 항목을 모두 선택하고 [확인]버튼을 클릭한다.

• 잔차출력

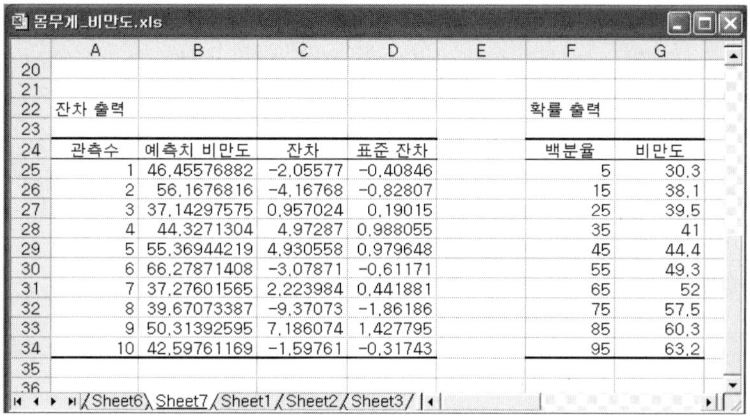

몸무게_비만도.xls

잔차 출력

관측수	예측치 비만도	잔차	표준 잔차
1	46.45576882	-2.05577	-0.40846
2	56.1676816	-4.16768	-0.82807
3	37.14297575	0.957024	0.19015
4	44.3271304	4.97287	0.988055
5	55.36944219	4.930558	0.979648
6	66.27871408	-3.07871	-0.61171
7	37.27601565	2.223984	0.441881
8	39.67073387	-9.37073	-1.86186
9	50.31392595	7.186074	1.427795
10	42.59761169	-1.59761	-0.31743

확률 출력

백분율	비만도
5	30.3
15	38.1
25	39.5
35	41
45	44.4
55	49.3
65	52
75	57.5
85	60.3
95	63.2

Sheet6 / Sheet7 / Sheet1 / Sheet2 / Sheet3

• 잔차도, 적합도, 정규확률도

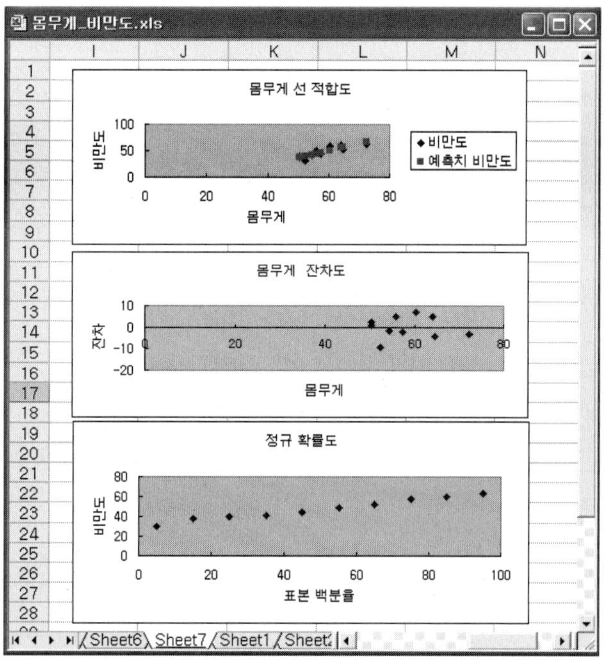

[해석] 추정된 회귀직선에 대한 잔차분석의 출력결과를 통하여 오차항의 가정에 대하여 검토해 볼 수 있다. 잔차도라고 표시된 그림은 잔차들의 산점도를 나타내는 그림으로 잔차가 '0'을 중심으로 랜덤(무작위)하게 퍼져 있으므로 오차항의 독립성과 등분산성을 만족한다고 간주 할 수 있고, 정규확률도에 의하면 점들이 거의 직선의 형태를 나타내고 있으므로 오차하의 정규성에 대한 가정도 만족한다고 할 수 있다. 결국 몸무게와 비만도 기록 사이에는 $y=1.3304x-29.9091$의 관계가 5% 유의수준 하에서 유의하다고 할 수 있고, 0.779로 추정된 회귀직선의 적합도가 비교적 높다고 할 수 있다.

실습: 다중회귀식1 (예제 9.7)

1. [도구] → [데이터분석] → [회귀분석]을 선택한다.

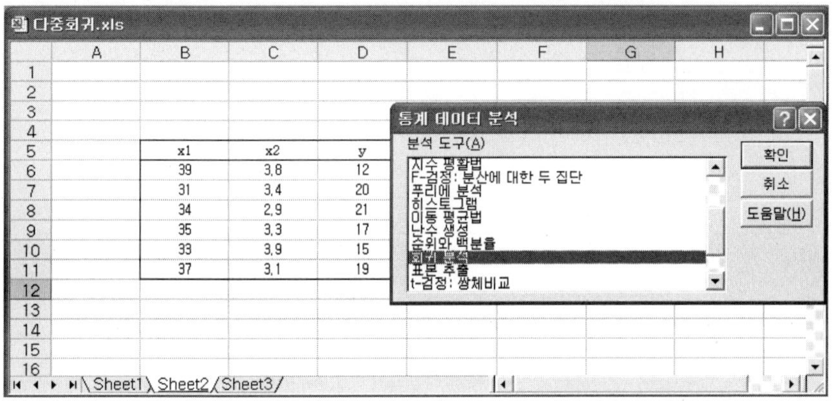

2. 다음 그림과 같이 입력, 출력옵션, 잔차, 정규확률 항목을 선택하고 [확인]을 클릭한다.

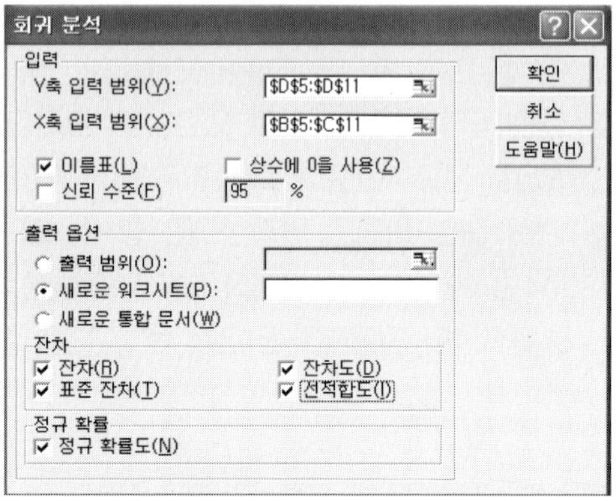

3. 다음과 같은 요약 결과값을 출력한다.

다중회귀.xls

	A	B	C	D	E	F	G	H	I
1	요약 출력								
2									
3	회귀분석 통계량								
4	다중 상관계수	0.983554221							
5	결정계수	0.967378905							
6	조정된 결정계	0.945631508							
7	표준 오차	0.789572906							
8	관측수	6							
9									
10	분산 분석								
11		자유도	제곱합	제곱 평균	F 비	유의한 F			
12	회귀	2	55.46305721	27.7315286	44.48251505	0.005891797			
13	잔차	3	1.870276123	0.623425374					
14	계	5	57.33333333						
15									
16		계수	표준 오차	t 통계량	P-값	하위 95%	상위 95%	하위 95.0%	상위 95.0%
17	Y 절편	61.68619383	5.093185392	12.1115155	0.001211486	45.47738959	77.89499807	45.47738959	77.89499807
18	x1	-0.59209529	0.124062695	-4.77254899	0.017478679	-0.986918525	-0.197272054	-0.986918525	-0.197272054
19	x2	-6.978884678	0.909372532	-7.674395734	0.004596311	-9.872916646	-4.084852709	-9.872916646	-4.084852709
20									

Sheet1 / Sheet4 / Sheet2 / Sheet3

[해석] 회귀분석 통계량에 처음 나타나는 다중상관계수 0.98은 상관분석의 결과와 일치하고 있으며 결정계수 0.97은 보험계약 실적수 점수의 총변동의 약 97%가 나이와 고용기간에 의해 설명됨을 의미한다.

위 요약의 분산분석표에서 귀무가설 $H_0: \beta_1 = \beta_2 = 0$(가정된 회귀직선이 적합하지 않다)을 검정하기 위한 분산분석의 F 비는 44.48251505는 F 검정에 대한 p-값(유의한 F값)은 0.005891797로서 0.05>0.005891797이므로 유의수준 0.05에서 귀무가설 H_0을 기각할 수 있다. 따라서 모집단 회귀계수의 값들이 0이 될 수 없다. 결국 예측 목적으로 위해서 이 회귀방정식을 사용할 수 있는 것이다. 즉 가정된 다중선형회귀직선이 적합하다고 할 수 있다. Y절편의 계수 61.68619383과 나이의 계수 -0.59209529 이고 고용기간의 계수 -6.978884678로부터 다음과 같은 회귀식이 추정된다.

$$\hat{y} = -0.59209529\,x_1 - 6.978884678\,x_2 + 61.68619383$$

추정된 회귀계수의 검정통계량 t값에 대응하는 p값이 각 각 0.001211486, 0.017478679, 0.004596311이므로 모두 0.05보다 작으므로 유의수준 5%에서 유의하다고 할 수 있다.

▶ 다음과 같이 잔차에 관련된 항목을 모두 선택하고 [확인]버튼을 클릭한다.

• 잔차출력

다중회귀.xls

	A	B	C	D	E	F	G
21							
22							
23	잔차 출력					확률 출력	
24							
25	관측수	예측치 y	잔차	표준 잔차		백분율	y
26	1	12.07471576	-0.074715755	-0.122164305		8.333333333	12
27	2	19.60303194	0.396968056	0.649064264		25	15
28	3	21.31618841	-0.316188414	-0.516985174		41.66666667	17
29	4	17.93253925	-0.932539253	-1.524752165		58.33333333	19
30	5	14.92939903	0.070600975	0.115436416		75	20
31	6	18.14412561	0.855874391	1.399400965		91.66666667	21
32							

Sheet1 Sheet4 Sheet2 Sheet3

• 잔차도, 적합도, 정규확률도

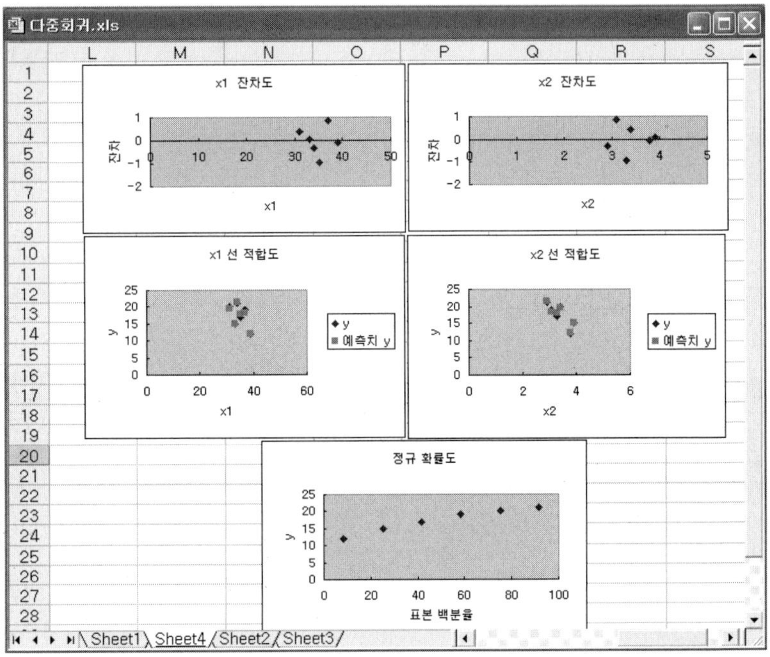

[해석] 추정된 회귀직선에 대한 잔차분석의 출력 결과를 통하여 오차항의 가정에 대하여 검토해 볼 수 있다.

$X1$, $X2$의 잔차도라고 표시된 그림은 잔차들의 산점도를 나타내는그림으로 잔차가 '0'을 중심으로 랜덤(무작위)하게 퍼져 있으므로 오차항의 독립성과 등분산성을 만족한다고 간주할 수 있고, 정규확률도에 의하면 점들이 거의 직선의 형태를 나타내고 있으므로 오차하의 정규성에 대한 가정도 만족한다고 할 수 있다.

실습: 다중회귀식2 (예제 9.8)

1. [도구] → [데이터분석] → [회귀분석]을 선택한다.

2. 다음 그림과 같이 입력 항목을 선택하고 [확인]을 클릭한다.

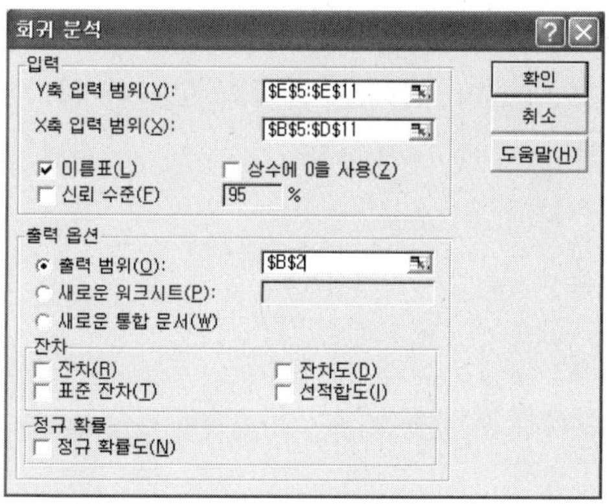

3. 다음과 같은 요약 결과값을 출력한다.

다중회귀.xls

요약 출력

회귀분석 통계량	
다중 상관계수	0.995811579
결정계수	0.9916407
조정된 결정계수	0.979101751
표준 오차	0.489523496
관측수	6

분산 분석

	자유도	제곱합	제곱 평균	F 비	유의한 F
회귀	3	56.85406683	18.95135561	79.08483203	0.012512708
잔차	2	0.479266507	0.239633254		
계	5	57.33333333			

	계수	표준 오차	t 통계량	P-값	하위 95%	상위 95%	하위 95.0%	상위 95.0%
Y 절편	51.66907377	5.220861246	9.896657149	0.010056184	29.20550524	74.1326423	29.20550524	74.1326423
x1	-0.448448288	0.097319002	-4.608023926	0.044008981	-0.867178448	-0.029718128	-0.867178448	-0.029718128
x2	-8.886895857	0.972125624	-9.14171547	0.011755301	-13.06961774	-4.704173975	-13.06961774	-4.704173975
X3	0.090675329	0.037635493	2.409303569	0.137593142	-0.071257243	0.2526079	-0.071257243	0.2526079

Sheet1 / Sheet4 / Sheet2 / Sheet3

$$y = 51.66907377 - 0.448448288x_1 - 8.886895857x_2 + 0.090675329x_3$$

이 회귀모형에 대한 F-값은 79.08483203 으로0.012512708수준에서 유의함을 알 수 있으며, 이는 귀무가설 $H_0 = \beta_1 = \beta_2 = \beta_3 = 0$이 유의수준 0.05에서 기각되어야 함을 나타낸다. 따라서 적합된 선형회귀모형이 독립변수와 종속변수 사이의 관계를 적절하게 설명하고 있으며, 적어도 하나의 모집단 회귀계수의 값이 0이 아님을 알 수 있다.

연습문제

1. 다음 자료는 골프에 관한 것이다. x는 골프의 공이 비행하는 과정에서 지상에서의 최고 높이를 나타내고, y는 최고 높이에서 땅에 떨어질 때까지의 직선거리를 나타내고, 둘다 단위는 m이다. 다음 자료의 회귀 직선과 결정계수 r^2를 계산하여라.

x	103	96	107	116	98	100	114	99	104	117
y	91	78	88	100	86	88	94	86	91	99

2. 세대 인원별 1개월분의 식료비의 평균 지출의 관계가 다음 표와 같다. 상관계수를 계산하라.

세대 인원(x)	2	3	4	5	6	7	8
식료비(y)	53	67	79	88	97	107	101

3. 두 변수 x, y에 대하여 다음과 같은 6개의 데이터가 있다.

(1) 표본상관계수 r를 구하라.

(2) 기여율(결정계수)을 계산하라.

x	1	2	3	5	6	7
y	3	4	6	8	9	12

4. 다음의 X_i, Y_i 데이터에 대해 요구에 답하시오. (단, 답의 숫자는 소숫점 이하 3자리까지 적으시오.)

X_i	54.6	57.2	65.3	55.6	61.0	79.3	72.8	62.4	84.4	65.7
Y_i	45.8	50.1	47.4	36.3	58.2	53.5	49.3	55.7	66.3	61.2

(1) 단순상관계수 r을 구하라.

(2) X에 대한 Y의 추정회귀직선을 구하라.

(3) $X=80$일 때 $E(Y)$의 추정치를 구하라.

5. 어떤 여학생 집단의 몸무게(x)와 신장에(y)에 관한 조사 결과 다음의 데이터가 얻어졌다.

x	y	x	y
50	158	65	176
62	163	60	165
59	160	54	161
45	153	50	164
65	165	45	162
62	171	55	159
55	175	45	153
43	159	69	177
53	164	56	167
62	165	49	155

(1) 산점도를 그려라.

(2) 상관계수를 구하고 x, y의 관계를 설명하라.

6. 어떤 집단의 다이어트를 위한 약물 사용량(x)와 목표달성치($y\%$)에 관한 데이터를 50개 얻었으며 이 데이터에 $X_i=x_i-20$, $Y_i=(y_i-50.0)\times 10$

의 수치변환을 한 후에 계산표로부터 $\Sigma X_i = -10$, $\Sigma Y_i = 20$, $\Sigma X_i^2 = 20$, $\Sigma Y_i^2 = 800$, $\Sigma X_i Y_i = 250$을 얻었다.

(1) x와 y의 시료 상관계수를 구하라.

(2) 회귀계수 b의 값을 구하라.

7. x와 y의 표본상관계수 r을 구하기 위하여 $X = (x_i - 40) \times 10$, $Y = (y_i - 4) \times 100$으로 데이터 변환을 하여 Y와 X의 상관계수 $r = 0.092$를 얻었다. x와 y의 표본상관계수 r의 값은 얼마인가?

8. 다음의 (x_i, y_i)데이터에 대한 물음에 답하라.
(단, 계산은 소수점 이하 3자리까지 한다.)

x_i	57.5	64.7	50.4	55.8	64.1	72.3	50.5	52.3	60.3	54.5
y_i	44.4	52.0	38.1	49.3	60.3	63.2	39.5	30.3	57.5	41.0

(1) x에 대한 y의 단순상관계수 r를 계산하라.

(2) 결정계수를 구하라.

(3) x에 대한 y의 추정회귀직선과 y에 대한 x의 추정회귀직선을 각각 구하라.

9. 다음 데이터에서

(1) 상관계수(r)를 구하라.

(2) x에 대한 y의 회귀직선 방정식을 구하라.

x	5.0	6.2	5.8	7.2	6.8
y	6.5	7.0	7.2	6.9	7.8

2 월콕슨의 순위합 검정

두 모집단의 평균의 차에 대한 검정 문제를 고려하여 보면 두 모집단이 정규분포를 따르며 등분산(혹은 이분산)을 갖는다는 가정하에서 t 검정법을 시행하여 하였다. 그러나 정규성을 가정할 수 없는 경우에 사용할 수 있는 비모수적 방법으로는 윌콕슨의 순위합검정(Wilcoxon rank-sum test)이 있다.

두 개의 모집단이 차이가 없으면 각각에서 관측된 두 표본에 들어있는 자료들은 동일한 모집단에서 관측된 바와 같으므로 균등하게 분포되어 있을 것으로 예상할 수 있다. 그러나 만일 차이가 있다면 한 표본에 들어있는 자료들에 비하여 대개가 다 크거나 아니면 대개가 작거나 하는 경향이 있을 것이다. 따라서 이들을 자료의 크기 순서대로 나열한다면 두 표본은 고르게 섞이지 않고 서로 다른 방향으로 갈라지는 경향이 있을 것이다. 예를 들어, 초등학교 6학년 학생 10명과 중학교 1학년 학생 10명을 무작위로 뽑았을 때 이들을 키 순서대로 나열한다면 초등학교 6학년 학생들은 주로 작은 쪽에, 중학교 1학년 학생 들은 주로 큰 쪽에 서게 될 것으로 예상할 수 있다. 이렇게 나누어지는 추세를 측정하는 한 가지 방법으로서 이들을 한꺼번에 순서대로 나열한 후 그 순위의 합계를 각 표본별로 구한 값을 생각할 수 있다. 이러한 순위합계가 두 표본에서 비슷하게 나타나면 두 모집단은 같다고 간주 할 수 있고, 이 값이 크게 다르면 두 모집단은 다르다고 볼 수 있다. 중학교 1학년 학생들의 표본의 순서합계는 초등학교 6학년 학생 표본의 순서합계보다 대부분의 경우 클 것이라 예상할 수 있다.

따라서 순위 합계 검정의 가설은 다음과 같이 설정할 수 있다.

H_0 : 두 모집단 분포는 동일하다.

H_1 : 두 모집단 분포는 동일하지 않다.

다음으로 통계량을 구하기 위하여 두 모집단으로부터 얻어진 표본의 크기를 각각 n_1과 n_2라고 가정하면 두 모집단의 표본을 합하면 $n = n_1 + n_2$개의 관찰치를 얻을 수 있는데, 이 값을 작은 것부터 크기 순서대로 나열하여(오름 차순), 제일 작은 관찰값에서 시작하여 순위 1번부터 n번까지 매긴다. 모집단 1에서 나온 표본 1의 순위를 합하는 경우에 최소값과 최대값은 각각 다음과 같다.

$$\text{표본1의 최소값} = 1 + 2 + \cdots + n_1 = \frac{n_1(n_1+1)}{2}$$

$$\text{표본1의 최대값} = (n_2+1) + (n_2+2) + \cdots + (n_2+n_1) = n_1 n_2 + \frac{n_1(n_1+1)}{2}$$

표본1의 순위합계가 최소값 또는 최대값이 되는 경우에 귀무가설을 기각할 것이다. 두 모집단 분포가 동일하다는 귀무가설하에 n_1과 n_2의 값이 커짐에 따라 순위합계 W의 확률분포는 보다 커지게 되며 근사적으로 정규분포로 접근한다. 이 때, 표본분포의 평균과 표준편차는 다음과 같다.

$$E(W) = \frac{\text{최소값} + \text{최대값}}{2} = \frac{n_1(n_1+n_2+1)}{2},$$

$$Var(W) = \frac{n_1 n_2(n_1+n_2+1)}{12}$$

만일 대표본에서(H_0가 참일 때)

$$Z = \frac{W - E(W)}{\sqrt{Var(W)}}$$

는 근사적으로 표준정규분포 $N(0, 1)$을 따른다.

예제 10.1

- 두 종류의 재료를 이용하여 간장약을 제조하는 제약회사에서 재료의 성분함량을 실험하기 위하여 표본을 선택하였다. 유의수준 5%에서 두 재료의 성분함량 동일하다는 것을 검정하라.(단위, mg)

재료 1	21	25	28	29	26	19	20	22	24	27
재료 2	9	12	15	17	23	18	21	13	16	20

H_0 : 두 재료의 성분함량은 동일하다.

H_1 : 두 재료의 성분함량은 동일하지 않다.

(1) 귀무가설이 참인 상태에서 평균과 표준편차를 구하면 다음과 같다.

$$E(W)=\frac{n_1(n_1+n_2+1)}{2}=\frac{10(10+10+1)}{2}=105$$

$$\sigma_w=\sqrt{\frac{n_1 n_2(n_1+n_2+1)}{12}}=\sqrt{\frac{10\times 10(10+10+1)}{12}}=13.23$$

(2) 관찰치들의 순위를 관찰하면 다음과 같다.

재료 1	11.5	16	19	20	17	8	9.5	13	15	18
재료 2	1	2	4	6	14	7	11.5	3	5	9.5

$$W= 11.5+16+19+20+17+8+9.5+13+15+18 = 147$$

(3) 통계량을 계산하면

$$Z=\frac{W-E(W)}{\sqrt{Var(W)}}=\frac{147-105}{13.23}=3.17$$

이다. $Z=3.17>Z_{0.025}=1.96$이므로 귀무가설을 기각한다. 따라서 두 재료의 성분함량은 유의수준 5%에서 같다고 할 수 없다.

3 크루스칼-월리스검정법

여기서 k개의 독립적인 모집단의 분포가 동일한지를 검정하고자 한다. 모집단이 정규분포를 따른다는 가정을 할 수 없을 때, 두 모집단에 대한 윌콕슨의 순위합계검정법을 k개의 모집단으로 확장한 것이다.

이제 검정하고자 하는 문제는 k개의 모집단이 모두 같은가 하는 것이다. 즉 귀무가설과 대립가설 다음과 같다.

H_0 : k개의 모집단은 모두 동일하다.

H_1 : k개의 모집단은 모두 동일하지 않다.

각 모집단에서 크기가 $n_i(i=1, 2, \cdots, k)$인 표본을 추출하였다면 $n=n_1+\cdots+n_k$는 전체 자료의 총 수가 된다. W_i를 i번째 표본의 순서합계라 하면

$$R_i=\frac{W_i}{n_i}$$

는 i번째 표본자료들의 평균 순위이다. 그리고 k개의 표본들에 대하여 얻어진 R_i의 평균 $\overline{R}$는 전체 n개의 자료의 평균 순위와 같아지므로 총 순위 합계를 n으로 나눈 값과 같다.

$$\overline{R} = \frac{1+2+\cdots+n}{n} = \frac{n+1}{2}$$

그러면 H_0가 참일 때 각 처리별 평균 순위는 혼합표본의 총 평균 순위인 $\frac{n+1}{2}$에 가까울 것으로 기대한다. 한편,

$$(R_1 - \frac{n+1}{2}), (R_2 - \frac{n+1}{2}), \cdots, (R_k - \frac{n+1}{2})$$

는 각 처리별 평균 순위의 총 평균 순위로부터의 편차를 나타낸다. 이 편차들의 크기가 상대적으로 작을 때 H_0가 참이라는 근거가 되며 검정통계량은 다음과 같다.

$$H = \frac{12}{n(n+1)} \sum_{i=1}^{k} n_i (R_i - \frac{n+1}{2})^2$$

실제로 H는 계산할 때는 다음 식이 더 유용하게 사용된다.

$$H = \frac{12}{n(n+1)} \sum_{i=1}^{k} \frac{W_i^2}{n_i} - 3(n+1)$$

이와 같은 정의된 검정통계량 H는 이질성을 나타내는 측도로서 H의 값이 너무 클 때 귀무가설이 기각된다. H의 확률분포는 상당히 복잡하여 표본의 크기가 크고 k가 클 때는 분포표가 너무 방대해지는 단점이 존재한다. 따라서 표본의 크기가 클 때, 검정통계량은 자유도가 k-1인 x^2 분포를 한다. 그러므로 유의수준 α 에서의 검정법은 다음과 같다.

$H > x^2_{k-1}$ (α일 때, H_0를 기각한다.)

예제 10.2

- 다음 표는 S대학 세 학과 학생 17명을 무작위로 추출하여 평균 학점을 정리한 것이다. 모집단의 평균이 같은지를 유의수준 5%로 검정하라.

의료정보과	의료마켓팅과	의료기기과
3.2	3.1	4.1
3.5	3.3	2.5
2	4.4	3.8
4.2	2.5	3.7
4.1	2.8	3.6
2.1		4.3

H_0 : 세 모집단의 분포는 같다.
H_1 : 세 모집단의 분포는 반드시 같지 않다.

의료정보과	의료마켓팅과	의료기기과
3.2 (7)	3.1 (6)	4.1 (13.5)
3.5 (9)	3.3 (8)	2.5 (3.5)
2.0 (1)	4.4 (17)	3.8 (12)
4.2 (15)	2.5 (3.5)	3.7 (11)
4.1 (13.5)	2.8 (5)	3.6 (10)
2.1 (2)		4.3 (16)
47.5	39.5	66

(1) 귀무가설이 참인 상태에서 검정통계량의 계산된 값은 다음과 같다.

$$H = \frac{12}{n(n+1)} \sum_{i=1}^{k} \frac{W_i^2}{n_i} - 3(n+1)$$

$$= \frac{12}{17(17+1)}\left(\frac{47.5^2}{6}+\frac{39.5^2}{5}+\frac{66^2}{6}\right)-3(17+1)=1.45$$

(2) $x^2_{0.05}(2)=5.99 > 1.45$이므로 귀무가설을 채택한다. 따라서 유의수준 5%에서 세모집단의 분포는 같다고 할 수 있다.

4 윌콕슨의 부호순위검정

부호검정에서는 관측치의 크기는 무시하고 부호만 사용하므로 수치를 측정하기 어려운 경우에 매우 유용하나 수치 측정에 가능한 경우에는 정보의 낭비가 심하다. 따라서 n쌍의 자료 (x_i, y_i)가 있다고 하면 차이 $d_i = x_i - y_i$의 부호뿐만 아니라 상대적인 크기를 고려하는 통계량을 생각할 수 있는데 이것이 바로 윌콕슨의 부호순위검정(Wilcoxon signed-rank test) 또는 일표본검정(one-sampel test)라 한다.

예를 들어, 강원 및 경기지역 소재의 병원에서 외과처치 서비스를 받기 위해 입원환자 들에게 청구된 일평균 의료비의 차이를 알아보기 위하여 입원환자 중에서 11명을 임의로 추출하여 강원지역소재 병원 환자 (X_1)와 경기지역소재 병원 환자 (X_2)를 비교하여 모수 검정의 t검정 방식으로 윌콕슨의 검정을 하기로 하였다. t검정에서는 두 시험의 차이 $d = X_2 - X_1$을 검정한다. 그러나 윌콕슨 검정은 차이의 절대값을 이용하여 그 크기 순서를 정한다. 가장 작은 값을 1로 시작하여 n까지 나아간다. 차이 크기가 같을 때에는 중간순위 값으로 한다. 그림에서 짝 지워진 관찰치의 차이가 0일 때는 표본의 크기에서 제외한다. 〈표 9.1〉은 윌콕슨의 부호순위검정을 위한 계산한 결과이다.

〈표 9.1〉에서 통계량 W를 계산하여 보자. 짝 지워진 관찰치 차이의 절대값 $|d|$에 대하여 순위를 정한 다음, 순위에 대해서 차이의 부호를 붙이고, 이를 모두

더하면 통계량은 다음과 같이 된다.

$$W = 1 - 9 - 10 - 5 - 3.5 - 8 + 2 + 3.5 = 6 - 7 = -14$$

순위부호의 합계 분포의 평균과 분산은 다음과 같이 구한다.

$$E(W) = 0$$

$$Var(W) = \frac{n(n+1)(2n+1)}{6}$$

위 예제에 대한 검정을 위하여 가설을 세우면

H_0 : 두 지역의 일평균 의료비의 분포는 같다.

H_1 : 두 지역의 일평균 의료비의 분포는 같지 않다.

이 된다. 분산이

$$Var(W) = \frac{10(10+10)(20+1)}{6} = 26.46^2$$

가 되므로 표준화된 W 값은

$$Z_w = \frac{W - E(W)}{\sqrt{Var(W)}} = \frac{-14-0}{26.46} = -0.53$$

이다. 유의수준 5%에서 검정통계량 값이 -1.96보다 작거나 1.96보다 크면 귀무가설을 기각한다. $Z_W = -0.71 > -1.96$이므로 귀무가설을 채택한다. 따라서 유의수준 5%에서 두지역의 소재 병원 일평균 의료비의 분포 차이는 없다고 결론을 내릴 수 있다.

〈표 9.1〉 윌콕슨의 부호순위검정을 위한 계산

환 자	강원지역소재병원	경기지역소재병원	$d = X_1 - X_2$	$\|d\|$의 순위	부호순위
1	86	85	1	1	1
2	64	80	-16	9	-9
3	72	90	-18	10	-10
4	70	77	-7	5	-5
5	92	98	-6	3.5	-3.5
6	90	80	10	8	8
7	65	60	5	2	2
8	48	48	0		
9	65	59	6	3.5	3.5
10	78	70	8	6	6
11	83	92	-9	7	-7

5 순위상관

두 변수 사이에 상관관계를 알아보는 방법으로 Spearman의 상관계수를 들 수 있다. Spearman의 상관계수는 영국의 심리학자 스페어만(Spearman)에 의해 개발된 것으로, 순위의 상관관계(rank correlation)를 알아 봄으로써 변수 사이의 독립성을 검정하는 것이다. 순위의 상관관계란 각 관측값에 주어진 순위(rank)를 사용하므로 순위검정의 한 종류라 할 수 있다. 이 방법에 의하면 두 변수간의 독립성과 종속성뿐만 아니라 관계의 방향까지도 판단할 수 있다는 장점이 있다. 이와 같은 순위상관계수는 다음과 같이 구한다.

$$r_{rank} = 1 - \frac{6 \sum_{i=1}^{n} (X_i - Y_i)^2}{n(n^2-1)}$$

이 경우 순위 상관계수는 -1과 1 사이에 존재하며 1이면 완전한 양의 상관(강상관), -1이면 완전한 음의 상관임을 나타내고 0이면 두 변수의 관계가 독립적임을 나타내는 것이다.

표본의 크기가 적절하면 r_{rank}의 표본분포는 평균이(모순위상관계수인) ρ_{rank}이고 표준편차가 σ_{rank}인 근사 정규분포를 따른다. 이 경우 표준편차는 다음과 같이 됨이 알려져 있다.

$$\sigma_{rank} = \frac{1}{\sqrt{n-1}}$$

따라서, 검정통계량은

$$\frac{r_{rank} - \rho_{rank}}{\sigma_{rank}} = \sqrt{n-1}(r_{rank} - \rho_{rank})$$

이 되고, 이 분포는 근사적으로 표준정규분포로 접근한다.

을 계산하기 위하여 B17에

=1-(6*E15)/(COUNT(B3:B14)*(COUNT(B3:B14)*COUNT(B3:B14)-1))

을 기입하고 Enter↵ 키를 누른다.

5. 검정통계량을 계산하기 위하여 B18에

=SQRT(COUNT(B3:B14)-1)*B17

을 기입하고 Enter↵ 키를 누른다.

6. p-값을 구하기 위하여 D18에 다음 식을 기입하고 Enter↵ 키를 누른다.

=2*(1-NORMSDIST(ABS(B18)))

7. 이 예제에서 p-값=0.00277 〈 0.05이므로 귀무가설을 기각 할 수 있다. 즉, 유의수준 5%에서 따라서 두 지역 의료 서비스 평가순위는 관련성이 있다고 결론을 내릴 수 있다.

제10장

	A	B	C	D	E	F
1						
2		강원지역	수도권 지역	d	d*d	
3		7	8	-1	1	
4		1	3	-2	4	
5		3	2	1	1	
6		8	7	1	1	
7		6	5	1	1	
8		5	4	1	1	
9		4	6	-2	4	
10		2	1	1	1	
11		10	9	1	1	
12		9	12	-3	9	
13		11	11	0	0	
14		12	10	2	4	
15					28	
16						
17		0.9021				
18		2.99192		0.002772	판정	
19					H0 기각	
20						

순위상관 / Sheet2 / Sheet3

연습문제

1. S대학 의료정보과에서는 남학생 12명과 여학생 12명을 각각 임의 추출하여 해부학 중간고사 점수는 다음과 같았다. 이 성적의 분포는 남학생과 여학생 간에 차이가 없다는 가설을 유의수준 5%에서 검정하라.

남자	80	79	92	65	83	84	95	78	81	85	73	52
여자	82	87	89	91	93	76	74	70	88	99	61	94

2. 세 종류의 식이요법에 대한 효과를 조사하기 위해서 같은 종류의 쥐를 임의로 3집단으로 나눈 다음, 각각에 다른 식이요법을 실시했다. 일정 기간 후에 쥐의 콩팥과 내장에 낀 지방의 정도를 측정한 결과 다음과 같았다. 세 종류의 식이요법의 분포가 같은지를 유의수준 5%에서 검정하라.

식이요법1	식이요법2	식이요법3
120	96	98
93	62	92
95	84	81
96	86	93
105	69	75
96	74	61
110	78	94
		87

3. 두 종류 A, B의 유아용 건강보조식품을 20명의 유아에게 맛을 보게 한 다음 100점 만점으로 맛을 나타내도록 하였다. 맛의 점수와 그 차는 조사한 결과 다음과 같다. 부호가 붙은 순위검정으로 A, B, 유아용 건강보조식품의 맛에 차가 있는지를 유의수준 5%로 검정하라.

〈A, B의 유아용 건강보조식품 맛의 점수표〉

A	70	85	73	75	65	50	80	71	80	51	72	76	79	65	59	72	84	90	56	57
B	65	41	45	80	84	50	71	52	42	78	62	38	80	65	54	67	87	90	38	43
차	5	44	28	-5	-19	0	9	19	38	-27	10	38	-1	0	5	5	-3	0	18	14

4. 체육학과에서 12명의 운동선수의 키와 몸무게에 관한 자료를 다음과 같이 얻었다. 순위상관계수를 구하고, 운동선수의 신장과 체중간에 관련성이 있는지 5% 유의수준으로 검정하라.

신 장	180	179	192	165	183	184	195	178	181	185	173	178
체 중	72	87	89	81	73	76	74	70	78	79	61	80

부록 통계표

〔표1〕 누적 이항분포표

〔표2〕 누적 포아송분포표

〔표3〕 표준 정규분포표

〔표4〕 t-분포표

〔표5〕 χ^2분포표

〔표6〕 F-분포표

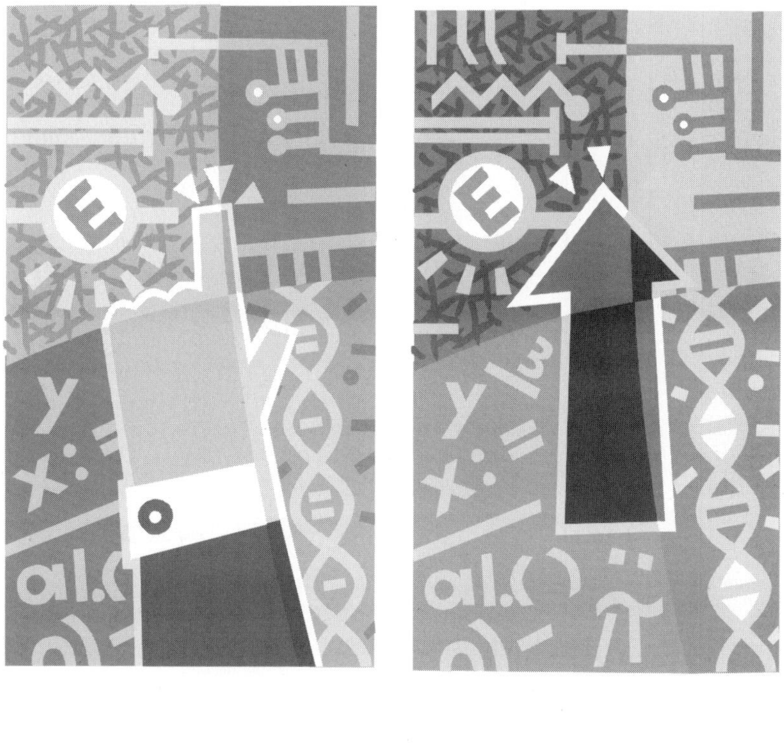

표1 누적 이항분포표

$$P(X \leq c) = \sum_{x=0}^{c} \binom{n}{x} p^x (1-p)^{n-x}$$

	c	p = .05	.10	.20	.30	.40	.50	.60	.70	.80	.90	.95
$n=1$	0	.950	.900	.800	.700	.600	.500	.400	.300	.200	.100	.050
	1	1.000	1.000	1.000	1.000	1.000	1.000	1.000	1.000	1.000	1.000	1.000
$n=2$	0	.902	.810	.640	.490	.360	.250	.160	.090	.040	.010	.002
	1	.997	.990	.960	.910	.840	.750	.640	.510	.360	.190	.97
	2	1.000	1.000	1.000	1.000	1.000	1.000	1.000	1.000	1.000	1.000	1.000
$n=3$	0	.857	.729	.512	.343	.216	.125	.064	.027	.008	.001	.000
	1	.993	.972	.896	.784	.648	.500	.352	.216	.104	.028	.007
	2	1.000	.999	.992	.973	.936	.875	.784	.667	.488	.271	.143
	3	1.000	1.000	1.000	1.000	1.000	1.000	1.000	1.000	1.000	1.000	1.000
$n=4$	0	.815	.656	.410	.240	.130	.063	.026	.008	.002	.000	.000
	1	.986	.948	.819	.652	.475	.313	.179	.084	.027	.004	.000
	2	1.000	.996	.973	.916	.821	.688	.525	.348	.181	.052	.014
	3	1.000	1.000	.998	.992	.974	.938	.870	.760	.590	.344	.185
	4	1.000	1.000	1.000	1.000	1.000	1.000	1.000	1.000	1.000	1.000	1.000
$n=5$	0	.774	.590	.328	.168	.078	.031	.010	.002	.000	.000	.000
	1	.977	.919	.737	.528	.337	.188	.087	.031	.007	.000	.000
	2	.999	.991	.942	.837	.683	.500	.317	.163	.058	.009	.001
	3	1.000	1.000	.993	.969	.913	.813	.663	.472	.263	.081	.023
	4	1.000	1.000	1.000	.998	.990	.969	.922	.832	.672	.410	.226
	5	1.000	1.000	1.000	1.000	1.000	1.000	1.000	1.000	1.000	1.000	1.000
$n=6$	0	.735	.531	.262	.118	.047	.016	.004	.001	.000	.000	.000
	1	.967	.886	.655	.420	.233	.109	.011	.011	.002	.000	.000
	2	.998	.984	.901	.744	.544	.344	.070	.070	.017	.001	.000
	3	1.000	.999	.983	.930	.821	.656	.256	.256	.099	.016	.002
	4	1.000	1.000	.998	.989	.959	.891	.580	.580	.345	.114	.033
	5	1.000	1.000	1.000	.999	.996	.984	.882	.882	.738	.469	.265
	6	1.000	1.000	1.000	1.000	1.000	1.000	1.000	1.000	1.000	1.000	1.000
$n=7$	0	.698	.478	.210	.082	.028	.008	.002	.000	.000	.000	.000
	1	.956	.850	.577	.329	.159	.063	.019	.004	.000	.000	.000
	2	.996	.974	.852	.647	.420	.227	.096	.029	.005	.000	.000
	3	1.000	.997	.967	.874	.710	.500	.290	.126	.033	.033	.000
	4	1.000	1.000	.995	.971	.904	.773	.580	.353	.148	.026	.004

〈표 1〉의 계속

		p										
		.05	.10	.20	.30	.40	.50	.60	.70	.80	.90	.95
	c											
	5	1.000	1.000	1.000	.996	.981	.938	.841	.671	.423	.150	.044
	6	1.000	1.000	1.000	1.000	.998	.992	.972	.918	.790	.522	.302
	7	1.000	1.000	1.000	1.000	1.000	1.000	1.000	1.000	1.000	1.000	1.000
$n=8$	0	.663	.430	.168	.058	.017	.004	.001	.000	.000	.000	.000
	1	.943	.813	.503	.255	.106	.035	.009	.001	.000	.000	.000
	2	.994	.962	.797	.552	.315	.145	.050	.011	.001	.000	.000
	3	1.000	.995	.944	.806	.594	.363	.174	.058	.010	.000	.000
	4	1.000	1.000	.990	.942	.826	.637	.406	.194	.056	.005	.000
	5	1.000	1.000	.999	.989	.950	.855	.685	.448	.203	.038	.006
	6	1.000	1.000	1.000	.999	.991	.965	.894	.745	.497	.187	.057
	7	1.000	1.000	1.000	1.000	.999	.996	.983	.942	.832	.570	.337
	8	1.000	1.000	1.000	1.000	1.000	1.000	1.000	1.000	1.000	1.000	1.000
$n=9$	0	.630	.387	.134	.040	.010	.002	.000	.000	.000	.000	.000
	1	.929	.775	.436	.196	.071	.020	.004	.000	.000	.000	.000
	2	.992	.947	.738	.463	.232	.090	.025	.004	.000	.000	.000
	3	.999	.992	.914	.730	.483	.254	.099	.025	.003	.000	.000
	4	1.000	.999	.980	.901	.733	.500	.267	.099	.020	.001	.000
	5	1.000	1.000	.997	.975	.901	.746	.517	.270	.086	.008	.001
	6	1.000	1.000	1.000	.996	.975	.910	.768	.537	.262	.053	.008
	7	1.000	1.000	1.000	1.000	.996	.980	.929	.804	.564	.225	.071
	8	1.000	1.000	1.000	1.000	1.000	.998	.990	.960	.866	.613	.370
	9	1.000	1.000	1.000	1.000	1.000	1.000	1.000	1.000	1.000.	1.000.	1.000.
$n=10$	0	.599	.349	.107	.028	.006	.001	.000	.000	.000	.000	.000
	1	.914	.736	.376	.149	.046	.011	.011	.000	.000	.000	.000
	2	.988	.930	.678	.383	.167	.055	.055	.002	.000	.000	.000
	3	.999	.987	.879	.650	.382	.172	.172	.011	.001	.000	.000
	4	1.000	.998	.967	.850	.633	.377	.377	.047	.006	.000	.000
	5	1.000	1.000	.994	.953	.834	.623	.623	.150	.033	.002	.000
	6	1.000	1.000	.999	.989	.945	.828	.828	.350	.121	.013	.001
	7	1.000	1.000	1.000	.998	.988	.945	.945	.617	.322	.070	.012
	8	1.000	1.000	1.000	1.000	.998	.989	.989	.851	.624	.264	.086
	9	1.000	1.000	1.000	1.000	1.000	.999	.999	.972	.893	.651	.401
	10	1.000	1.000	1.000	1.000	1.000	1.000	1.000	1.000	1.000	1.000	1.000
$n=11$	0	.569	.314	.086	.020	.004	.000	.000	.000	.000	.000	.000
	1	.898	.697	.322	.113	.030	.006	.001	.000	.000	.000	.000
	2	.985	.910	.617	.313	.119	.033	.006	.001	.000	.000	.000
	3	.998	.981	.839	.570	.296	.113	.029	.004	.000	.000	.000

〈표 1〉의 계속

n	c	p=.05	.10	.20	.30	.40	.50	.60	.70	.80	.90	.95
	4	1.000	.997	.950	.790	.533	.274	.099	.022	.002	.000	.000
	5	1.000	1.000	.998	.922	.753	.500	.247	.078	.012	.000	.000
	6	1.000	1.000	.998	.978	.901	.726	.467	.210	.050	.003	.000
	7	1.000	1.000	1.000	.996	.971	.887	.704	.430	.161	.019	.002
	8	1.000	1.000	1.000	1.000	.994	.967	.881	.687	.383	.090	.015
	9	1.000	1.000	1.000	1.000	.999	.994	.970	.887	.678	.303	.102
	10	1.000	1.000	1.000	1.000	1.000	1.000	.996	.980	.914	.686	.431
	11	1.000	1.000	1.000	1.000	1.000	1.000	1.000	1.000	1.000	1.000	1.000
$n=12$	0	.540	.282	.069	.014	.002	.000	.000	.000	.000	.000	.000
	1	.882	.659	.275	.085	.020	.003	.000	.000	.000	.000	.000
	2	.980	.889	.558	.253	.083	.019	.003	.000	.000	.000	.000
	3	.998	.974	.795	.493	.225	.073	.015	.002	.000	.000	.000
	4	1.000	.996	.927	.724	.438	.194	.057	.009	.001	.000	.000
	5	1.000	.999	.981	.882	.665	.387	.158	.039	.004	.000	.000
	6	1.000	1.000	.996	.961	.842	.613	.335	.118	.019	.001	.000
	7	1.000	1.000	.999	.991	.943	.806	.562	.276	.073	.004	.000
	8	1.000	1.000	1.000	.998	.985	.927	.775	.507	.205	.026	.002
	9	1.000	1.000	1.000	1.000	.997	.981	.917	.747	.442	.111	.020
	10	1.000	1.000	1.000	1.000	1.000	.997	.980	.915	.725	.341	.118
	11	1.000	1.000	1.000	1.000	1.000	1.000	.998	.986	.931	.718	.460
	12	1.000	1.000	1.000	1.000	1.000	1.000	1.000	1.000	1.000	1.000	1.000
$n=13$	0	.513	.254	.055	.010	.001	.000	.000	.000	.000	.000	.000
	1	.865	.621	.234	.064	.013	.002	.000	.000	.000	.000	.000
	2	.975	.866	.502	.202	.058	.011	.000	.000	.000	.000	.000
	3	.997	.966	.747	.421	.169	.046	.001	.000	.000	.000	.000
	4	1.000	.994	.901	.654	.353	.133	.004	.000	.000	.000	.000
	5	1.000	.999	.970	.835	.574	.291	.018	.001	.001	.000	.000
	6	1.000	1.000	.993	.938	.771	.500	.062	.007	.007	.000	.000
	7	1.000	1.000	.999	.982	.902	.709	.165	.030	.030	.001	.000
	8	1.000	1.000	1.000	.996	.968	.867	.346	.099	.099	.006	.000
	9	1.000	1.000	1.000	.999	.992	.954	.579	.253	.253	.034	.003
	10	1.000	1.000	1.000	1.000	.999	.989	.798	.498	.498	.134	.025
	11	1.000	1.000	1.000	1.000	1.000	.998	.936	.766	.766	.379	.135
	12	1.000	1.000	1.000	1.000	1.000	1.000	.990	.945	.945	.746	.487
	13	1.000	1.000	1.000	1.000	1.000	1.000	1.000	1.000	1.000	1.000	1.000
$n=14$	0	.488	.229	.044	.007	.001	.000	.000	.000	.000	.000	.000
	1	.847	.585	.198	.047	.008	.001	.000	.000	.000	.000	.000
	2	.970	.842	.448	.161	.040	.006	.001	.000	.000	.000	.000

〈표 1〉의 계속

	c	.05	.10	.20	.30	.40	.50	.60	.70	.80	.90	.95
	3	.996	.956	.698	.355	.124	.029	.004	.000	.000	.000	.000
	4	1.000	.991	.870	.584	.279	.090	.018	.000	.000	.000	.000
	5	1.000	.999	.956	.781	.486	.212	.058	.000	.000	.000	.000
	6	1.000	1.000	.988	.907	.692	.395	.150	.002	.000	.000	.000
	7	1.000	1.000	.998	.969	.850	.605	.308	.012	.000	.000	.000
	8	1.000	1.000	1.000	.992	.942	.788	.514	.044	.001	.001	.000
	9	1.000	1.000	1.000	.998	.982	.910	.721	.130	.009	.009	.000
	10	1.000	1.000	1.000	1.000	.996	.971	.876	.302	.044	.044	.004
	11	1.000	1.000	1.000	1.000	.999	.994	.960	.552	.158	.158	.030
	12	1.000	1.000	1.000	1.000	1.000	.999	.992	.802	.415	.415	.153
	13	1.000	1.000	1.000	1.000	1.000	1.000	.999	.956	.771	.771	.512
	14	1.000	1.000	1.000	1.000	1.000	1.000	1.000	1.000	1.000	1.000	1.000
$n=15$	0	.463	.206	.035	.005	.000	.000	.000	.000	.000	.000	.000
	1	.829	.549	.167	.035	.005	.000	.000	.000	.000	.000	.000
	2	.964	.816	.398	.127	.027	.004	.000	.000	.000	.000	.000
	3	.995	.944	.648	.297	.091	.018	.002	.000	.000	.000	.000
	4	.999	.987	.836	.515	.217	.059	.009	.001	.000	.000	.000
	5	1.000	.998	.939	.722	.403	.151	.034	.004	.000	.000	.000
	6	1.000	1.000	.982	.869	.610	.304	.095	.015	.001	.000	.000
	7	1.000	1.000	.996	.950	.787	.500	.213	.050	.004	.000	.000
	8	1.000	1.000	.999	.985	.905	.696	.390	.131	.018	.000	.000
	9	1.000	1.000	1.000	.996	.966	.849	.597	.278	.061	.002	.000
	10	1.000	1.000	1.000	.999	.991	.941	.783	.485	.164	.013	.001
	11	1.000	1.000	1.000	1.000	.998	.982	.909	.703	.352	.056	.005
	12	1.000	1.000	1.000	1.000	1.000	.996	.973	.873	.602	.184	.036
	13	1.000	1.000	1.000	1.000	1.000	1.000	.995	.965	.833	.451	.171
	14	1.000	1.000	1.000	1.000	1.000	1.000	1.000	.995	.965	.794	.537
	15	1.000	1.000	1.000	1.000	1.000	1.000	1.000	1.000	1.000	1.000	1.000
$n=16$	0	.440	.185	.028	.003	.000	.000	.000	.000	.000	.000	.000
	1	.811	.515	.141	.026	.003	.000	.000	.000	.000	.000	.000
	2	.957	.789	.352	.099	.018	.002	.000	.000	.000	.000	.000
	3	.993	.932	.598	.246	.065	.011	.001	.000	.000	.000	.000
	4	.999	.983	.798	.450	.167	.038	.005	.000	.000	.000	.000
	5	1.000	.997	.918	.660	.329	.105	.019	.002	.000	.000	.000
	6	1.000	.999	.973	.825	.527	.227	.058	.007	.000	.000	.000
	7	1.000	1.000	.993	.926	.716	.402	.142	.026	.001	.000	.000
	8	1.000	1.000	.999	.974	.858	.598	.284	.074	.007	.000	.000
	9	1.000	1.000	1.000	.993	.942	.773	.473	.175	.027	.001	.000
	10	1.000	1.000	1.000	.998	.981	.895	.671	.340	.082	.003	.000

〈표 1〉의 계속

	c	p .05	.10	.20	.30	.40	.50	.60	.70	.80	.90	.95
	11	1.000	1.000	1.000	1.000	.995	.962	.833	.550	.202	.017	.001
	12	1.000	1.000	1.000	1.000	.999	.989	.935	.754	.402	.068	.007
	13	1.000	1.000	1.000	1.000	1.000	.998	.982	.901	.648	.211	.043
	14	1.000	1.000	1.000	1.000	1.000	1.000	.997	.974	.859	.485	.189
	15	1.000	1.000	1.000	1.000	1.000	1.000	1.000	.997	.972	.815	.560
	16	1.000	1.000	1.000	1.000	1.000	1.000	1.000	1.000	1.000	1.000	1.000
$n=17$	0	.418	.167	.023	.002	.000	.000	.000	.000	.000	.000	.000
	1	.792	.482	.118	.019	.002	.000	.000	.000	.000	.000	.000
	2	.950	.762	.310	.077	.012	.001	.000	.000	.000	.000	.000
	3	.991	.917	.549	.202	.046	.006	.000	.000	.000	.000	.000
	4	.999	.978	.758	.389	.126	.025	.003	.000	.000	.000	.000
	5	1.000	.995	.894	.597	.264	.072	.011	.001	.000	.000	.000
	6	1.000	.999	.962	.775	.448	.166	.035	.003	.000	.000	.000
	7	1.000	1.000	.989	.895	.641	.315	.092	.013	.000	.000	.000
	8	1.000	1.000	.997	.960	.801	.500	.199	.040	.003	.000	.000
	9	1.000	1.000	1.000	.987	.908	.685	.359	.105	.011	.000	.000
	10	1.000	1.000	1.000	.997	.965	.834	.552	.225	.038	.001	.000
	11	1.000	1.000	1.000	.999	.989	.928	.736	.403	.106	.005	.000
	12	1.000	1.000	1.000	1.000	.997	.975	.874	.611	.242	.022	.001
	13	1.000	1.000	1.000	1.000	1.000	.994	.954	.798	.451	.083	.009
	14	1.000	1.000	1.000	1.000	1.000	.999	.988	.923	.690	.238	.050
	15	1.000	1.000	1.000	1.000	1.000	1.000	.998	.981	.882	.518	.208
	16	1.000	1.000	1.000	1.000	1.000	1.000	1.000	.998	.977	.833	.582
	17	1.000	1.000	1.000	1.000	1.000	1.000	1.000	1.000	1.000	1.000	1.000
$n=18$	0	.397	.150	.018	.002	.000	.000	.000	.000	.000	.000	.000
	1	.774	.450	.099	014	.001	.000	.000	.000	.000	.000	.000
	2	.942	.734	.271	.060	.008	.001	.000	.000	.000	.000	.000
	3	.989	.902	.501	.165	.033	.004	.000	.000	.000	.000	.000
	4	.998	.972	.716	.333	.094	.015	.001	.000	.000	.000	.000
	5	1.000	.994	.867	.534	.209	.048	.006	.000	.000	.000	.000
	6	1.000	.999	.949	.722	.374	.119	.020	.001	.000	.000	.000
	7	1.000	1.000	.984	.859	.563	.240	.058	.006	.000	.000	.000
	8	1.000	1.000	.996	.940	.737	.407	.135	.021	.001	.000	.000
	9	1.000	1.000	.999	.979	.865	.593	.263	.060	.004	.000	.000
	10	1.000	1.000	1.000	.994	.942	.760	.437	.141	.016	.000	.000
	11	1.000	1.000	1.000	.999	.980	.881	.626	.278	.051	.001	.000
	12	1.000	1.000	1.000	1.000	.994	.952	.791	.466	.133	.006	.000
	13	1.000	1.000	1.000	1.000	.999	.985	.906	.667	.284	.028	.002
	14	1.000	1.000	1.000	1.000	1.000	.996	.967	.835	.499	.098	.011

〈표 1〉의 계속

n	c	.05	.10	.20	.30	.40	.50	.60	.70	.80	.90	.95
	15	1.000	1.000	1.000	1.000	1.000	.999	.992	.940	.729	.266	.058
	16	1.000	1.000	1.000	1.000	1.000	1.000	.999	.986	.901	.550	.226
	17	1.000	1.000	1.000	1.000	1.000	1.000	1.000	.998	.982	.850	.603
	18	1.000	1.000	1.000	1.000	1.000	1.000	1.000	1.000	1.000	1.000	1.000
$n=19$	0	.377	.135	.014	.001	.000	.000	.000	.000	.000	.000	.000
	1	.755	.420	.083	.010	.001	.000	.000	.000	.000	.000	.000
	2	.933	.705	.237	.046	.005	.000	.000	.000	.000	.000	.000
	3	.987	.885	.455	.133	.023	.002	.000	.000	.000	.000	.000
	4	.998	.965	.673	.282	.070	.010	.001	.000	.000	.000	.000
	5	1.000	.991	.837	.474	.163	.032	.003	.000	.000	.000	.000
	6	1.000	.998	.932	.666	.308	.084	.012	.001	.000	.000	.000
	7	1.000	1.000	.977	.818	.488	.180	.035	.003	.000	.000	.000
	8	1.000	1.000	.993	.916	.667	.324	.088	.011	.000	.000	.000
	9	1.000	1.000	.998	.967	.814	.500	.186	.033	.002	.000	.000
	10	1.000	1.000	1.000	.989	.912	.676	.333	.084	.007	.000	.000
	11	1.000	1.000	1.000	.997	.965	.820	.512	.182	.023	.000	.000
	12	1.000	1.000	1.000	.999	.988	.916	.692	.334	.068	.002	.000
	13	1.000	1.000	1.000	1.000	.997	.968	.837	.526	.163	.009	.000
	14	1.000	1.000	1.000	1.000	.999	.990	.930	.718	.327	.035	.002
	15	1.000	1.000	1.000	1.000	1.000	.998	.977	.867	.545	.115	.013
	16	1.000	1.000	1.000	1.000	1.000	1.000	.995	.954	.763	.295	.067
	17	1.000	1.000	1.000	1.000	1.000	1.000	.999	.990	.917	.580	.245
	18	1.000	1.000	1.000	1.000	1.000	1.000	1.000	.999	.986	.865	.623
	19	1.000	1.000	1.000	1.000	1.000	1.000	1.000	1.000	1.000	1.000	1.000
$n=20$	0	.358	.122	.012	.001	.000	.000	.000	.000	.000	.000	.000
	1	.736	.392	.069	.008	.001	.000	.000	.000	.000	.000	.000
	2	.925	.677	.206	.035	.004	.000	.000	.000	.000	.000	.000
	3	.984	.867	.411	.107	.016	.001	.000	.000	.000	.000	.000
	4	.997	.957	.630	.238	.051	.006	.000	.000	.000	.000	.000
	5	1.000	.989	.804	.416	.126	.021	.002	.000	.000	.000	.000
	6	1.000	.998	.913	.608	.250	.058	.006	.000	.000	.000	.000
	7	1.000	1.000	.968	.772	.416	.132	.021	.001	.000	.000	.000
	8	1.000	1.000	.990	.887	.596	.252	.057	.005	.000	.000	.000
	9	1.000	1.000	.997	.952	.755	.412	.128	.017	.001	.000	.000
	10	1.000	1.000	.999	.983	.872	.588	.245	.048	.003	.000	.000
	11	1.000	1.000	1.000	.995	.943	.748	.404	.113	.010	.000	.000
	12	1.000	1.000	1.000	.999	.979	.868	.584	.228	.032	.000	.000
	13	1.000	1.000	1.000	1.000	.994	.942	.750	.392	.087	.002	.000
	14	1.000	1.000	1.000	1.000	.998	.979	.874	.584	.196	.011	.000

〈표 1〉의 계속

		p										
		.05	.10	.20	.30	.40	.50	.60	.70	.80	.90	.95
	c											
	15	1.000	1.000	1.000	1.000	1.000	.994	.949	.762	.370	.043	.003
	16	1.000	1.000	1.000	1.000	1.000	.999	.984	.893	.589	.133	.016
	17	1.000	1.000	1.000	1.000	1.000	1.000	.996	.965	.794	.323	.075
	18	1.000	1.000	1.000	1.000	1.000	1.000	.999	.992	.931	.608	.264
	19	1.000	1.000	1.000	1.000	1.000	1.000	1.000	.999	.988	.878	.642
	20	1.000	1.000	1.000	1.000	1.000	1.000	1.000	1.000	1.000	1.000	1.000
$n=25$	0	.277	.072	.004	.000	.000	.000	.000	.000	.000	.000	.000
	1	.642	.271	.027	.002	.000	.000	.000	.000	.000	.000	.000
	2	.873	.537	.098	.009	.000	.000	.000	.000	.000	.000	.000
	3	.966	.764	.234	.033	.002	.000	.000	.000	.000	.000	.000
	4	.993	.902	.421	.090	.009	.000	.000	.000	.000	.000	.000
	5	.999	.967	.617	.193	.029	.002	.000	.000	.000	.000	.000
	6	1.000	.991	.780	.341	.074	.007	.000	.000	.000	.000	.000
	7	1.000	.998	.891	.512	.154	.022	.001	.000	.000	.000	.000
	8	1.000	1.000	.953	.677	.274	.054	.004	.000	.000	.000	.000
	9	1.000	1.000	.983	.811	.425	.115	.013	.000	.000	.000	.000
	10	1.000	1.000	.994	.902	.586	.212	.034	.002	.000	.000	.000
	11	1.000	1.000	.998	.956	.732	.345	.078	.006	.000	.000	.000
	12	1.000	1.000	1.000	.983	.846	.500	.154	.017	.000	.000	.000
	13	1.000	1.000	1.000	.994	.922	.655	.268	.044	.002	.000	.000
	14	1.000	1.000	1.000	.998	.966	.788	.414	.098	.006	.000	.000
	15	1.000	1.000	1.000	1.000	.987	.885	.575	.189	.017	.000	.000
	16	1.000	1.000	1.000	1.000	.996	.946	.726	.323	.047	.000	.000
	17	1.000	1.000	1.000	1.000	.999	.978	.846	.488	.109	.002	.000
	18	1.000	1.000	1.000	1.000	1.000	.993	.926	.659	.220	.009	.000
	19	1.000	1.000	1.000	1.000	1.000	.998	.971	.807	.383	.033	.001
	20	1.000	1.000	1.000	1.000	1.000	1.000	.991	.910	.579	.098	.007
	21	1.000	1.000	1.000	1.000	1.000	1.000	.998	.967	.766	.236	.034
	22	1.000	1.000	1.000	1.000	1.000	1.000	1.000	.991	.902	.463	.127
	23	1.000	1.000	1.000	1.000	1.000	1.000	1.000	.998	.973	.729	.358
	24	1.000	1.000	1.000	1.000	1.000	1.000	1.000	1.000	.996	.928	.723
	25	1.000	1.000	1.000	1.000	1.000	1.000	1.000	1.000	1.000	1.000	1.000

표2 누적 포아송분포표

$$P(x \le c) = \sum_{x=0}^{c} \frac{e^{-m}m^{x}}{x!}$$ (( )안은 누적값)

c \ m	0.1	0.2	0.3	0.4	0.5
0	0.905 (0.905)	0.819 (0.819)	0.741 (0.741)	0.670 (0.670)	0.607 (0.607)
1	0.091 (0.096)	0.164 (0.983)	0.222 (0.963)	0.268 (0.938)	0.303 (0.910)
2	0.004 (1.000)	0.016 (0.999)	0.033 (0.996)	0.054 (0.992)	0.076 (0.986)
3		0.010 (1.000)	0.004 (1.000)	0.007 (0.999)	0.013 (0.999)
4				0.001 (1.000)	0.001 (1.000)

c \ m	0.6	0.7	0.8	0.9	1.0
0	0.549 (0.549)	0.497 (0.497)	0.449 (0.449)	0.406 (0.406)	0.368 (0.368)
1	0.329 (0.878)	0.349 (0.845)	0.359 (0.808)	0.366 (0.772)	0.368 (0.736)
2	0.099 (0.977)	0.122 (0.967)	0.144 (0.952)	0.166 (0.938)	0.184 (0.920)
3	0.020 (0.997)	0.028 (0.995)	0.039 (0.991)	0.049 (0.987)	0.061 (0.981)
4	0.003 (1.000)	0.005 (1.000)	0.008 (0.999)	0.011 (0.998)	0.016 (0.997)
5			0.001 (1.000)	0.002 (1.000)	0.003 (1.000)

c \ m	1.1	1.2	1.3	1.4	1.5
0	0.333 (0.333)	0.301 (0.301)	0.273 (0.273)	0.247 (0.247)	0.223 (0.223)
1	0.366 (0.699)	0.361 (0.662)	0.354 (0.627)	0.345 (0.592)	0.335 (0.558)
2	0.201 (0.900)	0.217 (0.879)	0.230 (0.857)	0.242 (0.834)	0.251 (0.809)
3	0.074 (0.974)	0.087 (0.966)	0.100 (0.957)	0.113 (0.947)	0.126 (0.935)
4	0.021 (0.995)	0.026 (0.992)	0.032 (0.989)	0.039 (0.986)	0.047 (0.982)
5	0.004 (0.999)	0.007 (0.999)	0.009 (0.998)	0.011 (0.997)	0.014 (0.996)
6	0.001 (1.000)	0.001 (1.000)	0.002 (1.000)	0.003 (1.000)	0.004 (1.000)

c \ m	1.6	1.7	1.8	1.9	2.0
0	0.202 (0.202)	0.183 (0.183)	0.165 (0.165)	0.150 (0.150)	0.135 (0.135)
1	0.323 (0.525)	0.311 (0.494)	0.298 (0.463)	0.284 (0.434)	0.271 (0.406)
2	0.258 (0.783)	0.264 (0.758)	0.268 (0.731)	0.270 (0.704)	0.271 (0.677)
3	0.138 (0.921)	0.149 (0.907)	0.161 (0.892)	0.171 (0.875)	0.180 (0.857)
4	0.055 (0.976)	0.064 (0.971)	0.072 (0.964)	0.081 (0.956)	0.090 (0.947)
5	0.018 (0.994)	0.022 (0.993)	0.026 (0.990)	0.031 (0.987)	0.036 (0.983)
6	0.005 (0.999)	0.006 (0.999)	0.008 (0.998)	0.010 (0.997)	0.012 (0.995)
7	0.001 (1.000)	0.001 (1.000)	0.002 (1.000)	0.003 (1.000)	0.004 (0.999)
8					0.001 (1.000)

표3 표준 정규분포표

$$P[Z \geq z] = \int_z^{\infty} \frac{1}{\sqrt{2\pi}} \exp(-t^2/2)\,dt$$

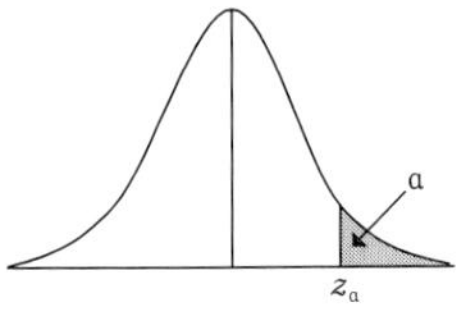

z	0.00	0.01	0.02	0.03	0.04	0.05	0.06	0.07	0.08	0.09
0.0	0.5000	0.4960	0.4920	0.4480	0.4840	0.4801	0.4761	0.4721	0.4681	0.4641
0.1	0.4602	0.4562	0.4522	0.4483	0.4443	0.4404	0.4364	0.4325	0.4286	0.4247
0.2	0.4207	0.4168	0.4129	0.4090	0.4052	0.4013	0.3974	0.3936	0.3897	0.3859
0.3	0.3821	0.3783	0.3745	0.3707	0.3669	0.3632	0.3594	0.3557	0.3520	0.3483
0.4	0.3446	0.3409	0.3372	0.3336	0.3300	0.3264	0.3228	0.3192	0.3156	0.3121
0.5	0.3085	0.3050	0.3015	0.2981	0.2946	0.2912	0.2877	0.2843	0.2810	0.2776
0.6	0.2743	0.2709	0.2676	0.2643	0.2611	0.2578	0.2546	0.2514	0.2483	0.2451
0.7	0.2420	0.2389	0.2358	0.2327	0.2296	0.2266	0.2236	0.2206	0.2177	0.2148
0.8	0.2119	0.2090	0.2061	0.2033	0.2005	0.1977	0.1949	0.1922	0.1894	0.1867
0.9	0.1841	0.1841	0.1788	0.1762	0.1736	0.1711	0.1685	0.1660	0.1635	0.1611
1.0	0.1587	0.1562	0.1539	0.1515	0.1492	0.1469	0.1446	0.1423	0.1401	0.1379
1.1	0.1357	0.1335	0.1314	0.1292	0.1271	0.1251	0.1230	0.1210	0.1190	0.1170
1.2	0.1151	0.1131	0.1112	0.1093	0.1075	0.1056	0.1038	0.1020	0.1003	0.0985
1.3	0.0968	0.0951	0.0934	0.0918	0.0901	0.0885	0.0869	0.0853	0.0838	0.0823
1.4	0.0808	0.0793	0.0778	0.0764	0.0749	0.0735	0.0721	0.0708	0.0694	0.0681
1.5	0.0668	0.0655	0.0643	0.0630	0.0618	0.0606	0.0594	0.0582	0.0571	0.0559
1.6	0.0548	0.0537	0.0526	0.0516	0.0505	0.0495	0.0485	0.0475	0.0465	0.0455
1.7	0.0446	0.0436	0.0427	0.0418	0.0409	0.0401	0.0392	0.0384	0.0375	0.0367
1.8	0.0359	0.0351	0.0344	0.0336	0.0329	0.0322	0.0314	0.0307	0.0301	0.0294
1.9	0.0287	0.0281	0.0274	0.0268	0.0262	0.0256	0.0250	0.0244	0.0239	0.0233
2.0	0.0228	0.0222	0.0217	0.0212	0.0207	0.0202	0.0197	0.0192	0.0188	0.0183
2.1	0.0179	0.0174	0.0170	0.0166	0.0162	0.0158	0.0154	0.0150	0.0146	0.0143
2.2	0.0139	0.0136	0.0132	0.0129	0.0125	0.0122	0.0119	0.0116	0.0113	0.0110
2.3	0.0107	0.0104	0.0102	0.0099	0.0096	0.0094	0.0091	0.0089	0.0087	0.0084
2.4	0.0082	0.0080	0.0078	0.0075	0.0073	0.0071	0.0069	0.0068	0.0066	0.0064
2.5	0.0062	0.0060	0.0059	0.0057	0.0055	0.0054	0.0052	0.0051	0.0049	0.0048
2.6	0.0047	0.0045	0.0044	0.0043	0.0041	0.0040	0.0039	0.0038	0.0037	0.0036
2.7	0.0035	0.0034	0.0033	0.0032	0.0031	0.0030	0.0029	0.0028	0.0027	0.0026
2.8	0.0026	0.0025	0.0024	0.0023	0.0023	0.0022	0.0021	0.0021	0.0020	0.0019
2.9	0.0019	0.0018	0.0018	0.0017	0.0016	0.0016	0.0015	0.0015	0.0014	0.0014
3.0	0.0013	0.0013	0.0013	0.0012	0.0012	0.0011	0.0011	0.0011	0.0010	0.0010
3.1	0.0010	0.0009	0.0009	0.0009	0.0008	0.0008	0.0008	0.0008	0.0007	0.0007
3.2	0.0007	0.0007	0.0006	0.0006	0.0006	0.0006	0.0006	0.0005	0.0005	0.0005
3.3	0.0005	0.0005	0.0005	0.0004	0.0004	0.0004	0.0004	0.0004	0.0004	0.0003
3.4	0.0003	0.0003	0.0003	0.0003	0.0003	0.0003	0.0003	0.0003	0.0003	0.0002
3.5	0.0002	0.0002	0.0002	0.0002	0.0002	0.0002	0.0002	0.0002	0.0002	0.0002
3.6	0.0002	0.0002	0.0001	0.0001	0.0001	0.0001	0.0001	0.0001	0.0001	0.0001
3.7	0.0001	0.0001	0.0001	0.0001	0.0001	0.0001	0.0001	0.0001	0.0001	0.0001
3.8	0.0001	0.0001	0.0001	0.0001	0.0001	0.0001	0.0001	0.0001	0.0001	0.0001
3.9	0.0000	0.0000	0.0000	0.0000	0.0000	0.0000	0.0000	0.0000	0.0000	0.0000

표4 t-분포표

$$P[t(\phi) \geq t(\phi;\alpha)] = \alpha$$

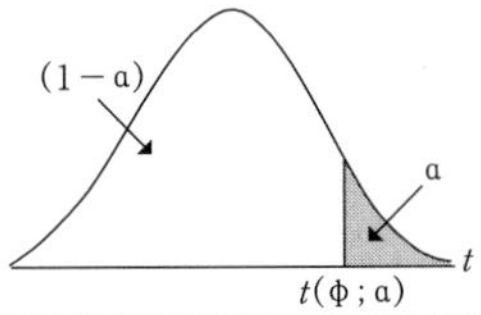

자유도 ϕ \ α	0.10	0.05	0.025	0.01	0.005	0.0005
1	3.078	6.314	12.706	31.281	63.657	636.619
2	1.886	2.920	4.303	6.965	9.925	31.598
3	1.638	2.353	3.182	4.541	5.841	12.924
4	1.533	2.132	2.776	3.747	4.604	8.610
5	1.476	2.015	2.571	3.365	4.032	6.869
6	1.440	1.943	2.447	3.143	3.707	5.959
7	1.415	1.895	2.365	2.998	3.499	5.408
8	1.397	1.860	2.306	2.896	3.355	5.041
9	1.383	1.833	2.262	2.821	3.250	4.781
10	1.372	1.812	2.228	2.764	3.169	4.587
11	1.363	1.796	2.201	2.718	3.106	4.437
12	1.356	1.782	2.179	2.681	3.055	3.318
13	1.350	1.771	2.160	2.650	3.012	4.221
14	1.345	1.761	2.145	2.624	2.977	4.140
15	1.341	1.753	2.131	2.602	2.947	4.073
16	1.337	1.746	2.120	2.583	2.921	4.015
17	1.333	1.740	2.110	2.567	2.898	3.965
18	1.330	1.734	2.101	2.552	2.878	3.922
19	1.328	1.729	2.093	2.539	2.861	3.833
20	1.325	1.725	2.086	2.528	2.845	3.850
21	1.323	1.721	2.080	2.518	2.831	3.819
22	1.321	1.717	2.074	2.508	2.819	3.792
23	1.319	1.714	2.069	2.500	2.807	3.767
24	1.318	1.711	2.064	2.492	2.797	2.745
25	1.316	1.708	2.060	2.485	2.787	3.725
26	1.315	1.706	2.056	2.479	2.779	3.707
27	1.314	1.703	2.052	2.473	2.771	3.690
28	1.313	1.701	2.048	2.467	2.763	3.674
29	1.311	1.699	2.045	2.462	2.756	3.659
30	1.310	1.697	2.042	2.457	2.750	3.646
40	1.303	1.684	2.021	2.423	2.704	3.551
60	1.296	1.671	2.004	2.390	2.660	3.460
120	1.289	1.658	1.980	2.358	2.617	3.373
∞	1.282	1.645	1.960	2.326	2.576	3.291

표5 카이제곱(χ^2) 분포표

$P[\chi^2 \geq \chi^2(\phi\,;\alpha)] = \alpha$

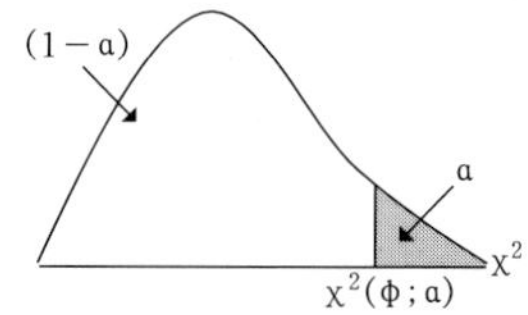

자유도 φ \ α	0.995	0.990	0.975	0.950	0.900	0.100	0.050	0.025	0.010	0.005
1	0.0^4393	0.0^3157	0.0^3982	0.0^2393	0.0158	2.71	3.84	5.02	6.63	7.88
2	0.0100	0.0201	0.0506	0.103	0.211	4.61	5.99	7.38	9.21	10.60
3	0.072	0.115	0.216	0.352	0.584	6.25	7.81	9.35	11.34	12.84
4	0.207	0.297	0.484	0.711	1.064	7.78	9.49	11.14	13.28	14.86
5	0.412	0.554	0.831	1.145	1.61	9.24	11.07	12.83	15.09	16.75
6	0.676	0.872	1.24	1.64	2.20	10.64	12.59	14.45	16.81	18.55
7	0.989	1.24	1.69	2.17	2.83	12.02	14.07	16.01	18.48	20.28
8	1.34	1.65	2.18	2.83	3.49	13.36	15.51	17.53	20.09	21.96
9	1.73	2.09	2.70	3.33	4.17	14.68	16.92	19.02	21.67	23.59
10	2.16	2.56	3.25	3.94	4.87	15.99	18.31	20.48	23.21	25.19
11	2.60	3.05	3.82	4.57	5.58	17.28	19.68	21.92	24.73	26.76
12	3.07	3.57	4.40	5.23	6.30	18.55	21.03	23.34	26.22	28.30
13	3.57	4.11	5.01	5.89	7.04	19.81	22.36	24.71	27.69	29.82
14	4.07	4.66	5.63	6.57	7.79	21.06	23.68	26.12	29.14	31.32
15	4.60	5.23	6.26	7.26	8.55	22.31	25.00	27.49	30.58	32.80
16	5.14	5.81	6.91	7.96	9.31	23.54	26.30	28.85	32.00	34.27
17	5.70	6.41	7.56	8.67	10.09	24.77	27.59	30.19	33.41	35.72
18	6.26	7.01	8.23	9.39	10.86	25.99	28.87	31.53	34.81	37.16
19	6.84	7.63	8.91	10.12	11.65	27.20	30.14	32.85	36.19	38.58
20	7.43	8.26	9.59	10.85	12.44	28.41	31.41	34.17	37.57	40.00
21	8.03	8.90	10.28	11.59	13.24	29.62	32.67	35.48	38.93	41.40
22	8.64	9.54	10.98	12.34	14.04	30.81	33.92	36.78	40.29	42.80
23	9.26	10.20	11.69	13.09	14.85	32.01	35.17	38.08	41.64	44.18
24	9.89	10.86	12.40	13.85	15.66	33.20	36.42	39.36	42.98	45.66
25	10.52	11.52	13.12	14.61	16.47	34.38	37.65	40.65	44.31	46.93
26	11.16	12.20	13.84	15.38	17.29	35.56	38.89	41.92	45.64	48.29
27	11.81	12.88	14.57	16.15	18.11	35.74	40.11	43.19	46.96	49.64
28	12.46	13.56	15.31	16.93	18.94	37.92	41.34	44.46	48.28	50.99
29	13.12	14.26	16.05	17.71	19.77	39.09	42.56	45.72	49.59	52.34
30	13.79	14.95	16.79	18.49	20.60	40.26	43.77	46.98	50.89	53.67
40	20.71	22.16	24.43	26.51	29.05	51.81	55.76	59.34	63.69	66.77
50	27.99	29.71	32.33	34.76	37.69	63.17	67.50	71.42	76.15	79.49
60	35.53	37.48	49.48	43.19	46.46	74.40	79.08	83.30	88.38	91.95
70	43.28	45.44	48.76	51.74	55.33	85.53	90.53	95.02	100.4	104.2
80	51.17	53.54	57.15	60.39	64.28	96.58	101.9	106.0	112.3	113.6
90	51.20	61.75	65.65	69.13	73.29	107.6	113.1	118.1	124.1	128.3
100	67.33	70.06	74.22	77.93	82.36	118.5	124.3	129.6	153.8	140.2

표6 F-분포표

$$P[F(\phi_1, \phi_2) \geq F(\phi_1, \phi_2; \alpha)] = \alpha$$

$$F(\phi_1, \phi_2; \alpha) = \frac{1}{F(\phi_2, \phi_1; 1-\alpha)}$$

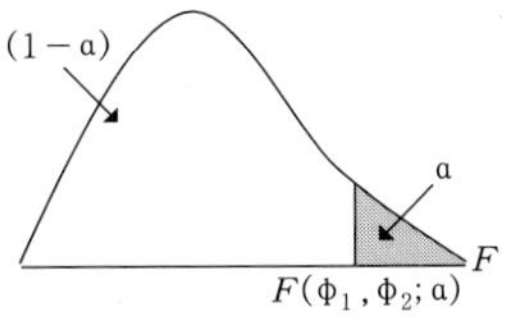

ϕ_2	α	ϕ_1								
		1	2	3	4	5	6	7	8	9
1	0.10	39.9	49.5	53.6	55.8	57.2	58.2	58.9	59.4	59.9
	0.05	161	200	216	225	230	234	237	239	241
	0.025	648	800	864	900	922	937	948	957	963
	0.01	4.052	5.000	5.403	5.625	5.764	5.859	5.928	5.981	6.022
2	0.10	8.53	9.00	9.16	9.24	9.29	9.33	9.35	9.37	9.38
	0.05	18.5	19.0	19.2	19.2	19.3	19.3	19.4	19.4	19.4
	0.025	38.5	39.0	39.2	39.3	39.3	39.3	39.4	39.4	39.4
	0.01	88.5	99.0	99.2	99.2	99.3	99.3	99.4	99.4	99.4
3	0.10	5.54	5.46	5.39	5.34	5.31	5.28	5.27	5.25	5.24
	0.05	10.1	9.55	9.28	9.12	9.01	8.94	8.89	8.85	8.81
	0.025	17.4	16.0	15.4	15.1	14.9	14.7	14.6	14.5	14.5
	0.01	34.1	30.8	29.5	28.7	28.2	27.9	27.7	27.5	27.3
4	0.10	4.54	4.32	4.19	4.11	4.05	4.01	3.98	3.95	3.94
	0.05	7.71	6.94	6.59	6.39	6.26	6.16	6.09	6.04	6.00
	0.025	12.2	10.7	9.98	9.60	9.36	9.20	9.07	8.98	8.90
	0.01	21.2	18.0	16.7	16.0	15.5	15.2	15.0	14.8	14.7
5	0.10	4.06	3.78	3.62	3.52	3.45	3.40	3.37	3.34	3.32
	0.05	6.61	5.79	5.41	5.19	5.05	4.95	4.88	4.82	4.77
	0.025	10.0	8.43	7.76	7.39	7.15	6.98	6.85	6.76	6.68
	0.01	16.3	13.3	12.1	11.4	11.0	10.7	10.5	10.3	10.2
6	0.10	3.78	3.46	3.29	3.18	3.11	3.05	3.01	2.98	2.96
	0.05	6.99	5.14	4.76	4.53	4.39	4.28	4.21	4.15	4.10
	0.025	8.81	7.26	6.60	6.23	5.99	5.82	5.70	5.60	5.52
	0.01	13.7	10.9	9.78	9.15	8.75	8.47	8.26	8.10	7.98
7	0.10	3.59	3.26	3.07	2.96	2.88	2.83	2.78	2.75	2.72
	0.05	5.59	4.74	4.35	4.12	3.97	3.87	3.79	3.73	3.68
	0.025	8.07	6.54	5.89	5.52	5.29	5.12	4.99	4.90	4.82
	0.01	12.2	9.55	8.45	7.85	7.46	7.19	6.99	6.84	6.72
8	0.10	3.46	3.11	2.92	2.81	2.73	2.67	2.62	2.58	2.56
	0.05	5.32	4.46	4.07	3.84	3.69	3.58	3.50	3.44	3.39
	0.025	7.57	6.06	5.42	5.05	4.82	4.65	4.53	4.43	4.36
	0.01	11.3	8.65	7.59	7.01	6.63	6.37	6.18	6.03	5.91
9	0.10	3.36	3.01	2.81	2.69	2.61	2.55	2.51	2.47	2.44
	0.05	5.12	4.26	3.86	3.63	3.48	3.37	3.29	3.23	3.18
	0.025	7.21	5.71	5.08	4.72	4.48	4.32	4.20	4.10	4.03
	0.01	10.6	8.02	6.99	6.42	6.06	5.80	5.61	5.47	3.35
10	0.10	3.29	2.92	2.73	2.61	2.52	2.46	2.41	2.38	2.35
	0.05	4.96	4.10	3.71	3.48	3.33	3.22	3.14	3.07	3.02
	0.025	6.94	5.46	4.83	4.47	4.24	4.07	3.95	3.85	3.78
	0.01	10.0	7.56	6.55	5.99	5.64	5.39	5.20	5.06	4.94
11	0.10	3.23	2.86	2.66	2.54	2.45	2.39	2.34	2.30	2.27
	0.05	4.84	3.98	3.59	3.36	3.20	3.09	3.01	2.95	2.90
	0.025	6.72	5.26	4.63	4.28	4.04	3.88	3.76	3.66	3.59
	0.01	9.65	7.21	6.22	5.67	5.32	5.07	4.89	4.74	4.63
12	0.10	3.18	2.81	2.61	2.48	2.39	2.33	2.28	2.24	2.21
	0.05	4.75	3.89	3.49	3.26	3.11	3.00	2.91	2.85	2.80

〈표 6〉의 계속

ϕ_2	α	ϕ_1								
		1	2	3	4	5	6	7	8	9
	0.025	6.55	5.10	4.47	4.12	3.89	3.73	3.61	3.51	3.44
	0.01	9.33	6.93	5.95	5.41	5.06	4.82	4.64	4.50	4.39
13	0.10	3.14	2.76	2.56	2.43	2.35	2.28	2.23	2.20	2.16
	0.05	4.67	3.81	3.41	3.18	3.03	2.92	2.83	2.77	2.71
	0.025	6.41	4.97	4.35	4.00	3.77	3.60	3.48	3.39	3.31
	0.01	9.07	6.70	5.74	5.21	4.86	4.62	4.44	4.30	4.19
14	0.10	3.10	2.73	2.52	2.39	2.31	2.24	2.19	2.15	2.12
	0.05	4.60	3.74	3.34	3.11	2.96	2.85	2.76	2.70	2.65
	0.025	6.30	4.86	4.24	3.89	3.66	3.50	3.36	3.29	3.26
	0.01	8.86	6.51	5.56	5.04	4.69	4.46	4.28	4.14	4.03
15	0.10	3.07	2.70	2.49	2.36	2.27	2.21	2.16	2.12	2.09
	0.05	4.54	3.68	3.29	3.06	2.90	2.79	2.76	2.64	2.59
	0.025	6.20	4.77	4.15	3.80	3.58	3.41	3.36	3.20	3.12
	0.01	8.68	6.36	5.42	4.89	4.56	4.32	4.28	4.00	3.89
16	0.10	3.05	2.97	2.46	2.33	2.24	2.18	2.16	2.09	2.06
	0.05	4.49	3.63	3.24	3.01	2.85	2.74	2.71	2.59	2.54
	0.025	6.12	4.69	4.08	3.73	3.50	3.34	3.29	3.12	3.05
	0.01	8.53	6.23	5.29	4.77	4.44	4.20	4.14	3.89	3.78
17	0.10	3.03	2.64	2.44	2.31	2.22	2.15	2.13	2.06	2.03
	0.05	4.45	3.59	3.20	2.96	2.81	2.70	2.66	2.55	2.49
	0.025	6.04	4.62	4.01	3.66	3.44	3.28	3.22	3.06	2.98
	0.01	8.40	6.11	5.18	4.67	4.34	4.10	4.03	3.79	3.68
18	0.10	3.01	2.62	2.42	2.29	2.20	2.13	2.10	2.04	2.00
	0.05	4.41	3.55	3.16	2.93	2.77	2.66	2.61	2.51	2.46
	0.025	5.98	4.56	3.95	3.61	3.38	3.22	3.16	3.01	2.93
	0.01	8.29	6.01	5.09	4.58	4.25	4.01	3.93	3.71	3.60
19	0.10	2.99	2.61	2.40	2.27	2.18	2.11	2.08	2.02	1.98
	0.05	4.38	3.55	3.13	2.90	2.74	2.63	2.58	2.48	2.42
	0.025	5.92	4.56	3.90	3.56	3.33	3.17	3.10	2.96	2.88
	0.01	8.18	6.01	5.01	4.50	4.17	3.94	3.84	3.63	3.52
20	0.10	2.97	2.59	2.38	2.25	2.16	2.09	2.06	2.00	1.96
	0.05	4.35	3.49	3.10	2.87	2.71	2.60	2.54	2.45	2.39
	0.025	5.87	4.46	3.86	3.51	3.29	3.13	3.05	2.91	2.84
	0.01	8.10	5.85	4.94	4.43	4.10	3.87	3.77	3.56	3.46
24	0.10	2.93	2.54	2.33	2.19	2.10	2.04	2.04	1.94	1.91
	0.05	4.26	3.40	3.01	2.78	2.62	2.51	2.51	2.36	2.30
	0.025	5.72	4.32	3.72	3.38	3.15	2.99	3.01	2.78	2.70
	0.01	7.82	5.61	4.72	4.22	3.90	3.67	3.70	3.36	3.26
30	0.10	2.88	2.49	2.28	2.14	2.05	1.98	1.98	1.88	1.85
	0.05	4.17	3.32	2.92	2.69	2.53	2.42	2.42	2.27	2.21
	0.025	5.57	4.18	3.59	3.25	3.03	2.87	2.87	2.65	2.57
	0.01	7.56	5.39	4.51	4.02	3.70	3.47	3.50	3.17	3.07
60	0.10	2.79	2.39	2.18	2.04	1.95	1.87	1.82	1.77	1.74
	0.05	4.00	3.15	2.76	2.53	2.37	2.25	2.17	2.10	2.04
	0.025	5.29	3.93	3.34	3.01	2.79	2.63	2.51	2.41	2.33
	0.01	7.08	4.98	4.13	3.65	3.34	3.12	2.95	2.82	2.72
120	0.10	2.79	2.36	2.13	1.99	1.90	1.82	1.77	1.72	1.68
	0.05	4.00	3.07	2.68	2.45	2.29	2.18	2.09	2.02	1.96
	0.025	5.29	3.80	3.23	2.89	2.67	2.52	2.39	2.30	2.22
	0.01	7.08	4.98	4.13	3.65	3.34	3.12	2.95	2.82	2.72
∞	0.10	2.71	2.30	2.08	1.94	1.85	1.77	1.72	1.67	1.63
	0.05	3.84	3.00	2.60	2.37	2.21	2.10	2.01	1.94	1.88
	0.025	5.02	3.69	3.12	2.79	2.57	2.41	2.29	2.19	2.11
	0.01	6.63	4.61	3.78	3.32	3.02	2.80	2.64	2.51	2.41

〈표 6〉의 계속

ϕ_2	α	ϕ_1 10	11	12	15	20	24	30	60	120	∞
1	0.10	60.2	60.5	60.7	61.2	61.7	62.0	62.3	62.8	63.1	63.3
	0.05	242	243	244	246	248	249	250	252	253	254
	0.025	969	973	977	985	993	997	1.001	1.010	1.014	1.018
	0.01	6.056	6.082	6.106	6.157	6.209	6.235	2.261	6.313	6.339	6.366
2	0.10	9.39	9.40	9.41	9.42	9.44	9.45	9.46	9.47	9.48	9.49
	0.05	19.4	19.4	19.4	19.4	19.4	19.5	19.5	19.5	19.5	19.5
	0.025	39.4	39.4	39.4	39.5	39.5	39.5	39.5	39.5	39.5	39.5
	0.01	99.4	99.4	99.4	99.4	99.5	99.4	99.5	99.5	99.5	99.5
3	0.10	5.23	5.22	5.22	5.20	5.18	5.18	5.17	5.15	5.14	5.13
	0.05	8.79	8.76	8.74	8.70	8.66	8.64	8.62	8.57	8.55	8.53
	0.025	14.4	14.4	14.3	14.3	14.2	14.1	14.1	14.0	14.0	13.9
	0.01	27.2	27.1	27.1	26.9	26.7	26.6	2.65	26.3	26.2	26.1
4	0.10	3.92	3.91	3.90	3.87	3.84	3.83	3.82	3.79	3.78	3.76
	0.05	5.96	5.94	5.91	5.85	5.80	5.77	5.75	5.69	5.66	5.63
	0.025	8.84	8.80	8.75	8.66	8.56	8.51	8.46	8.36	8.31	3.26
	0.01	14.5	14.4	14.4	14.2	14.0	13.9	13.8	13.7	13.6	13.5
5	0.10	3.30	3.28	3.27	3.24	3.21	3.19	3.17	3.14	3.12	3.11
	0.05	4.74	4.71	4.68	4.62	4.56	4.53	4.50	4.43	4.40	4.37
	0.025	6.62	6.57	6.52	6.43	6.33	6.28	6.23	6.12	6.07	6.02
	0.01	10.1	9.96	9.89	9.72	9.55	9.47	9.38	9.20	9.11	9.02
6	0.10	2.94	2.92	2.90	2.87	2.84	2.82	2.80	2.76	2.74	2.72
	0.05	4.06	4.03	4.00	3.94	3.87	3.84	3.81	3.74	3.70	3.67
	0.025	5.46	5.41	5.27	5.27	5.17	5.12	5.07	4.96	4.90	4.85
	0.01	7.87	7.79	7.72	7.56	7.40	7.31	7.23	7.06	6.97	6.88
7	0.10	2.70	2.68	2.67	2.63	2.59	2.58	2.56	2.51	2.49	2.47
	0.05	3.64	3.60	3.57	3.51	3.44	3.41	3.38	3.30	3.27	3.23
	0.025	4.76	4.71	4.67	4.57	4.47	4.42	4.36	4.25	4.20	4.14
	0.01	6.62	6.54	6.47	6.31	6.16	6.07	5.99	5.82	5.74	5.65
8	0.10	2.54	2.52	2.50	2.46	2.40	2.40	2.38	2.34	2.32	2.29
	0.05	3.35	3.31	3.28	3.22	3.12	3.12	3.08	3.01	2.97	2.93
	0.025	4.30	4.25	4.20	4.10	3.95	3.95	3.89	3.78	3.73	3.67
	0.01	5.81	5.73	5.67	5.52	5.28	5.28	5.20	5.03	4.95	4.86
9	0.10	2.42	2.40	2.38	2.34	2.28	2.28	2.25	2.21	2.18	2.16
	0.05	3.14	3.10	3.07	3.01	2.90	2.90	2.86	2.79	2.75	2.71
	0.025	3.96	3.91	3.87	3.77	3.61	3.61	3.56	3.45	3.39	3.33
	0.01	5.26	5.18	5.11	4.96	4.73	4.73	4.65	4.48	4.40	4.31
10	0.10	2.32	2.30	2.28	2.24	2.20	2.18	2.16	2.11	2.08	2.06
	0.05	2.98	2.94	2.91	2.84	2.77	2.74	2.70	2.62	2.58	2.54
	0.025	3.72	3.67	3.62	3.52	3.42	3.37	3.31	3.20	3.14	3.08
	0.01	4.85	4.77	4.71	4.56	4.41	4.33	4.25	4.08	4.00	3.91
11	0.10	2.25	2.23	2.21	2.17	2.12	2.10	2.08	2.03	1.99	1.97
	0.05	2.85	2.82	2.79	2.72	2.65	2.61	2.57	2.49	2.43	2.40
	0.025	3.53	3.48	3.43	3.33	3.23	3.17	3.12	3.00	2.94	2.88
	0.01	4.54	4.46	4.40	4.25	4.10	4.02	3.94	3.78	3.66	3.60
12	0.10	2.19	2.17	2.15	2.10	2.06	2.04	2.01	1.96	1.93	1.90
	0.05	2.75	2.72	2.69	2.62	2.54	2.51	2.47	2.38	2.34	2.30
	0.025	3.37	3.32	3.28	3.18	3.07	3.02	2.96	2.85	2.79	2.72
	0.01	4.30	4.22	4.16	4.01	3.86	3.78	3.70	3.54	3.45	3.36
13	0.10	2.14	2.12	2.10	2.05	2.01	1.98	1.96	1.90	1.86	1.85
	0.05	2.67	2.63	2.60	2.53	2.46	2.42	2.38	2.30	2.23	2.21
	0.025	3.25	3.20	3.15	3.05	2.95	2.89	2.84	2.72	2.66	2.60
	0.01	4.10	4.02	3.96	3.82	3.65	3.59	3.51	3.34	3.22	3.17

〈표 6〉의 계속

ϕ_2	α	ϕ_1									
		10	11	12	15	20	24	30	60	120	∞
14	0.10	2.10	2.08	2.05	2.01	1.96	1.94	1.91	1.86	1.83	1.80
	0.05	2.60	2.57	2.53	2.46	2.39	2.35	2.31	2.22	2.18	2.13
	0.025	3.15	3.10	3.05	2.95	2.84	2.79	2.73	2.61	2.55	2.49
	0.01	3.94	3.86	3.38	3.66	3.51	3.43	3.35	3.18	3.09	3.00
15	0.10	2.06	2.04	2.02	1.97	1.92	1.90	1.87	1.82	1.79	1.76
	0.05	2.54	2.51	2.48	2.40	2.33	2.29	2.25	2.16	2.11	2.07
	0.025	3.06	3.01	2.96	2.86	2.76	2.70	2.64	2.52	2.46	2.40
	0.01	3.80	3.73	3.67	3.52	3.37	3.29	3.21	3.05	2.96	2.87
16	0.10	2.03	2.01	1.99	1.94	1.89	1.87	1.84	1.78	1.75	1.72
	0.05	2.49	2.46	2.42	2.35	2.28	2.24	2.19	2.11	2.06	2.01
	0.025	2.99	2.94	2.89	2.79	2.68	2.63	2.57	2.45	2.38	2.32
	0.01	3.69	3.62	3.55	3.41	3.26	3.18	3.10	2.93	2.84	2.75
17	0.10	2.00	1.98	1.96	1.91	1.89	1.87	1.84	1.78	1.75	1.72
	0.05	2.45	2.41	2.38	2.31	2.28	2.24	2.19	2.11	2.06	2.01
	0.025	2.92	2.87	2.82	2.72	2.68	2.63	2.57	2.45	2.38	2.32
	0.01	3.59	3.52	3.46	3.41	3.26	3.18	3.10	2.93	2.84	2.75
18	0.10	1.98	1.96	1.93	1.89	1.84	1.81	1.78	1.72	1.69	1.66
	0.05	2.41	2.37	2.34	2.27	2.19	2.15	2.11	2.02	1.97	1.92
	0.025	2.87	2.82	2.77	2.67	2.56	2.50	2.44	2.32	2.26	2.19
	0.01	3.51	3.43	3.37	3.23	3.08	3.00	2.92	2.75	2.66	2.57
19	0.10	1.96	1.94	1.91	1.86	1.81	1.79	1.76	1.70	1.67	1.63
	0.05	2.38	2.34	2.31	2.23	2.14	2.11	2.07	1.98	1.93	1.88
	0.025	2.82	2.77	2.72	2.62	2.51	2.45	2.39	2.27	2.20	2.13
	0.01	3.43	3.36	3.30	3.15	3.00	2.92	2.84	2.67	2.58	2.49
20	0.10	1.94	1.92	1.89	1.84	1.79	1.77	1.74	1.68	1.64	1.61
	0.05	2.35	2.31	2.28	2.20	2.12	2.08	2.04	1.95	1.90	1.84
	0.025	2.77	2.72	2.68	2.57	2.46	2.41	2.35	2.22	2.16	2.09
	0.01	3.37	3.29	3.23	3.09	2.94	2.86	2.78	2.61	2.52	2.42
24	0.10	1.88	1.85	1.83	1.78	1.73	1.70	1.67	1.61	1.57	1.53
	0.05	2.25	2.21	2.18	2.11	2.03	1.98	1.94	1.84	1.79	1.73
	0.025	2.64	2.59	2.54	2.44	2.33	2.27	2.21	2.08	2.01	1.94
	0.01	3.17	3.09	3.03	2.89	2.74	2.66	2.58	2.40	2.31	2.21
30	0.10	1.82	1.79	1.77	1.72	1.67	1.64	1.61	1.54	1.50	1.46
	0.05	2.16	2.13	2.09	2.01	1.93	1.89	1.84	1.74	1.68	1.62
	0.025	2.51	2.46	2.41	2.31	2.20	2.14	2.07	1.94	1.87	1.79
	0.01	2.98	2.91	2.84	2.70	2.55	2.47	2.39	2.21	2.11	2.01
60	0.10	1.71	1.68	1.66	1.60	1.54	1.51	1.48	1.40	1.35	1.29
	0.05	1.99	1.95	1.92	1.84	1.75	1.70	1.65	1.53	1.47	1.39
	0.025	2.27	2.22	2.17	2.06	1.94	1.88	1.82	1.67	1.58	1.48
	0.01	2.63	2.56	2.50	2.35	2.20	2.12	2.03	1.84	1.73	1.60
120	0.10	1.65	1.62	1.60	1.55	1.48	1.45	1.41	1.32	1.26	1.19
	0.05	1.91	1.87	1.83	1.75	1.66	1.61	1.55	1.43	1.35	1.25
	0.025	2.16	2.11	2.05	1.94	1.82	1.76	1.69	1.53	1.43	1.31
	0.01	2.47	2.40	2.34	2.19	2.03	1.95	1.86	1.66	1.53	1.38
∞	0.10	1.60	1.57	1.55	1.49	1.42	1.38	1.34	1.24	1.17	1.00
	0.05	1.83	1.79	1.75	1.67	1.57	1.52	1.46	1.32	1.22	1.00
	0.025	2.05	2.00	1.94	1.83	1.71	1.64	1.57	1.39	1.27	1.00
	0.01	2.32	2.25	2.18	2.04	1.88	1.79	1.70	1.47	1.32	1.00

참고문헌

1. 정보통계학(영진서관, 김명철외2 공저, 2000, 8)
2. 의학데이터의 통계분석(자유아카데미, 박미라외1 공저, 2002, 8)
3. MS오피스의 활용(한올출판사, 김희철외1 공저, 2000, 2)
4. 통계학의 이해(상조사, 김희철외1 공저, 2000, 6)
5. 통계적 품질관리(교우사, 김희철외1 공저, 1997, 9)
6. 엑셀을 활용한 통계분석(21세기사, 박양규저, 1999, 8)
7. 엑셀과 통계적 자료분석(생능출판사, 김진상외1 공저, 1998, 8)
8. 미니텝 통계학(교우사, 김평구외1, 2004, 3)
9. 통계학의 이해와 응용(민영사, 김상익외4, 2004, 3)
10. 현대실험계획법(민영사, 박성현, 2003)
11. 현대통계학의 이론과 응용(시그마프레스, 박범조, 1999)
12. 통계학의 기초(광림사, 김종호외1, 1984)
13. 통계학(자유아카데미, 최기헌외1, 1994)
14. 통계학(상조사, 정한영, 1992)
15. APPLIED SURVIVAL ANALYSIS(JOHN WILEY & SONS, INCHOSMER,D.W. and LEMESHOW,S. 1999)
16. Introduction to Mathematical Statistics(macmillan publishing co, inc. 3 red, New York, Hogg, R.V and Crag, A. T, 1970)
17. Statistical Inference(Duxbury press, Casell, G and Bergrer, R. L, 1990)
18. Statistical Models and Methods for Lifetime Data(Lawless, J. F. 1981)

찾아보기

저자약력

김희철 · 현) 남서울대학교 산업경영공학과 교수

김평구 · 현) 충청대학 품질경영과 교수

통계학의 이해와 응용

2005년 8월 10일 초판1쇄 발행
2008년 1월 10일 개정1쇄 발행

공저자 김희철 · 김평구
펴낸이 임 순 재
펴낸곳 **한올출판사**
등록 제11-403호
121-849
주 소 서울시 마포구 성산동 133-3 한올빌딩 3층
전 화 (02)376-4298(대표)
팩 스 (02)302-8073
홈페이지 www.hanol.co.kr
e-메 일 hanol@hanol.co.kr
정 가 **23,000원**

• ISBN 978-89-8325-943-1